П. С. ДАВЫДОВ

ТЕХНИЧЕСКАЯ ДИАГНОСТИКА
РАДИОЭЛЕКТРОННЫХ УСТРОЙСТВ И СИСТЕМ

МОСКВА
«РАДИО И СВЯЗЬ»
1988

УДК 621.3.019.3(024)

Давыдов П. С. Техническая диагностика радиоэлектронных устройств и систем. — М.: Радио и связь, 1988. — 256 с.: ил. — **ISBN 5-256-00012-8.**

Рассмотрены методы и средства технической диагностики радиоустройств и систем, принципы выбора параметров для определения работоспособности и алгоритмов поиска места отказа в сложных структурах. Приведены данные для расчета показателей диагностирования и параметров процесса технического обслуживания.

Система технического диагностирования (СТД) рассматривается как подсистема технического обслуживания и ремонта, что позволяет единообразно и практически правильно трактовать роль и эффективность СТД РЭС. Такой подход делает постановку многих задач оригинальной и отличает книгу от других этого направления.

Излагаются особенности диагностирования цифровых устройств, микропроцессоров и радиоэлектронных комплексов, методы диагностического анализа радиоэлектронных систем (РЭС). Описаны принципы построения типовых средств технического диагностирования (встроенных, переносных и стационарных). Представлены методические основы оценки эффективности систем, объектов и средств технического диагностирования.

Для научных работников, связанных с разработкой радиоэлектронных систем; может быть полезна инженерам, разрабатывающим и эксплуатирующим РЭС.

Табл. 10. Ил. 71. Библ. 96 назв.

Рецензент д-р техн. наук проф. *В. А. Игнатов*

Редакция литературы по радиотехнике

Научное издание

ПАВЕЛ СЕМЕНОВИЧ ДАВЫДОВ

ТЕХНИЧЕСКАЯ ДИАГНОСТИКА РАДИОЭЛЕКТРОННЫХ УСТРОЙСТВ И СИСТЕМ

Заведующий редакцией **В. Л. Стерлигов.** Редактор **А. Т. Романовский.**
Художественный редактор **Т. В. Бусарова.** Переплет художника **К. М. Прасолова.**
Технический редактор **Т. Н. Зыкина.** Корректор **Т. В. Дземидович**

ИБ № 1318

Сдано в набор 10.06.87 Подписано в печать 23.12.87
Т-19097 Формат 60×90 1/16 Бумага тип. № 2 Гарнитура литературная Печать высокая
Усл. печ. л. 16,0 Усл. кр.-отт. 16,0 Уч.-изд. л. 16,91 Тираж 17 000 экз.
Изд. № 21444 Зак. № 123 Цена 1 р. 50 к.
Издательство «Радио и связь». 101000 Москва, Почтамт, а/я 693

Московская типография № 5 ВГО «Союзучетиздат». 101000 Москва, ул. Кирова, д. 40

Д $\frac{2402020000-050}{046(01)-88}$ 12—88

ISBN 5-256-00012-8

ПЕРЕЧЕНЬ СОКРАЩЕНИЙ

АВМ — аналоговая вычислительная машина
АС — автоматизированная система
АСТД — автоматическая система технического диагностирования
АФУ — антенно-фидерное устройство
АЦП — аналого-цифровой преобразователь
БВУ — блок внешнего управления
БИС — большая интегральная схема
БСУ — бортовая система управления
БЦВМ — бортовая цифровая вычислительная машина
ВСК — встроенная система контроля
ДА — диагностический анализ
ДК — диагностический комплекс
ДМ — диагностическая модель
ДП — диагностический параметр
ЖЦ — жизненный цикл
ИИС — информационно-измерительная система
ИК — инфракрасный
КУ — карта уровня
ЛА — логический анализатор
ЛД — логический датчик
МП — микропроцессор
НО — направленный ответвитель
НТД — нормативно-техническая документация
НТП — нормы технических параметров
НЭМП — непреднамеренные электромагнитные помехи
ОД — объект диагностирования
ОТД — объект технического диагностирования
ПК — прогнозирующий контроль
ПМО — поиск места отказа
ПТЭ — правила технической эксплуатации
ПФИ — параметры функционального использования
Р — ремонт
РЛС — радиолокационная станция
РСБН — радиосистема ближней навигации
РСП — радиосистема посадки
РЭК — радиоэлектронный комплекс
РЭС — радиоэлектронная система
РЭО — радиоэлектронное оборудование
РЭУ — радиоэлектронное устройство
РЭУиС — радиоэлектронные устройства и системы
СВЧ — сверхвысокие частоты
СДК — система диагностирования и контроля

СДок — средство документирования
СИА — средства измерения и автоматизации
СрДК — средства диагностики и контроля
СТД — система технического диагностирования
ТЗ — техническое задание
ТО — техническое обслуживание
ТОиР — техническое обслуживание и ремонт
ТОН — техническое обслуживание по наработке
ТОС — техническое обслуживание по состоянию
ТП — технические параметры
Тр — транспортирование
ТС — техническое состояние
ТЭ — техническая эксплуатация
УВД — управление воздушным движением
ФДМ — функционально-диагностическая модель
Хр — хранение
ЦВМ — цифровая вычислительная машина
ЦИП — цифровой измерительный прибор
ЦУ — цифровое устройство
ЭА — эквивалент антенны
ЭЛТ — электронно-лучевая трубка
ЭМУ — электромагнитный усилитель
ЭП — эксплуатационные параметры

ПРЕДИСЛОВИЕ

Научно-техническая революция конца XX столетия характеризуется дальнейшим проникновением электронных устройств и систем практически во все области современной науки и техники. Сложность электронных систем растет, их функциональные возможности расширяются, одновременно возрастают качество, эффективность и стоимость. Сложная радиоэлектронная система должна работать долго и надежно, только в этом случае она экономически целесообразна. Поддержание работоспособного состояния радиоэлектронной системы — одна из основных функциональных задач технической эксплуатации, которая представляет собой многоуровневый и многофакторный процесс, требующий научного и инженерно-технического обеспечения.

В процессе технической эксплуатации осуществляется управление состоянием системы, для реализации которого необходима информация об этом состоянии. Техническое диагностирование, как процесс получения информации о состоянии изделия техники с определенной точностью, становится неотъемлемой частью жизненного цикла радиоэлектронной системы. Этим обстоятельством объясняется повышенный интерес к вопросам диагностики и контроля радиоэлектронной аппаратуры, который имел место в последние годы и нашел отражение в трудах ряда советских и зарубежных ученых.

Актуальность работ в области технической диагностики подтверждается также разработкой государственных стандартов системы «техническая диагностика». В сфере технической диагностики работают десятки тысяч квалифицированных специалистов, успешное функционирование которых связано с методическим освещением в литературе вопросов теории и практики диагностирования.

В настоящее время большинство фундаментальных работ по технической диагностике посвящено разработке основ теории диагностических систем и их проектированию. Вопросы применения систем диагностики и контроля при эксплуатации сложных радиоэлектронных систем, оценка их эффективности, основные пути совершенствования освещены в технической литературе гораздо меньше.

Настоящая работа написана на основе практики диагностирования радиоэлектронных систем при их внедрении в эксплуатацию и функциональном использовании. Диагностирование РЭУиС рассматривается как неотъемлемая часть процесса системы технической эксплуатации при управлении состоянием. Материал книги позволит оценивать действующие методы и средства технической диагностики и предъявлять обоснованные требования к разработкам новых систем на современном уровне.

ВВЕДЕНИЕ

В настоящее время трудно представить области науки или техники, в которых не используют радиоэлектронные устройства и системы (РЭУиС). Различные виды бытовой техники от магнитофона и цветного телевизора до школьного компьютера, техника связи и передачи информации, автоматизации и управления (производством, судовождением, воздушным движением), робототехника, космонавтика, медицина и многие другие сферы человеческой деятельности применяют РЭУиС. Электроника лежит в основе дальнейшего развития важнейших направлений научно-технического прогресса, обеспечивающего перевод экономики на рельсы всесторонней интенсификации. В создании и производстве РЭУиС занято большое количество ученых, инженеров, техников и высококвалифицированных рабочих. Не меньшее число рабочих и инженерно-технических работников участвуют в их эксплуатации, обеспечивая эффективное функциональное использование.

Несмотря на огромное разнообразие электронных систем различного функционального назначения, областей применения, элементной базы, конструктивного исполнения и стоимости они имеют ряд общих признаков, позволяющих причислить их к одному классу технических кибернетических систем. К числу основных объединяющих признаков этих систем относят: использование электромагнитных колебаний (осцилляций электромагнитного поля) в качестве носителя информации; электрических сигналов для ее передачи и приема; наличие организованной структуры; относительная автономность систем, динамика их развития и изменения в пределах жизненного цикла, потребность в функциональном управлении состоянием, включая поддержание этих состояний в установленных пределах, т. е. потребность в техническом обслуживании и ремонте.

Развитие РЭУиС происходит по определенным направлениям, основными из которых следует считать расширение диапазона, повышение сложности систем, комплексирование, микроминиатюризация, применение цифровых методов передачи и обработки информации.

Организация, сложность и динамичность изменения состояния радиоэлектронных систем (РЭС), как кибернетических систем, характеризуются иерархией структуры, наличием критерия качества, процессами развития и деградации, связями с внешней средой, наличием обратных связей и замкнутых цепей воздействия, исполнительных и управляющих органов, использованием информации управления. Рассматривая системы радиоэлектроники в аспекте их взаимосвязей, изменения и управления, необходимо выделить в их жизненном цикле основную стадию — эксплуатацию. На этой стадии реализуется, поддерживается и восстанавливается качество системы. Любая система деградирует под воздействием внешних сил и внутренних процессов старения и декструкции, ухудшаются показатели ее качества, ее функциональные возможности. Однако в большинстве систем возможны реализации процессов обратного действия, процессов парирования деградации, поддержание работоспособного состояния путем целенаправленных управляющих воздействий. В результате временные интервалы активного применения по назначению увеличиваются.

Управление состоянием сложных систем всегда связано с необходимостью получения информации об этом состоянии и его целенаправленных и хаотических изменениях.

Процесс определения технического состояния объекта с определенной точностью носит название — *техническое диагностирование.* Этот процесс реализуется в системе технического диагностирования (СТД), представляющей совокупность средств, объекта диагностирования и исполнителей, подготовленных к проведению диагностирования по определенным методам и правилам, устанавливаемым в технической документации, базирующимся на результатах исследований в области диагностики и их внедрении в практику эксплуатации.

Таким образом, техническое диагностирование РЭУиС является одним из условий качества их функционального применения и требует проведения научно-исследовательских работ и соответствующей подготовки инженерно-технического и научного персонала, который должен быть хорошо знаком с задачами, методами и средствами диагностирования и умело применять эти методы и средства в сложных условиях эксплуатации. Следует подчеркнуть, что использование диагностирования в эксплуатации является важным резервом повышения срока служба изделий и их функциональной отдачи. Изложение этих принципов, методов, средств технического диагностирования — основная задача данной работы.

Современная техническая диагностика — это целая отрасль знаний, исследующая технические состояния объектов диагностирования и проявления этих состояний, разрабатывающая методы их определения, а также принципы построения и организации СТД.

Методологической основой диагностирования является системный подход. Системный подход — это совокупность не жестко связанных познавательных принципов, на основе которой складывается схема поиска конкретных механизмов, характеризующих целостность объекта, с одной стороны, и его связи, с другой, и представление его параметров через операторы, позволяющие сравнивать, сопоставлять, управлять. Системный метод ориентирует на исследование РЭС как объекта технической эксплуатации в виде некоторой целостной структуры с многообразными внутренними и внешними связями, динамикой изменения состояния, входными воздействиями, адаптацией.

Система технического диагностирования включает РЭС в свой состав в качестве подсистемы. С другой стороны, в отдельных случаях (например, встроенного контроля) СТД является частью РЭС. В свою очередь, РЭС и СТД являются подсистемами технической системы более высокого иерархического уровня — системы технического обслуживания и ремонта (СТОиР).

Как самостоятельная научная отрасль техническая диагностика начинает формироваться в 60-е годы усилиями коллективов советских и зарубежных ученых.

Последовательно решались задачи разработки и апробации методов выбора оптимальных совокупностей диагностических параметров (ДП), оптимальных алгоритмов проведения диагностирования, прогнозирования технического состояния. В середине 70-х годов начинает складываться система государственных стандартов «Техническая диагностика», в рамках которой разработаны основные термины и определения, положения о порядке разработки системы диагностирования, показатели диагностирования, категории контролепригодности объектов диагностирования. В областях технической диагностики и контроля в настоящее время действуют свыше десяти государственных стандартов. В соответствии со стандартами решение вопросов диагностирования должно сопровождать каждую разработку РЭС. Начало формирования диагностического обеспечения совпадает со стадией исследований, вопросы диагностического обеспечения должны прорабатываться на стадиях технического задания, технических предложений, эскизного и технического проектирования.

Диагностические задачи должны решаться на новой элементной базе — интегральных микросхемах (ИМС) и больших интег-
рабатываться на стадиях технического задания, технических пред-
стической обработки информации и использованием мощных ЦВМ.

Для успешной реализации задач диагностирования, технического обслуживания и ремонта изделий РЭУиС должны сопровождаться четкими и лаконично изложенными эксплуатационными и ремонтными документами, определяющими логическую последовательность выполнения операций, одновариантность сборок и подключений, определимость и ясность в обозначении точек контроля технического состояния, регулировки, крепления и т. п. и обеспечивающих минимальное число профессий исполнителей.

Достижения в области методологического обеспечения и внедрения в практику эксплуатации средств и систем диагностирования не должны давать оснований для самоуспокоенности. Как правило, вопросы диагностического обеспечения на ранних стадиях создания РЭУиС не прорабатываются с должной тщательностью и глубиной.

Специалистов-разработчиков РЭУиС высшая школа готовит больше, а специалистов по их эксплуатации меньше. Это приводит к тому, что сегодня разработчики систем не всегда готовы решать на требуемом уровне задачи диагностического обеспечения, а инженеры-заказчики (по образованию те же разработчики), работающие на эксплуатации новой техники, не могут должным образом сформулировать эти задачи и предъявить необходимые требования к результатам их решения.

Инженеры, связанные с эксплуатацией РЭУиС, должны не только знать, как работают эти системы, но также знать, как они не работают, как проявляется состояние неработоспособности. Обеспечение возможностей обнаруживать и предупреждать возникновение неработоспособных состояний — одна из важнейших задач создания трудосберегающей техники — основного вида техники эпохи НТР. В свою очередь создание такой техники требует возможности сопоставительного анализа, расчетов, оценок, решения оптимизационных задач.

В настоящее время диагностика РЭС продолжает быстро развиваться и внедряться в практику эксплуатации. Охватить в небольшой работе все направления этого развития и аспекты внедрения попросту невозможно. Из множества вопросов выбраны в основном те, которыми должны владеть разработчики новых систем при их научном анализе и синтезе, а также при испытаниях и технической эксплуатации системы.

Один из принципов излагаемого материала состоит в том, что СТД является подсистемой ТОиР, т. е. подсистемой эксплуатации и в этих системах реализуется ее эффективность.

Основной инструмент исследования РЭС, как объектов технического диагностирования, является моделирование.

Главные задачи диагностики — это выбор совокупности параметров для определения состояния РЭС, составление рациональных алгоритмов определения этих состояний (например, для определения места отказа), прогнозирование состояний.

Оценка качества функционирования СТД и их составляющих является одним из условий целесообразности разработки и внедрения этих систем в практику эксплуатации.

Для СТД используется множество методов и технических средств. Технические средства диагностирования являются сложными устройствами и отличаются разнообразием принципов, схемотехнических решений, элементной базой. Являясь подсистемами систем ТОиР и технической эксплуатации РЭС, в целом СТД по своему назначению должны оказывать влияния на эффективность их использования, качество функционирования других систем.

ГЛАВА 1. ЭКСПЛУАТАЦИЯ РАДИОЭЛЕКТРОННЫХ УСТРОЙСТВ И СИСТЕМ

1.1. ЖИЗНЕННЫЙ ЦИКЛ ИЗДЕЛИЙ РАДИОЭЛЕКТРОНИКИ И ЕГО ХАРАКТЕРИСТИКИ

Радиоэлектронные устройства и системы, как и другие изделия техники, создают для удовлетворения потребностей народного хозяйства. Объективно РЭС присущи такие характеристики, как: целостность, наличие системообразующего параметра, иерархичность структуры, связь с внешней средой, в качестве которой может выступать система более высокого уровня, взаимосвязь элементов, составляющих подсистем, наличие управляющих и исполнительных органов, наличие замкнутой цепи воздействий, использование в целях управления информации и возможность изменения состояния.

Большинство РЭС являются объектами управления и неотъемлемой частью управляющих систем и по набору перечисленных признаков могут быть отнесены к классу кибернетических систем.

В результате взаимодействия РЭС со средой и друг с другом происходит передача во времени и пространстве и перераспределение энергии и информации. Изменения в системе происходят во множестве форм, крайними и противоположными из которых следует считать: развитие (усложнение системы, накопление информации) и деградацию (износ, разрушение, возрастание неопределенности).

Все эти изменения системы, начиная с момента ее создания (возникновения необходимости ее создания) и кончая ее полным разрушением (утилизацией), образуют так называемый жизненный цикл (ЖЦ), характеризуемый рядом процессов и включающий различные стадии и этапы.

Стадиями жизненного цикла являются стадии: 1. Исследования и проектирования РЭС, на которой осуществляются исследования и отработка замысла, формирование уровня качества (соответствующего достижениям научно-технического прогресса), разработка проектной и рабочей документации, изготовление и испытание опытного образца, разработка рабочей конструкторской документации для изготовления, обращения и эксплуатации изделия.

2. Изготовления изделий, включающую:

технологическую подготовку производства;

становление производства;

подготовку изделий к транспортированию и хранению.

3. Обращения изделий, на которой организуется максимальное сохранение качества готовой продукции в период транспортирования и хранения.
4. Эксплуатации, которая является основной в ЖЦ и включает: целевое использование изделия, в соответствии с назначением; техническое обслуживание и профилактическое восстановление;

ремонт и восстановление после отказа.

На последнем этапе эксплуатации после потери изделием потребительских качеств реализуется операция его утилизации при максимальном использовании утилизированных веществ.

На рис. 1.1 приведено типовое распределение стадий и этапов жизненного цикла, из которого видно, что часть этапов и стадий ЖЦ перекрываются во времени, а в процессе ЖЦ идет доработка системы и осуществляется управление ее состоянием.

Итак, эксплуатация системы — стадия жизненного цикла, на которой реализуется (функциональное использование), поддерживается (техническое обслуживание) и восстанавливается (техническое обслуживание и ремонт) его качество.

Часть эксплуатации, включающая транспортирование, хранение, техническое обслуживание и ремонт, называют технической эксплуатацией.

Совокупность свойств, обусловливающих пригодность системы удовлетворять определенные потребности в соответствии с ее назначением, определяет ее качество.

Качество РЭС реализуется через совокупность показателей качества и эффективности. Под показателем качества понимают количественную характеристику одного или нескольких свойств

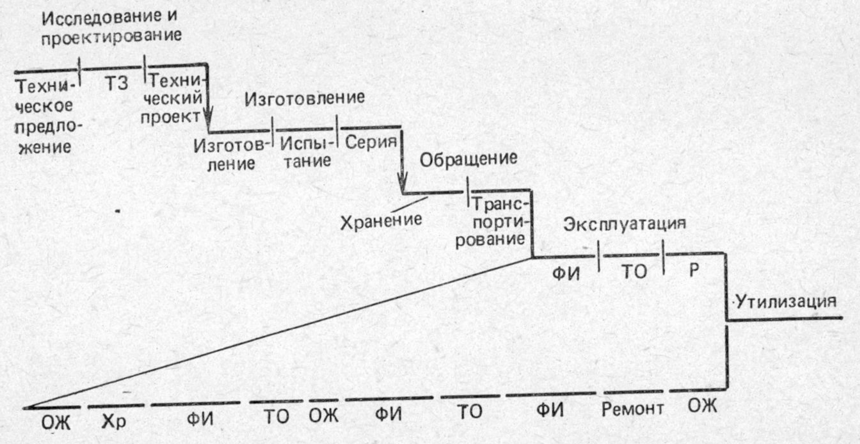

Рис. 1.1. Стадии жизненного цикла РЭС:

ТЗ — техническое задание; ЭП — эскизный проект; Хр — хранение; Ож — ожидание; ФИ — функциональное использование; Р — ремонт; ТО — техническое обслуживание

изделия, составляющих его качество, рассматриваемую применительно к определенным условиям создания и эксплуатации системы. Например, количественная характеристика свойств, составляющих качество процесса эксплуатации системы, — это показатель качества эксплуатации, а количественная характеристика степени достижения полезных результатов при использовании РЭС в конкретной эксплуатационной ситуации с учетом эксплуатационных затрат является показателем эффективности использования системы.

Показатели качества подразделяют на единичные и комплексные. Примерами единичных показателей могут служить:

наработка радиоприемного устройства на отказ, интенсивность отказов резисторов, ресурс бортового радиоэлектронного оборудования и др. Соответственно эти показатели количественно характеризуют: безотказность приемника, безотказность резистора, долговечность бортового РЭС и т. д. Единичные показатели характеризуют одно свойство изделий.

Комплексные показатели определяют совместно несколько простых свойств или одно сложное свойство. Примером комплексного показателя может быть коэффициент технического использования

$$k_{\text{ТИ}} = T_o/(T_o + \tau_\text{в} + \tau_{\text{ТО}}), \qquad (1.1)$$

где T_o — средняя наработка на отказ; $\tau_\text{в}$ — среднее время восстановления; $\tau_{\text{ТО}}$ — средняя продолжительность технического обслуживания.

Коэффициент $k_{\text{ТИ}}$ зависит от безотказности, восстанавливаемости и трудоемкости технического обслуживания. Для того чтобы изделие выполняло свое функциональное назначение, оно должно находиться в работоспособном состоянии, т. е. в состоянии, при котором значения всех параметров, характеризующих способность выполнять задание функции, соответствуют требованиям нормативно-технической и конструкторской документации.

Совокупность параметров работоспособности может быть представлена n-мерным вектором $\mathbf{П}(n)$, область допустимых значений которого $\text{В}(n)$. Тогда условие работоспособного состояния $\mathbf{П}(n) \subset \text{В}$. Для выполнения этого условия каждый из параметров, принадлежащих совокупности $\mathbf{П}(n) = (u_1 \ldots u_i \ldots u_n)$, должен находиться в пределах $u_{i\text{н}} < u_i < u_{i\text{в}}$, где $u_{i\text{н}}$ и $u_{i\text{в}}$ — допустимые соответственно верхние и нижние значения i-го параметра.

Совокупность параметров $\mathbf{П}(n)$ РЭС подразделяется на четыре группы:

1) параметры функционального использования (ПФИ) — $\mathbf{П}_\text{ф}(n_1)$;

2) технические параметры (ТП) — $\mathbf{П}_\text{т}(n_2)$;

3) параметры технической эксплуатации (ПТЭ) — $\mathbf{П}_\text{э}(n_3)$;

4) системные параметры (СП).

Параметры функционального использования характеризуют РЭУиС с точки зрения их потребительской сущности.

Технические параметры РЭС определяются инженерными решениями, реализуемыми на стадиях исследования, проектирования и изготовления. Их количественные значения в конечном счете влияют на ПФИ на стадии эксплуатации.

Параметры технической эксплуатации характеризуют РЭС как объект технической эксплуатации или, другими словами, как объект технического обслуживания и ремонта, под которым понимают изделие техники, обладающее потребностью в выполнении определенных операций ТОиР и приспособленностью к выполнению этих операций.

Системные параметры позволяют представить РЭС как большую техническую систему, состоящую из отдельных РЭУ, связей, и имеющих общую целевую функцию, сложную структуру, и другие системные характеристики.

Для описания сложности и изменчивости системы рассмотрим подробнее основные стадии ЖЦ системы. В общем случае ЖЦ системы подразделяются на два больших периода: развития и функционального использования и деградации.

Каждый из периодов характеризуется своими специфическими процессами, а также определенными стадиями разработки и этапами эксплуатации. Основной характеристикой периода развития ЖЦ1 является создание определенного комплекса требований к проектируемой системе и последующей реализацией его через совокупность ПФИ — $\mathbf{П}_ф(n_1)$, воплощаемую посредством инженерных решений разработки (ТП—$\mathbf{П}_т(n_2)$). В этом же периоде в систему закладывается определенная совокупность ПТЭ — $\mathbf{П}_э(n_3)$ — набор параметров надежности и эксплуатационной технологичности конструкции.

Р е а л и з а ц и я   п е р в о г о   п е р и о д а ЖЦ1 системы регламентирует определенные стадии разработки технической документации, которые включают:

1) техническое задание (ТЗ), разрабатываемое на основе исходных требований заказчика и содержащее цель и назначение разработки, а также требования к нормам показателей назначения и эксплуатационным характеристикам изделия, к надежности, технологическому и метрологическому обеспечению производства и эксплуатации;

2) техническое предложение — совокупность конструкторских документов, которые содержат техническое и технико-экономическое обоснование целесообразности разработки изделия на основании анализа ТЗ и различных вариантов возможных решений, с учетом конструктивных и эксплуатационных особенностей разрабатываемого изделия;

3) эскизный проект — совокупность документов, которые отражают принципиальные схемные, конструктивные и параметрические решения, дающие общее представление об изделии РЭС, его устройстве и принципе работы;

4) технический проект — совокупность конструкторских документов, которые содержат окончательные технические решения,

полное представление об устройстве разрабатываемого изделия, данные, определяющие его основные параметры и исходные данные для разработки технической документации:

5) рабочую конструкторскую документацию опытного образца и изделий серийного производства.

Состав и содержание конструкторской документации определяют требования ЕСКД. Именно на этапах проектирования создается концепция изделия РЭС, проводят научно-технические исследования, связанные с выбором наиболее целесообразных схемотехнических и конструктивно-технических альтернатив, создают математические, полунатурные и натурные модели, выполняют расчеты и экспериментальные исследования и работы.

В период проектирования осуществляется целенаправленное управление параметрами создаваемой системы по схеме рис. 1.2. На завершающих этапах этого периода изготовляются опытные образцы, проводят их заводские и государственные испытания, завершающиеся внедрением в производство и изготовлением серии.

Основной задачей этого периода является создание РЭС с оптимальными по качеству и эффективности параметрами.

Второй период ЖЦ2 — стадия эксплуатации — характеризуется в первую очередь функционированием — т. е. той полезной работой, ради которой создается система. На этой стадии на РЭС воздействуют внешние условия, расходуется заложенный в систему технический ресурс, в результате в системе развиваются деградационные процессы, которые могут привести к нарушению работоспособного состояния $\mathbf{П}(n) \overline{\subset} \mathbf{B}$, т. е. возникновению отказа. Для парирования результатов воздействия деградационных процессов ведутся работы по ТО и профилактическому ремонту РЭС, а в случае возникновения отказа — восстановление работоспособного состояния.

В этом периоде осуществляется целенаправленное управление параметрами РЭС (их поддержание в установленных пределах) путем определения состояния РЭС и управления этим состоянием на основе полученной информации.

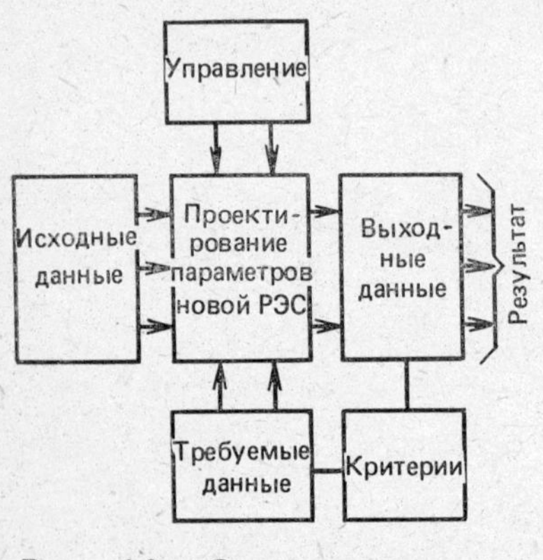

Рис. 1.2. Структура процесса создания РЭС

На стадии эксплуатации (как правило, в процессе ремонта) может быть проведена модернизация системы. При этом этапу модернизации может предшествовать ряд этапов (не все, а некоторые), аналогичных этапам периода развития системы, например: разработка технической документации, изготовление опытного образца; испытания опытного образца и др.

Таким образом, ЖЦ РЭС представляет собой сложную упорядоченную во времени совокупность взаимосвязанных процессов, подобную сложной технической системе с включением в нее элементов организации.

Система эксплуатации может быть определена, как совокупность изделий, средств эксплуатации, исполнителей и устанавливающей правила их взаимодействия документации, необходимых и достаточных для выполнения задач эксплуатации. По отношению к объектам эксплуатации — РЭС — система эксплуатации имеет более высокий уровень иерархии и является сложной с точки зрения структуры, связей и других системных составляющих.

Общим для всех рассматриваемых систем и процессов эксплуатации является то, что в течение жизненного цикла изделия РЭС постоянно переходят из одного состояния в другое. При этом переход из одного состояния в другое является или следствием целенаправленного управления состоянием (ТО, ремонт) или случайным процессом, подчиняющимся стохастическим закономерностям. Объективным фактором изменения состояния РЭС — перехода ее в неисправное состояние или из неисправного в исправное при профилактическом обслуживании — являются значения измеряемых параметров. Определение состояния системы путем получения информации о значениях ее параметров является, таким образом, неотъемлемой частью ЖЦ системы и основой ее эффективного функционального использования. Параметры системы являются основными показателями качества ее работы.

1.2. ПАРАМЕТРЫ ФУНКЦИОНАЛЬНОГО ИСПОЛЬЗОВАНИЯ И ТЕХНИЧЕСКИЕ ПАРАМЕТРЫ. ИХ ВЗАИМОСВЯЗЬ

Современные РЭС — сложные системы по своему функциональному назначению, областям применения, структуре, количеству элементов и связей, волновому и энергетическому диапазонам, процессам, протекающим в самой системе. Тем не менее для большинства типов РЭС, несмотря на перечисленное многообразие, присуща единая обобщенная структура и определенная совокупность параметров — ПФИ, ТП, ПТЭ.

В состав обобщенной структурной схемы РЭС (рис. 1.3) входят следующие устройства: источник информации — *I*, преобразователь информации (кодер), модулятор тракта передачи, генератор СВЧ, антенно-фидерное устройство (АФУ), работающее на прием и передачу, приемник со входными цепями, преобразователем частоты (ПрЧ), усилителем промежуточной частоты (УПЧ), демодулятором, декодером, с устройствами обнаружения сигнала и измерения его параметров, отображения информации — индикатором и получателем информации.

Неотъемлемой частью типовой РЭС являются устройства настройки и регулировки — АПЧ, АРУ, УСЛТ (устройство стаби-

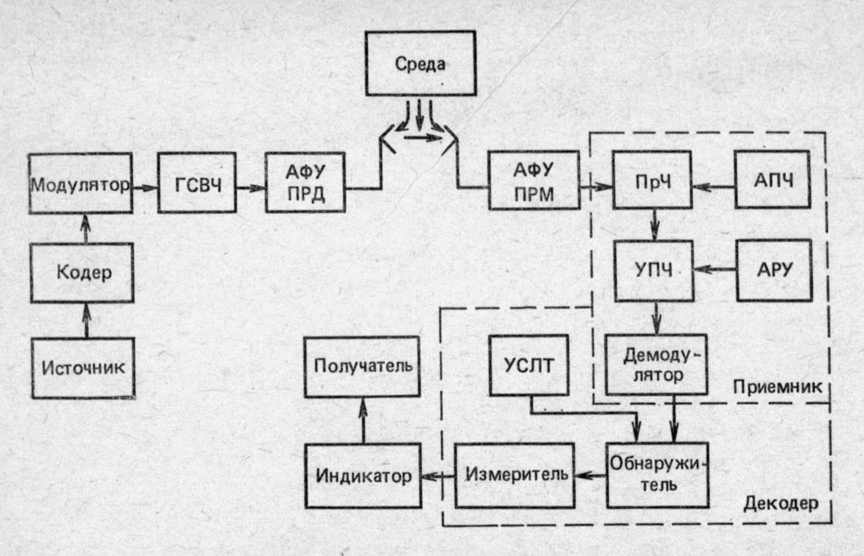

Рис. 1.3. Обобщенная структурная схема РЭС

лизации ложных тревог), а также источники питания и различного вида энергетические преобразователи.

РЭС могут работать по симплексной или по дуплексной схеме, в системах с одним передатчиком и множеством приемников или наоборот: существо дела от этого почти не меняется. Структура РЭС, как правило, неизменна и совокупность параметров, определяющих качество, имеет стабильный состав.

Основными ПФИ РЭС являются:

рабочая область действия РЭС, ограниченная минимальной и максимальной дальностью действия ($D_{\min}$ и $D_{\max}$); минимальным и максимальным значением азимута ($\alpha_{\min}$ и $\alpha_{\max}$); минимальным и максимальным значением угла места ($\beta_{\min}$, $\beta_{\max}$) или высоты ($h_{\min}$, $h_{\max}$);

количество измеряемых координат и точность измерения параметров, определяемая величиной ошибки (количественной мерой обычно выбирается среднеквадратическая ошибка измерения параметра A—σ_A);

оперативность, определяемая временем, затрачиваемым на обработку информации;

пропускная способность (для РЭС, работающей по принципу «запрос — ответ») определяется числом одновременно обслуживаемых систем в течение определенного временного интервала с заданной точностью;

разрешающая способность РЭС как радиотехнической системы;

тип оконечного устройства РЭС;

безотказность и эффективность;

масса, габариты и потребляемая мощность (энергия).

Технические параметры РЭС представляют инженерные решения, обеспечивающие реализацию заданных ПФИ. Технические параметры описывают РЭС как изделия радиоэлектроники. Технические решения и значения этих параметров должны быть оптимальными или близкими к оптимальным по заранее синтезированным и согласованным критериям оптимальности. Состав и количество параметров зависят от функционального назначения и комплекса ПФИ. В совокупности они характеризуют РЭС, а каждый из параметров в отдельности является основным показателем одного или нескольких устройств, входящих в систему (рис. 1.3).

К основным техническим параметрам РЭС могут быть отнесены: диапазон радиоволн ($\lambda_{min} ... \lambda_{max}$);

метод модуляции сигнала и его параметры (глубина модуляции $K_м$, вид модулирующей функции, частота модуляции $F_м$);

метод излучения — направленность излучения — $G(\alpha, \beta, \gamma)$;

импульсная и средняя мощность передатчика ($P_и$, $P_{ср}$);

длительность сигнала ($\tau_и$, $\tau_{пач}$, $\tau_с$);

формы диаграмм направленности антенн (cosec^2, $\text{cosec}^{3/2}$) и др.;

коэффициент шума приемника $N_ш$, чувствительность приемника;

полоса пропускания приемника $\Delta F_{прм}$;

статистические характеристики приемного тракта ($P_{п.о}$, $P_{л.т}$);

степень оптимизации приемного тракта;

конструкция и элементная база;

выходные характеристики устройства обнаружения, измерения и отображения.

Технические характеристики РЭС формируются на стадиях проектирования системы и должны соответствовать современному уровню науки и техники. Только гармоничный синтез, взаимоувязка всех принимаемых решений обеспечивают этот уровень. Элементная, база, схематические решения, оптимизация структуры, обеспечение высокой надежности — основное содержание качества разработки. Высказанное требование обусловлено рядом причин, учитывающих, что между техническими и параметрами функционального назначения существует тесная связь; важнейшие ПФИ определяются техническими решениями;

технические параметры во многом определяют состав и распределение сил и средств технической эксплуатации РЭС и возможности совершенствования.

Связи между ПФИ и техническими параметрами РЭС обладают рядом особенностей, главные из которых: многоплановость, неоднозначность, зависимость одних технических характеристик от других, наличие оптимальных вариантов. На рис. 1.4 представлена структура взаимосвязей, отражающих перечисленные особенности; сильные связи обозначены двойной линией — прямообязывающие связи, слабые связи — штриховой линией. Структура дает наглядное представление об их сложности и многоплановости.

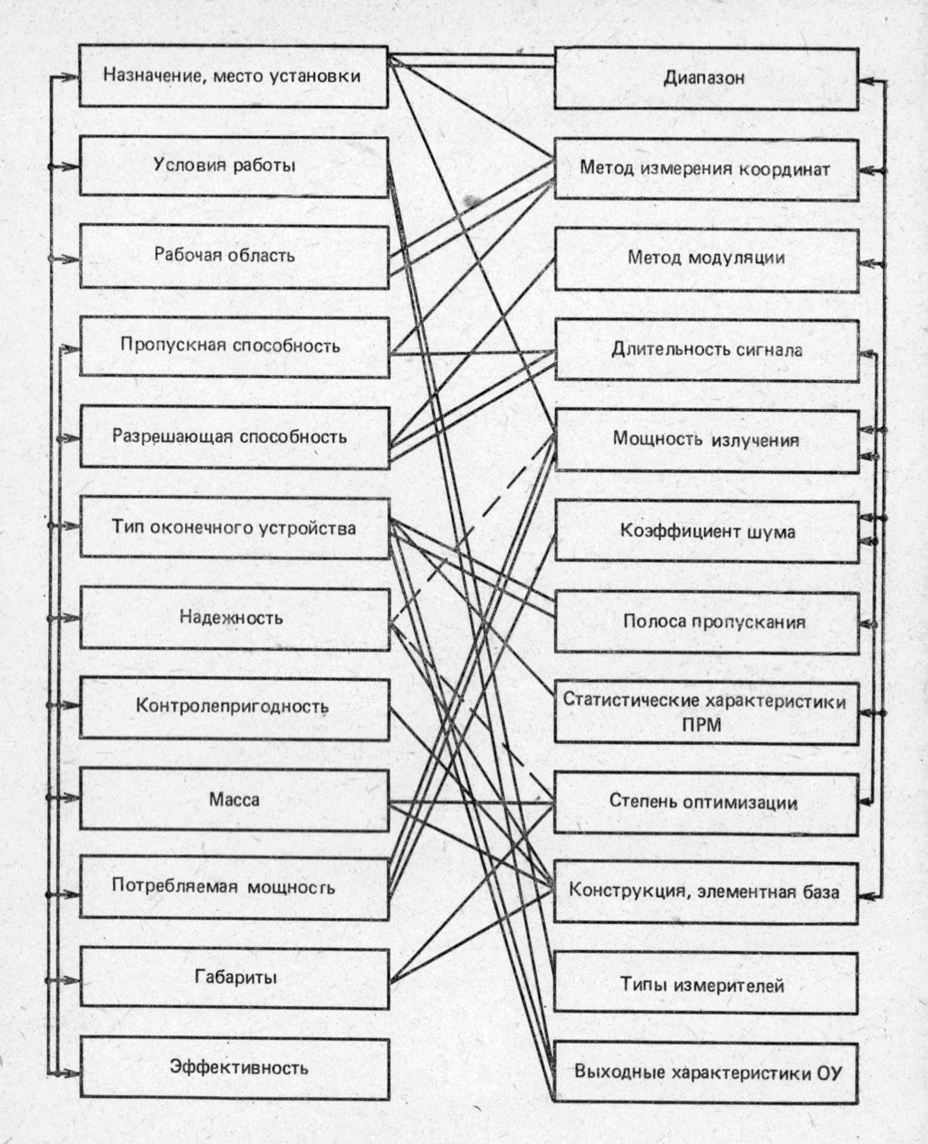

Рис. 1.4. Взаимосвязь параметров РЭС:
— — — сильные связи; ——— слабые связи

Третья группа параметров — параметры технической эксплуатации (ПТЭ) — характеризуют те основные связи, которые устанавливаются внутри и вне системы на этапе функционального применения и должны отражать те изменения и возможности их определения и парирования, которые имеют место на этой стадии ЖЦ системы. Составляя (выбирая) совокупность этих параметров, следует учитывать такое большое количество факторов, что задача сразу приобретает системный характер. К группе ПТЭ, прежде всего, необходимо отнести параметры свойств надежности — безотказности, долговечности, сохраняемости, ремонтопригодности и их взаимосвязи, выделив те показатели качества, которые определяют внутрисистемные и внешние связи.

Техническая эксплуатация системы во многом зависит от характера этих связей, учета структурных свойств системы, отражения композиционных свойств системы.

Таким образом, в группу ПТЭ должны входить такие параметры, как безотказность, долговечность и ремонтопригодность, множества состояний, допустимых входных и выходных сигналов; готовность системы к функциональному использованию, множество элементов и связей; структура и композиция системы.

Параметры технической эксплуатации связаны между собой и с параметрами ПФИ и ТП. Они, по существу, представляют перекрывающиеся нечеткие множества [37]. Однако ряд взаимосвязей между группами параметров может быть представлен аналитическими зависимостями. Например, в ряде случаев взаимосвязи определяются уравнениями энергетического баланса РЭС и уравнениями энергетического потенциала. Эти характеристики описывают взаимосвязь параметра дальности с энергетикой РЭС.

Например, для радиолокационных систем единство и взаимосвязь ПФН и ТП проявляются в уравнении дальности действия РЭС:

$$D_{\max}^4 = \frac{P_и \tau_и n_и G_A \sigma_ц \eta_{прм\text{-}прд} S_A}{(4\pi)^2 Q N_ш kT \xi_{прм}} \exp(-0{,}115\, \alpha_{км.з} D_{\max}), \qquad (1.2)$$

где $D_{\max}$ — максимальная дальность действия РЛС; $P_и$ — мощность излучения в импульсе; $\tau_и$ — длительность импульсного сигнала; $n_и$ — число импульсов, отраженных от цели; G_A — коэффициент направленного действия антенны; $\sigma_ц$ — среднее значение эффективной отражающей поверхности цели; S_A — эффективная площадь антенны РЛС; $\eta_{прм-прд}$ — коэффициент полезного действия трактов приема и передачи; Q — отношение сигнал-шум на выходе достаточного приемника (оптимального фильтра), определяемое заданными вероятностями правильного обнаружения $P_{п.о}$ и ложной тревоги $P_{л.т}$; k — постоянная Больцмана; T — температура входа приемного тракта в градусах Кельвина; $\xi_{прм}$ — коэффициент потерь в приемном тракте, зависящий от неоптимальности обработки, памяти системы, числа накапливаемых импульсов; $\alpha_{км.з}$ — коэффициент километрового затухания радиоволн в атмосфере, дБ/км.

В режиме двусторонней связи:

$$D_{\max\,з.о} = [(P_з \tau_з G_{Aз} S_{A\,прм.о})/4\pi Q_о N_{ш.о} kT \xi_{прм.о}]^{1/2}, \qquad (1.3)$$

$$D_{\max\,о.з} = [(P_о \tau_о G_{Aо} S_{A\,прм.з})/4\pi Q_з N_{ш.з} kT \xi_{прм.з}]^{1/2}. \qquad (1.4)$$

Соответственно индекс «о» обозначает те же параметры и характеристики ответчика.

В режиме односторонней связи дальность действия РЭС (ограниченная энергетикой) определяется выражением

$$D_{max}=[(P_1 \tau_1 G_{A1} S_{A2})/4\pi Q_2 N_{ш2} kT_2 \xi_{прм\,2}]^{1/2} \qquad (1.5)$$

индекс «1» характеризует принадлежность к передающему устройству, а индекс «2» — к приемному тракту.

Энергетическое потребление системы может быть получено из приведенных уравнений. Если РЭС состоит из передатчика и приемника, то потребляемая мощность, как следует из приведенных зависимостей:

$$P_{потр}=K_э P_{изл.ср}=(4\pi D^2_{max} P_{прм\,min} K_э)/G_{изл} S_{A\,прм}, \qquad (1.6)$$

где $K_э$ — коэффициент, учитывающий потери при преобразовании энергии в передающем тракте.

Если РЭС является приемником, установленным, например, на летательном аппарате, то $P_{и.п}=K_э P_{вых}$ (величина мощности на борту данного РЭО) зависит от величины выходной мощности. В свою очередь:

$P_{вых}=K_P P_{прм\,min}$ — чувствительность приемного тракта, где K_P — коэффициент усиления по мощности;

$$P_{прм\,min}=Q N_ш k T_{прм} \Delta F_{прм} \xi_{прм}=Q n_k T_{прм} k \Delta F_{прм} \xi_{прм} N_{1k}; \qquad (1.7)$$

N_{1k} — среднее значение коэффициента шума одного каскада;

$$n_k=K_P/K_{P1}=\frac{P_{вых}}{P_{прм\,min} K_{P1}}$$

— число каскадов; K_{p1} — коэффициент усиления по мощности одного каскада усиления; k — постоянная Больцмана ($k=1{,}23\cdot10^{-23}$ Вт град/Гц).

Коэффициент $\xi_{прм}$ показывает, в какой степени структура приемника отличается от оптимальной. Коэффициент $\xi_{прм}=\xi_1\xi_2 \ldots \xi_m$. Каждый из сомножителей определяет потери из-за неоптимальной обработки в различных частях приемного тракта.

Коэффициент $\xi_{прм}$ и его составляющие всегда удовлетворяют соотношению

$$1<\xi_{прм}<\infty; \quad 1<\xi_i<\infty,$$

$\xi_{прм}=1$ при оптимальной обработке сигнала и полном отсутствии потерь, связанных с неоптимальностью обработки.

Коэффициент Q определяет отношение сигнал-шум на выходе оптимального приемника, которое связывает с характеристиками обнаружения функциональная зависимость:

$$Q=f(P_{п.о}, P_{л.т}),$$

где $P_{п.о}$ — вероятность правильного обнаружения сигнала;

$P_{л.т}$ — вероятность ложной тревоги.

Величина τ_c зависит от многих факторов.

При непрерывном сигнале $\tau_с=\tau_{обл}$. Время облучения приемной системы РЭО:

$$\tau_{обл}=T_{обз}\Theta_А/\Theta_{обз}, \qquad (1.8)$$

где $\Theta_А$ — ширина диаграммы направленности антенны; $\Theta_{обз}$ — зона обзора РЭС; $T_{обз}$ — время обзора рабочей зоны.

При импульсных сигналах

$$\tau_с=T_{обл}/q_{ск},$$

$q_{ск}=T_п/\tau_и$ — скважность импульсного сигнала; $T_п$ — период повторения; $\tau_и$ — длительность импульсного сигнала.

Коэффициент направленного действия антенны $G_А$ и ее эффективная площадь $S_А$ связаны соотношением

$$G_А=4\pi S_А/\lambda^2, \qquad (1.9)$$

где λ — длина волны, на которой работает РЭС.

Количественной мерой точности РЭС является среднеквадратическая погрешность измерения параметра.

Потенциальная ошибка радионавигационных измерений:

$$\sigma_{\alpha\,пот}=f(\tau_с)/\sqrt{Q},$$

где Q — отношение сигнал-шум на выходе оптимального приемника; $f(\tau_с)$ — функция, связанная с длительностью сигнала.

Формула справедлива для устройств, измеряющих дальность и угловые координаты. Сигналы малой длительности имеют потенциально высокую точность $f(\tau_и)=k\tau_и$, но при этом расширяется эффективная полоса $\Delta F_с=k_1/\tau_и$ (при отсутствии внутрисигнальной частотной модуляции). С другой стороны, расширение полосы пропускания приемника $\Delta F_{прм}$ приводит к увеличению мощности шума: $P_ш=N_шkT\Delta F_{прм}$, т. е. к снижению отношения $P_{с.вых}/P_{ш.вых}$.

Длительностью сигнала определяется также и разрешающая способность по дальности $\delta D=c\tau_и/2$. При заданной разрешающей способности $\tau_и\leqslant 2(\delta D^*-\delta D_{о.у})/c$, где $\delta D_{о.у}$ — разрешающая способность оконечного устройства.

Взаимосвязь ПФИ и ТП, как следует из предыдущего, характеризуется аналитическими зависимостями, в которых просматривается процесс прямого и однозначного влияния друг на друга.

Взаимосвязь системных параметров технической эксплуатации также может быть представлена аналитичными выражениями. Однако последние носят более абстрактный характер.

Например, если известны множество входных сигналов $U_{вх}$, множество допустимых входных сигналов $U_{д.вх}$, множества выходных сигналов $U_{вых}$ и их допустимых значений $U_{д.вых}$ множество состояний системы S и системообразующий параметр K, функциональное описание системы $F(K)$ определяется выражением:

$$F(K)=F\{T,\ U_{вх}(t),\ U_{д.вх},\ U_{вых}(t),\ U_{д.вых},\ K\}. \qquad (1.10)$$

Между отдельными показателями устанавливаются однозначные связи вида:

$$U_{\text{д.вых}} \subset U_{\text{вых}}(t),\ U_{\text{д.вх}} \subset U_{\text{вх}}(t),$$

$$U_{\text{вых}}(t)/K \subset U_{\text{д.вх}} \otimes U_{\text{д.вых}} \subset KS; \quad K/T \otimes S \subset U_{\text{вых}}(t) \quad \text{и др.,}$$

где знак $\otimes$ — знак операции образования декартова произведения двух множеств.

Одним из конкретных выражений системного описания является, например, формула условной работы, выполняемой данной конструкцией — А:

$$A = kk_{\text{раз}} k_j \eta P_{\text{с.вых}} T_{\text{ср}}^2 I_{\text{с вых}}/(1-\eta)^a, \tag{1.11}$$

где $k_{\text{раз}} = f(P_{\text{п.о}},\ P_{\text{л.т}})$ — коэффициент различимости; k_j — число информационных различимых состояний сигнала; $P_{\text{с.вых}}$ — выходная мощность полезного сигнала: $I_{\text{с.вых}}$ — информационный объем на выходе; $T_{\text{ср}}$ — средняя наработка системы; $\eta = P_{\text{с.вых}}/P_{\text{с.вх}}$ — КПД системы; a и k — постоянные коэффициенты.

Величина $I_{\text{с}}$ — объем информации на выходе системы. Целесообразность информационных описаний РЭС определяется тем, что подавляющее большинство РЭС являются информационными системами, т. е. с той или иной степенью связаны с добыванием информации, получением информации, переработкой, передачей информации, выделением полезной информации и управлением состояниями систем на основе полученной информации. Если некоторое событие A имеет априорную вероятность появления P_1, а в результате приема сообщения оказалось, что то же событие имеет новую вероятность появления P_2, то информация принятого сообщения определяется выражением $I = \log_2(P_2/P_1)$. Если в результате сообщения выявлено, что событие A действительно произошло, то $I = \log_2 P_1$ — управляющая информация.

Известно, что n элементов сообщения, каждый из которых характеризуется m состояниями (градациями сигнала), содержат информацию

$$I = n \log_2 m. \tag{1.12}$$

Количество информации, приходящееся на одно сообщение, называется удельной информативностью или энтропией сообщений — H.

При неравновероятности состояний

$$I = -n \sum^{m} P_i \log_2 P_i, \text{ а } \quad H = \sum^{m} P_i \log_2 \frac{1}{P_i}.$$

Логарифм $(-\log_2 P_i)$ можно рассматривать как частную энтропию i-го состояния, а H — является средним значением частных энтропий.

При непрерывном распределении случайной величины $U(t)$ (например, амплитуды сигнала) с известной плотностью распределения вероятности $w(U)$ энтропия $H(U)$ определяется выражением:

$$H(U) = \int_{-\infty}^{\infty} w(U) \log_2 w(U)\, dU - \log_2 \Delta U, \qquad (1.13)$$

где величина ΔU — характеризует точность квантования сигнала.

На практике часто пользуются формулой

$$H(U) = -\int_{-\infty}^{\infty} w(U) \log_2 w(U)\, dU, \text{ но}$$

мы в дальнейшем будем избегать подобных упрощений, изменяющих физическую сущность процесса.

Наконец, в самом общем случае количество информации об одком случайном объекте η относительно другого случайного объекта определяется как

$$I(\xi, \eta) = \int_X \int_U P_{\xi,\eta}(X, U) \log_2 \frac{w_{\xi,\eta}(X, U)}{w_\xi(X)\, w_\eta(U)}\, dX\, dU, \qquad (1.14)$$

где $w_\xi(X)$, $w_\eta(U)$ — априорные плотности распределения случайных объектов; $w_{\xi,\eta}(X, U)$ — плотность их совместного распределения.

При этом случайные объекты η и ξ могут иметь самую различную природу (скалярную, векторную, быть обобщенными функциями и т.д).

Преимущество информационных описаний состоит в том, что они дают возможность представлять информацию через величины. Например, количество информации X в сообщении U можно определить через разность энтропий:

$$I(U, X) = H(U) - H(U/X), \qquad (1.15)$$

где $H(U/X)$ — условная энтропия. Если сигнал X и помеха N статистически независимы, то

$$I(U, X) = H(U) - H(N).$$

При условии, что помеха подчиняется гауссовскому распределению

$$H(N) = 2FT\,[\log_2 \sqrt{2\pi e}\,\sigma_п - \log_2 \Delta X], \qquad (1.16)$$

где $2FT$ — число независимых элементов сообщения в полосе пропускания F за время T, тогда

$$I(U, X) = 2\,FT \log_2 (\sigma_u/\sigma_п), \qquad (1.17)$$

(где σ_u — среднее квадратическое отклонение сигнала; $\sigma_п$ — среднее квадратическое отклонение шума)
или

$$I(U, X) = FT \log_2 [(\sigma_X^2 + \sigma_п^2)/\sigma_п^2] = FT \log_2 (1 + P_с/N), \qquad (1.18)$$

где $P_с$ — среднее значение мощности полезного сигнала; N — среднее значение мощности помех.

Величина $FT\log(P/N)$ называется информационным объемом сигнала и показывает, что одно и то же количество информации можно передать, сохраняя постоянный объем, но используя различные F, T, $Q=P_c/N$:

$$\lim_{T\to\infty}\frac{I(U,\ X)}{T}=W(\log_2 1+P_c/N)=C_i, \qquad (1.19)$$

C_i называется скоростью передачи информации и характеризует пропускную способность канала.

Соотношения (1.14), (1.17), (1.19), вывод которых приведен в [27, 41, 48], позволяют устанавливать новые взаимосвязи в РЭС, расширяя таким образом их многообразие и позволяя описать или представить их модели в наиболее полном или наиболее целесообразном виде.

Посредством информационного описания можно связать ПФИ и ТП с такими характеристиками, как ценность информации, ее значимость — дифференциальная характеристика ценности, в зависимости от изменения условий, а также семантическими и прагматическими характеристиками информации.

1.3. УСЛОВИЯ РАБОТЫ РЭС. ДЕГРАДАЦИОННЫЕ ПРОЦЕССЫ

Современные РЭС работают в сложных постоянно меняющихся условиях, в процессе изготовления (реже) и эксплуатации (чаще) подвергаются воздействию различных внешних факторов, результатом которых являются деградационные процессы, ухудшающие параметры и приводящие в конце концов к отказу аппаратуры, т. е. к выходу одного или нескольких параметров за пределы допуска $U_i(t)<U_{iн}$ или к полному прекращению функционирования.

Под воздействием внешних условий и внутренних процессов деградации меняется техническое состояние РЭС — $S(t)$.

По совокупности отрицательные воздействия можно разделить на две группы: климатические и механические. Для примера рассмотрим рейс современного лайнера по маршруту Ташкент — Магадан в середине марта. Протяженность трассы 5000 км, время полета 8 ч. За это время перепад температур составляет 40° С, вибрации действуют 8 ч. Ударные нагрузки возникают при посадке. Еще в более тяжелых условиях работает РЭС, устанавливаемая на космическом объекте.

Под воздействием процессов износа и влияния внешних условий в элементе изделий РЭС может возникнуть отклонение от нормы. Продолжение воздействия приводит к увеличению отклонения от номинального состояния. Параметр элемента, имеющего дефект, отныне не соответствует по своему значению нормативам, установленным на него технической документацией, или близок этому несоответствию. Аппаратура, имеющая дефект, переходит из исправного состояния в неисправное.

Исправное состояние — это такое состояние объекта, при котором он соответствует всем требованиям нормативно-технической документации: неисправное состояние — при котором он не соответствует хотя бы одному из этих требований. Каждое отдельное несоответствие изделия или его элемента установленным требованиям — это и есть дефект. Термин «дефект», как следует из изложенного, связан с термином «неисправность», но не является его синонимом, так как в состоянии неисправности изделие может иметь множество дефектов.

Дефекты подразделяют на:

явные (для выявления которых в нормативной документации предусмотрены соответствующие правила, методы, средства);

скрытые (для выявления которых соответствующие правила, методы, средства не предусмотрены):

значительные (влияющие на эффективность использования РЭС);

критические (при наличии которых использование изделий по назначению невозможно или нецелесообразно, при достижении дефектом критического уровня наступает отказ);

устранимые (устранение которых технически возможно и экономически целесообразно).

Сложность РЭС и ее отдельных элементов, разнообразие условий и режимов применения РЭУ приводят к появлению еще большего разнообразия дефектов и их проявлений.

Перечисленные ниже ситуации, связывающие воздействия и дефекты, являются не более как иллюстративными обобщениями.

Климатические воздействия подразделяют на воздействия температуры, влажности, солнечной радиации.

Изменение температуры окружающей среды влияет на параметры элементов РЭС:

снижается коэффициент усиления транзисторов;

увеличиваются обратные токи полупроводниковых переходов;

возрастает величина проводимости утечки;

изменяется емкость конденсаторов из-за изменения величины проводимости утечки и снижается их электрическая прочность;

высыхают и коробятся изоляционные материалы и прокладки, снижается термомеханическая прочность термореактивных пластмасс;

растут величины сопротивления металлических резисторов и потерь на перемагничивание и т. д.;

увеличиваются при $T^\circ < T^\circ_д = -40 \dots 50^\circ$ C внутренние напряжения в кристаллических материалах особенно на границах с различными температурными коэффициентами;

увеличивается внутреннее сопротивление полупроводников, снижается электрическое сопротивление металлов.

Воздействие температур может приводить как к внезапно возникающим, так и постепенным изменениям, которые часто оказываются необратимыми. Для иллюстрации температурных воздействий на рис. 1.5 показаны зависимости интенсивности отказов

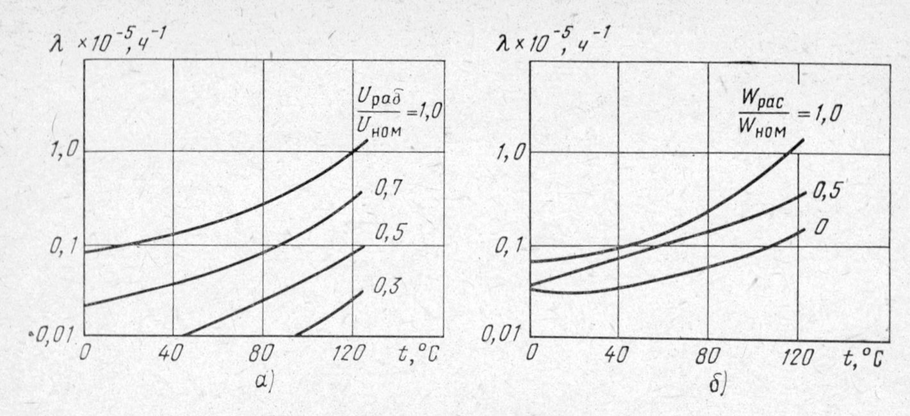

Рис. 1.5. Зависимости интенсивностей отказов:

а — конденсаторов от температуры окружающей среды $t°$, отношения рабочего напряжения $U_{раб}$ к номинальному $U_{ном}$; *б* — углеродистых резисторов от температуры и отношения рассеиваемой мощности $W_{рас}$ к номинальной $W_{ном}$

от температуры и нагрузки элементов электронных схем и приборов.

Влажность и атмосферные осадки также стимулируют деградационные процессы в элементах и конструкциях РЭС. При повышении влажности ускоряется процесс коррозии металлов, в результате чего ухудшаются их прочностные характеристики, например срок службы конструкции из алюминиевых сплавов при относительной влажности 80 ... 100% уменьшается более чем в 2 раза.

Из-за ухудшения изоляционных свойств возрастают и потери в контурах, катушках, дросселях, трансформаторах, сопротивление резисторов возрастает, а их влагостойкость резко снижается.

Одним из распространенных дефектов РЭС является конденсация влаги, а затем замерзание воды в волноводных трактах. Конденсация влаги и обледенение АФУ оказывают существенное влияние на изменение параметров РЭС в процессе эксплуатации.

Электрические нагрузки в случае недопустимого их изменения в процессе эксплуатации приводят к нарушению температурного режима, электрическим пробоям, отказам при включении-выключении аппаратуры вследствие переходных процессов.

Механические воздействия — это удары, вибрации, ускорения и звуковые давления. Вибрации и удары приводят к преждевременному изнашиванию элементов радиоаппаратуры, появлению усталостных явлений или разрушения. Под действием вибраций нарушается первоначальная настройка регулируемых радиоэлементов. Действие звукового давления на элементы РЭС аналогично действию вибрации, так как оно возбуждает механические колебания деталей и узлов. В транзисторах возникает микрофонный эффект, происходит возбуждение колебаний корпуса радиоэлемента.

Климатические воздействия изменяют физические и механические свойства материалов и конструкций РЛС, вызывая отклонения параметров элементов от номинальных значений. Колебания температуры ускоряют процессы старения, увеличивая интенсивность отказов элементов. При повышенной влажности ускоряется коррозия (контакты), снижаются диэлектрические свойства и сопротивление изоляции, увеличиваются потери в контурах, увеличивается сопротивление резисторов. Деградационные процессы изменяют параметры элементов радиоэлектронных схем, а следовательно, технические и функциональные характеристики РЛС (рис. 1.6).

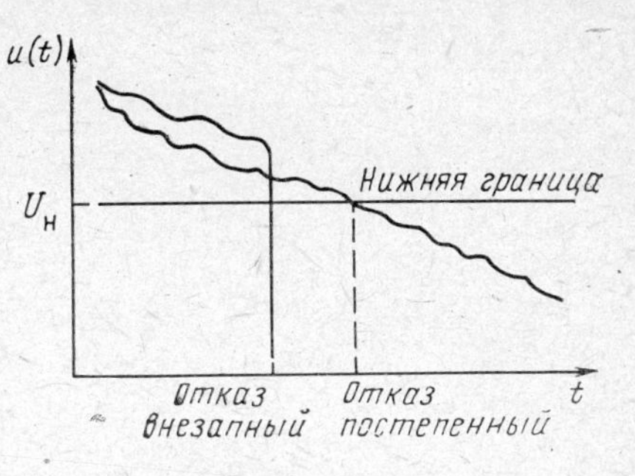

Рис. 1.6. Изменения параметров РЭС в процессе эксплуатации

Под воздействием деградационных процессов изменяется коэффициент шума приемника, а следовательно, его чувствительность и дальность действий РЛС. В общем виде влияние деградационного процесса можно описать изменением во времени функционала качества.

Элементы РЭС, в которых проявляются деградационные процессы, могут быть с точки зрения механизма воздействия последних разделены на две категории.

К первой категории отнесем те элементы и устройства, в которых процесс функционального использования не требует расходования вещества, т. е. в течение всей стадии эксплуатации износовые деградационные процессы не проявляются или почти не проявляются. К этим элементам относятся диоды, транзисторы, интегральные микросхемы, резисторы, часть конденсаторов.

Ко второй категории относят элементы, функциональное использование которых связано с «расходованием» веществ (их перераспределением). Это — электровакуумные приборы, лампы большой мощности, электронно-лучевые трубки, электромеханические приборы, электрические машины.

Тенденция развития и совершенствования РЭС — это реализация аппаратуры на элементах первой категории. Но элементы второй категории должны оставаться в центре внимания при эксплуатации, ибо составляют значительную часть эксплуатируемых устройств.

Итак, в процессе эксплуатации именно на этой стадии ЖЦ деградационные процессы приводят к дефектам, в результате совокупный параметр, характеризуемый вектором $\mathbf{П}_ф(t)$ меняется во времени:

$$\mathbf{П}_ф(t) = \mathrm{var}.$$

Состояние системы при этом также меняется $S(t) = \mathrm{var}$.

Если параметр выходит из множества своих допустимых значений:

$$П_ф < П_{ф.н} \quad \text{или} \quad П_ф > П_{ф.в}, \quad \text{то} \quad П_ф \overline{\in} П_{ф.доп},$$

т. е. в системе нарушается работоспособное состояние, и она переходит в неработоспособное состояние.

Работоспособное состояние — состояние изделия, при котором значения всех параметров, характеризующих способность выполнять заданные функции, соответствуют требованиям нормативно-технической документации.

Неработоспособное состояние — состояние, при котором значение хотя бы одного параметра, характеризующего способность выполнять заданные функции, не соответствует требованиям нормативно-технической документации.

В неработоспособном состоянии система может функционировать. На рис. 1.7 приведен обобщенный граф изменения состояний систимы под влиянием деградационных процессов.

В неработоспособном состоянии система не может использоваться по функциональному назначению. Следовательно, ее работоспособность должна быть восстановлена. Однако для современных сложных систем процесс восстановления отказавшего изделия обходится, как правило, очень дорого. В табл. 1.1 [70] приведены данные относительной стоимости отказа для устройств и систем различного назначения, из которых следует, что современ-

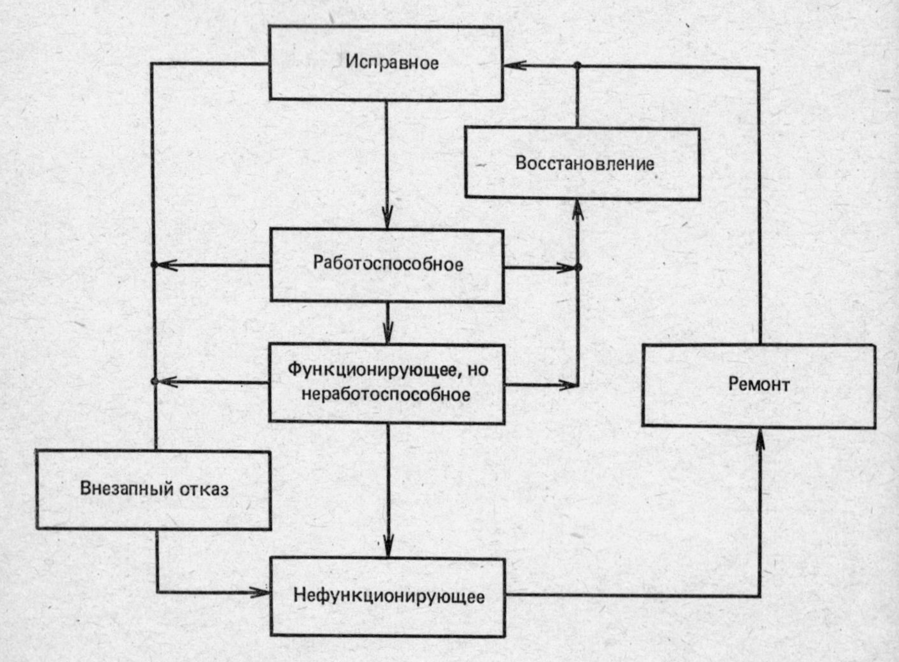

Рис. 1.7. Граф перехода РЭС из одного состояния в другое состояние

Таблица 1.1

Радиоэлектронное оборудование	Относительная мера экономического ущерба, причиняемого отказом ИС (в относительных единицах)			
	Замена детали	Замена платы	Перепроверка и ремонт РЭС	Натурные испытания и ремонт или повторные испытания
Аппаратура широкого индивидуального применения	1	2,5	2,5	25
Аппаратура промышленного назначения	2	12,5	22,5	207
Космические электронные системы	7,5	7,5	150	10^6

ное РЭС лучше всего не доводить до отказа, принимая превентивные профилактические меры по поддержанию работоспособности системы путем проведения операций по его техническому обслуживанию.

Другими словами, действующие на систему деградационные процессы переводят РЭУ в состояние, в котором оно как изделие техники испытывает потребность в техническом обслуживании. Процесс технического обслуживания с физической точки зрения является процессом парирования результатов воздействий процесса деградации и износа. При техническом обслуживании РЭУ также меняет свои состояния под воздействием управляющих восстанавливающих процессов (рис. 1.7), среди которых важную роль играет процесс определения технического состояния РЭУ (технического диагностирования).

Итак, в состоянии исправности и работоспособности $S_{и}(t)$ и $S_{р}(t)$ на систему воздействуют деградационные процессы

$$Д(t) \to S_{р}(t) \to S_{п.о}(t),$$

в результате система переходит в предотказовое состояние $S_{п.о}(t)$. Техническое обслуживание возвращает РЭС в работоспособное (исправное) состояние $Y_{т.о}(t) \to kS_{п.о}(t) \to S_{р}(t)$. Степень воздействия $Y_{т.о}(t)$ должна быть пропорциональна степени деградации:

$$Y_{т.о}(t) = k[S_{р}(t) - S_{п.о}(t)]. \qquad (1.20)$$

Следовательно, прежде чем воздействовать на РЭС, надо знать его состояние либо предполагать, в каком состоянии РЭС находится.

Таким образом, в другом варианте процесс технического диагностирования можно определить как процесс получения информации о техническом состоянии изделия РЭС с целью управления этим состоянием и поддержанием изделия в работоспособном состоянии.

1.4. НАДЕЖНОСТЬ РАДИОЭЛЕКТРОННЫХ УСТРОЙСТВ И СИСТЕМ. ПАРАМЕТРЫ НАДЕЖНОСТИ

В сложной системе на стадии эксплуатации действуют две совокупности процессов: первая — деградационные (ухудшающие состояние с точки зрения безотказности) и стабилизирующие процессы, обеспечивающие сопротивление развитию деградации, поддерживающие работоспособность устройства или системы в заданных пределах или восстанавливающие, парирующие ухудшение состояния. Ко второй совокупности процессов относятся такие, как автоматическая подстройка и регулировка состояния РЭС при функциональном использовании (автоматическая регулировка усиления — АРУ, автоподстройка частоты — АПЧ и др.), а также подстройки, регулировки, замены на этапах технического обслуживания и ремонта (если отказ все-таки произошел).

Переход изделия РЭС из одного состояния в другое — процесс вероятностный, описывается случайными закономерностями. Вероятности пребывания изделия в том или ином состоянии зависят от параметров, которые определяют степень подверженности РЭС влиянию деградационных процессов и сопротивляемость его в части парирования этих воздействий.

В своей совокупности эти параметры являются показателями надежности — свойства изделия сохранять во времени в установленных пределах значения всех параметров, характеризующих способность выполнять требуемые функции в заданных режимах и условиях применения, технического обслуживания, ремонтов, хранения и транспортирования.

Надежность является сложным свойством, которое в зависимости от назначения изделия и условий его применения состоит из сочетаний свойств — безотказности, долговечности, сохраняемости и ремонтопригодности.

Безотказность — свойство изделия сохранять работоспособное состояние в течение определенной наработки. Сама по себе безотказность не характеризует качество РЭС, но если система не обладает требуемой безотказностью, параметры функционального использования не могут быть реализованы, и система как бы утрачивает свое назначение.

Событие, заключающееся в нарушении работоспособного состояния, называется отказом.

Наиболее общим выражением, характеризующим безотказность, является вероятность безотказной работы:

$$P_{\text{б.р}}(t) = \exp\left\{-\int_0^T \lambda(t)\,dt\right\}, \qquad (1.21)$$

где T — наблюдаемый временной интервал; $\lambda(t)$ интенсивность отказов — плотность распределения времени безотказной работы в момент времени t при условии, что до этого момента отказа не было.

Элемент условной вероятности $\lambda(t)dt$ характеризует вероятность возникновения отказа РЭУ на элементарном отрезке времени dt, если до этого момента изделие не отказало.

$$\lambda(t)=\frac{dP_{б.р}(t)}{dt}\frac{1}{P_{б.р}(t)}=\frac{f(t)}{P_{б.р}(t)}, \qquad (1.22)$$

где $f(t)$ — плотность распределения времени безотказной работы.

Выражение для $P(t)$ носит название *основная формула теории надежности.* Из нее следует, что величина $P(t)$ с течением времени уменьшается по определенному закону. Формула наглядно демонстрирует явление деградации, т. е. ухудшение безотказности со временем в предположении, что в системе в конце концов наступит отказ. Вероятность наступления отказа $q(t)=1-P_{б.р}(t)$. При условии $\lambda(t)=\mathrm{const}=\lambda$ формула

$$P_{б.р}(T)=\exp(-\lambda T) \qquad (1.23)$$

носит название *экспоненциальный закон надежности.* Среднее время безотказной работы РЭС

$$T_0=\int_0^\infty tf(t)=\int_0^\infty t\left[-\frac{dP(t)}{dt}\right]dt=\int_0^\infty P(t)\,dt. \qquad (1.24)$$

Среднее время безотказной работы в интервале $0 \ldots T$

$$T_{ср}=T_0[1-P(T)],\ P(T)=e^{-T/T_0}. \qquad (1.25)$$

Это выражение будет часто использоваться в дальнейшем.

Дисперсия времени безотказной работы

$$D_0=\int_0^\infty (t-T_0)^2 f(t)\,dt=2\int_0^\infty tP(t)\,dt-T_0^2, \qquad (1.26)$$

а среднее квадратическое отклонение $\sigma(t)=\sqrt{D_0}$.

Для периода $T_{ф.и}$ функционального использования РЭС $P_{б.р}(T_{ф.и})$ подчиняется экспоненциальному закону надежности.

После длительного периода функционального использования для невосстанавливаемых изделий наступает период износа. Распределение времени безотказной работы до появления износового отказа в большинстве практических ситуаций хорошо описывается законом Гаусса.

Плотность распределения вероятностей по закону Гаусса

$$\begin{cases} 0, & t\leqslant 0 \\ c\exp[-(t-T''_0)^2/2\sigma^2], & t>0, \end{cases}$$

при $T''_0\gg\sigma\, c=1/(\sigma\sqrt{2\pi})$.

Безусловная вероятность отказа изделия на временном интервале $t_1 \ldots t_2$

$$q(t_1,\ t_2)=\int_{t_1}^{t_2} f(t)\,dt=\frac{1}{\sigma\sqrt{2\pi}}\int_{t_1}^{t_2}\{\exp[-(t-T_0)^2]/2\sigma^2\}\,dt=$$

$$=\Phi\left(\frac{t_2-T_0}{\sigma}\right)-\Phi\left(\frac{t_1-T_0}{\sigma}\right); \qquad (1.27)$$

$\Phi\left(\frac{t_2-T_0}{\sigma}\right)$ — интеграл вероятности, значения которого табулированы.

Большинство изделий РЭС относится к классу восстанавливаемых устройств и систем. Восстановление осуществляют либо путем замены отказавшего элемента, либо путем его ремонта.

Процесс проявления отказа, как следует из изложенного выше, по своей физической сущности — процесс перехода из состояния работоспособного в неработоспособное состояние.

Очевидно, что аналогичным образом можно представить себе процесс восстановления системы как процесс перехода из неработоспособного состояния в работоспособное, который характеризуется аналогичными по смыслу параметрами.

$f(t_в)$ — плотность распределения времени до окончания восстановления характеризуется интенсивностью восстановления — $\mu(t)$; средним временем восстановления $\tau_в$ и другими параметрами.

Тогда вероятность восстановления работоспособного состояния

$$P_в(t) = 1 - \exp\left\{-\int_{t_1}^{t_2}\mu(t)\,dt\right\}, \qquad (1.28)$$

а при $\mu(t) = \text{const} = \mu$

$$P_в(t) = 1 - \exp\{-\mu t\}. \qquad (1.29$$

Среднее время восстановления для экспоненциального закона

$$\tau_в = \int_0^\infty t_в f(t_в)\,dt_в = \frac{1}{\mu}. \qquad (1.30)$$

В качестве универсальной характеристики восстанавливаемой системы может выступать функция восстановления $N(t)$ или ведующая функция, представляющая среднее число отказов, происходящих до момента t

$$\Omega(t) = \sum_{k=1}^{\infty} q_k(t). \qquad (1.31)$$

Если Ω известна, то среднее число отказов на любом интервале от t_1 до t_2

$$\Omega(t_1, t_2) = \Omega(t_2) - \Omega(t_1),$$

а на малом интервале Δt число отказов определяется величиной, которая называется «параметр потока отказов»

$$\Omega(t_1, t_2) = \int_{t_1}^{t_2}\omega(t)\,dt, \qquad (1.32)$$

$$\omega(t) = \sum_{k=1}^{\infty} f_k(t), \quad \text{где} \quad f_k(t) = dq_k(t)/dt.$$

Параметр потока отказов $\omega(t)$ и функцию восстановления $\Omega(t)$ можно выразить через известные характеристики $f(t)$ и

$q(t)$ не восстанавливаемых или работающих до первого отказа изделий РЭС:

$$\omega(t) = f(t) + \int_0^t \omega(t) f(t-x), \tag{1.33}$$

$$\Omega(t) = q(t) + \int_0^t \Omega(t) f(t-x)\, dx. \tag{1.34}$$

Обычно эти уравнения решаются численными методами интегрирования. Необходимо отметить, что на практике выполняется соотношение

$$\lim_{t\to\infty} \omega(t) = 1/T_0 = \lambda. \tag{1.35}$$

Это свойство функции $\omega(t)$ отражает тот факт, что с течением времени единый процесс отказов и восстановлений становится стационарным и среднее число отказов не зависит от предшествующей эксплуатации.

Если время безотказной работы изделия подчиняется экспоненциальному закону, то поток отказов восстанавливаемого РЭС является простейшим, т. е. обладающим одновременно свойствами стационарности, ординарности и отсутствием последействия. Свойство ординарности заключается в том, что вероятность появления двух (и более) отказов на отрезке времени Δt пренебрежимо мала по сравнению с q-вероятностью появления одного отказа. Потоком без последействия называется поток, у которого вероятность появления отказов на определенном временном интервале не зависит от числа и характера отказов, возникающих до этого интервала.

Для простейшего потока отказов вероятность появления K отказов на отрезке t определяется формулой Пуассона:

$$q(K, t) = \frac{(\lambda t)^K}{K!} \exp\{-\lambda t\}.$$

Радиоэлектронные системы обычно состоят из большого числа элементов, каждый из которых имеет высокую степень безотказности, т. е. отказывает редко. Поток отказов такой системы представляет сумму большого числа редких потоков отказов элементов. Если время безотказной работы каждого элемента подчиняется экспоненциальному закону распределения, то поток отказов системы, как сумма простейших потоков, также является простейшим и имеет суммарную интенсивность $\lambda = \sum_{i=1}^{N} \lambda_i$. При этом должно выполняться условие, что доля каждого элемента в формировании общего потока отказов мала.

Необходимо подчеркнуть, что параметры безотказности связаны с ТП и ПФИ, и эта связь устанавливается через информационные характеристики и их описания.

Количество информации, получаемое от РЭС, согласно (1.18)

$$I = FT \log_2 (1 + P_с/N).$$

Среднее время безотказной работы в интервале поступления информации

$$T_{ср} = \int_0^T P(t)\, dt = T_0 (1 - P),$$

где $P = \exp\{-T/T_0\}$.

Поэтому в системе, подверженной отказам,

$$I_1 = FT_0 (1 - P) \log_2 (1 + P_с/N),$$

и информационные потери составляют величину

$$\Delta I = I - I_1 = [T - T_0 (1 - P)] \log_2 Q,$$

где $Q = 1 + P_с/N$ — величина, однозначно связанная с отношением сигнал-шум.

Уменьшение объема информации в последней формуле можно компенсировать увеличением отношения сигнал-шум $Q_э$:

$$I_2 = FT \log_2 Q_э;$$

соответственно $\Delta I_2 = I - I_2 = FT (\log_2 Q - \log_2 Q_э) = FT \log_2 (Q/Q_э)$.

Приравнивая выражения информационных потерь $\Delta I_2 = \Delta I$, получаем соотношение, устанавливающее искомые связи:

$$F [T - T_0 (1 - P)] \log_2 Q = FT \log_2 (Q/Q_э),$$

$$T \log_2 Q_э = T_0 \log_2 (1 - P) = T_0 (1 - P) \log_2 Q;$$

$$\log_2 Q_э = [T_0 (1 - P) \log_2 Q]/T,$$

$$Q_э = Q^{\frac{T_0}{T} (1 - P)} = Q^{(1 - P)/\lambda T}.$$

В свою очередь величина $Q = f(P_{п.о}, P_{л.т}) = P_{прм\, min}/N_к T° \times \Delta F_{прм}$, где $P_{прм\, min}$ — чувствительность приемника, определяющая дальность действия РЭС в соответствии с (1.2).

Аналогичным образом с величиной λ могут быть связаны и другие ПФИ и ТП, такие, например, как точность измерения координат σ_A и разрешающая способность до дальности δD.

Помимо приведенных и обоснованных характеристик безотказности и восстанавливаемости (ремонтопригодности) надежность определяется еще двумя составляющими — долговечностью и сохраняемостью.

Показатели долговечности — ресурс и срок службы. Необходимо отметить, что в терминах показателей долговечности указывается, какой вид действий должен иметь место после наступления обозначенного предельного состояния. Например, назначенный ресурс до капитального ремонта — суммарная наработка изделия, при достижении которой его применение по назначению должно быть прекращено и изделие подвергнуто капитальному ремонту.

Соответственно, назначенный срок службы — это календарная продолжительность эксплуатации, изделия, по достижению которой использование объекта по назначению должно быть прекращено.

1.5. ПРОЦЕСС И ЗАДАЧИ ТЕХНИЧЕСКОЙ ЭКСПЛУАТАЦИИ

Процесс ТЭ на стадии ЖЦ можно представить как последовательную смену деградационных и управляющих воздействий.

При этом на систему действуют три процесса: деградационный, понижающий работоспособность системы, поддерживающий работоспособность на определенном уровне и восстанавливающий работоспособность после наступления отказа. Процесс, поддерживающий работоспособное состояние, может быть также представлен частью восстанавливающего процесса. Процессы деградационные являются существенно вероятностными. Процессы восстанавливающие — часто бывают организованными и содержат детерминированную составляющую, определяемую, например, периодичностью проведения работ по ТО.

С точки зрения потребителя РЭС интерес представляют два состояния: $S_г(t)$ с вероятностью пребывания $P_0(t)$, в котором система может использоваться по своему назначению, $\bar{S}_г(t)$ с вероятностью $P_1(t)$ — система использоваться по своему назначению не может. Граф переходов такой системы показан на рис. 1.8,*а*.

Матрица переходов

$$P = \begin{matrix} \\ 0 \\ 1 \end{matrix} \left\| \begin{matrix} 0 & 1 \\ 1-\lambda & \lambda \\ \mu & 1-\mu \end{matrix} \right\|.$$

Конечно-разностное уравнение, описывающее состояние системы,

$$P_0(t+dt) = P_0(t)(1-\lambda\, dt) + P_1(t)\mu\, dt + 0(dt),$$

$$P_0(t) + P_1(t) = 1.$$

Решение

$$P_0(t) = \frac{\mu}{\mu+\lambda} + \frac{\lambda}{\lambda+\mu} e^{-(\lambda+\mu)t}, \quad (1.36)$$

а

$$P_1(t) = \frac{\lambda}{\lambda+\mu} - \frac{\lambda}{\lambda+\mu} e^{-(\lambda+\mu)t}. \quad (1.37)$$

Вероятность $P_s(t)$ пребывания системы в состоянии готовности к функциональному применению называется функцией готовности. При больших значениях t второй член уравнения стремится к нулю и вероятность

$$P_s(t) \to K_г = \mu/(\lambda+\mu) = T_0/(T_0+\tau_в)$$

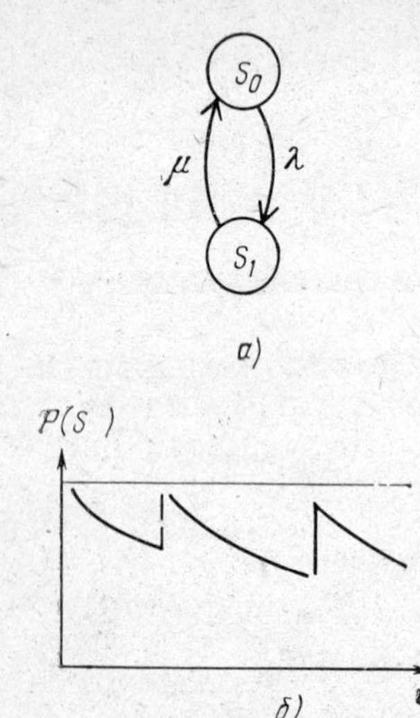

Рис. 1.8. Изменения состояний восстанавливаемой РЭС:

а — ориентированный граф; *б* — вероятность безотказной работы

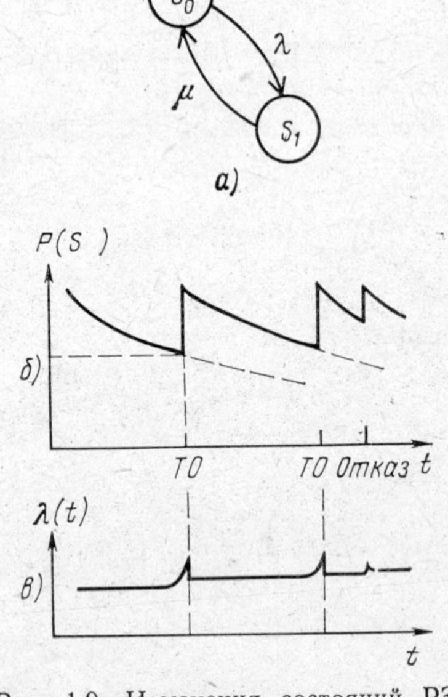

Рис. 1.9. Изменения состояний РЭС при восстановлении и обслуживании:

а — ориентированный граф; *б* — вероятности безотказной работы; *в* — параметр потока отказов

оказывается равной коэффициенту готовности — одному из комплексных показателей надежности системы.

Процесс восстановления работоспособного состояния системы во времени можно рассматривать как повышение безотказности изделия — увеличение вероятности безотказной работы. Для этого процессу восстановления должно предшествовать обновление РЭС за счет профилактических замен изношенных дефектных элементов. На рис. 1.8,*б* представлен график изменения $P(t)$.

Другим комплексным показателем надежности является коэффициент оперативной готовности $K_{\text{ОГ}} = P(t) K_{\text{г}}$ — вероятность того, что изделие окажется в работоспособном состоянии в произвольный момент времени (кроме планируемых периодов неприменения) и начиная с этого момента будет безотказно работать в течение заданного t времени.

Восстановительные работы на системе, как указывалось выше, могут состоять из работ по ТО работоспособного хотя и неисправного изделия и ремонта отказавшего изделия. Пребывание изделия в этих состояниях учитывается и оценивается с помощью еще одного комплексного показателя надежности — коэффициента технического использования — $K_{\text{ТИ}}$. В общем случае $K_{\text{ТИ}}$ — отношение математического ожидания времени пребывания объекта в работоспособном состоянии за некоторый период эксплуатации к сумме математических ожиданий интервалов времени пребывания изделий в работоспособном состоянии, простоев, обусловленных техническим обслуживанием и ремонтом за тот же период.

Выражение для $K_{\text{ТИ}}(t)$ можно получить из простого графа состояний (рис. 1.9,*а*) путем составления системы из трех уравнений:

$$\dot{P}_0(t) = -P_0(\lambda + \nu) + P_1 \mu_{\text{в}} + P_2 \mu_{\text{ТО}};$$
$$\dot{P}_1(t) = -P_1 \mu_{\text{В}} + P_0 \lambda;$$
$$P_1(t) + P_2(t) + P_0(t) = 1.$$

Для $t \to \infty$ с учетом стационарности наблюдаемого случайного процесса

$$K_{\text{ТИ}} = \frac{T_0}{T_0 + \tau_{\text{В}} + \tau_{\text{ТО}}(T_0/T_{\text{ТО}})}\ . \tag{1.38}$$

Выражение для $K_{\text{ТИ}}$ определяет вероятность пребывания изделия РЭС в работоспособном состоянии — готовности изделия к функциональному применению.

В процессе технического обслуживания также должно осуществляться полное или частичное обновление системы, что зафиксировано на графиках рис. 1.9,*б* и *в* зависимостями $p(t)$ и $\lambda\ (t)$.

Однако в современных сложных РЭС отказ элемента или РЭУ не всегда ведет к отказу системы и с этой точки зрения является дефектом. В процессе эксплуатации возникает необходимость выявления дефектов и предотвращения отказов. Эффективность этого процесса можно характеризовать вероятностью отсутствия дефекта в произвольный момент времени при нахождении РЭС в рабочем состоянии — коэффициентом отсутствия дефектов

$$K_{\text{од}} = \lim_{t \to \infty} P_{\text{К}}(t),$$

где $P_{\text{К}}$ — представляется суммарной вероятностью пребывания РЭС в подмножестве К состояний, включающем в себя все ситуации, когда в рабочем режиме отсутствуют дефекты.

Как видно из изложенного, готовность РЭС к функциональному использованию определяется его параметрами безотказности и ремонтопригодности, характеризующими в конечном счете возможность целенаправленного управления его техническим состоянием.

Управление состоянием — главный процесс технической эксплуатации. Таким образом задачи технической эксплуатации РЭС могут быть определены следующим образом: парировать деградационные процессы: не допускать возникновения отказов; восстанавливать изделие при возникновении отказа или предпосылки к такому; оценивать состояние изделия; поддерживать пребывание системы в состоянии готовности; определять потребности изделия в ТО и своевременно его выполнять; минимизировать затраты по техническому обслуживанию и ремонту.

1.6. СИСТЕМЫ ТЕХНИЧЕСКОГО ОБСЛУЖИВАНИЯ РЭУиС

Обслуживание и восстановление РЭС осуществляется в системе технического обслуживания и ремонта СТОиР, под которой понимают совокупность взаимосвязанных средств, документации ТОиР, и исполнителей, необходимых для поддержания и восстановления качества изделий, входящих в эту систему.

Система технического обслуживания и ремонта по своему составу и структуре относится к классу больших организационно-технических систем, которые также называют эрготехническими и реже антропогенными системами.

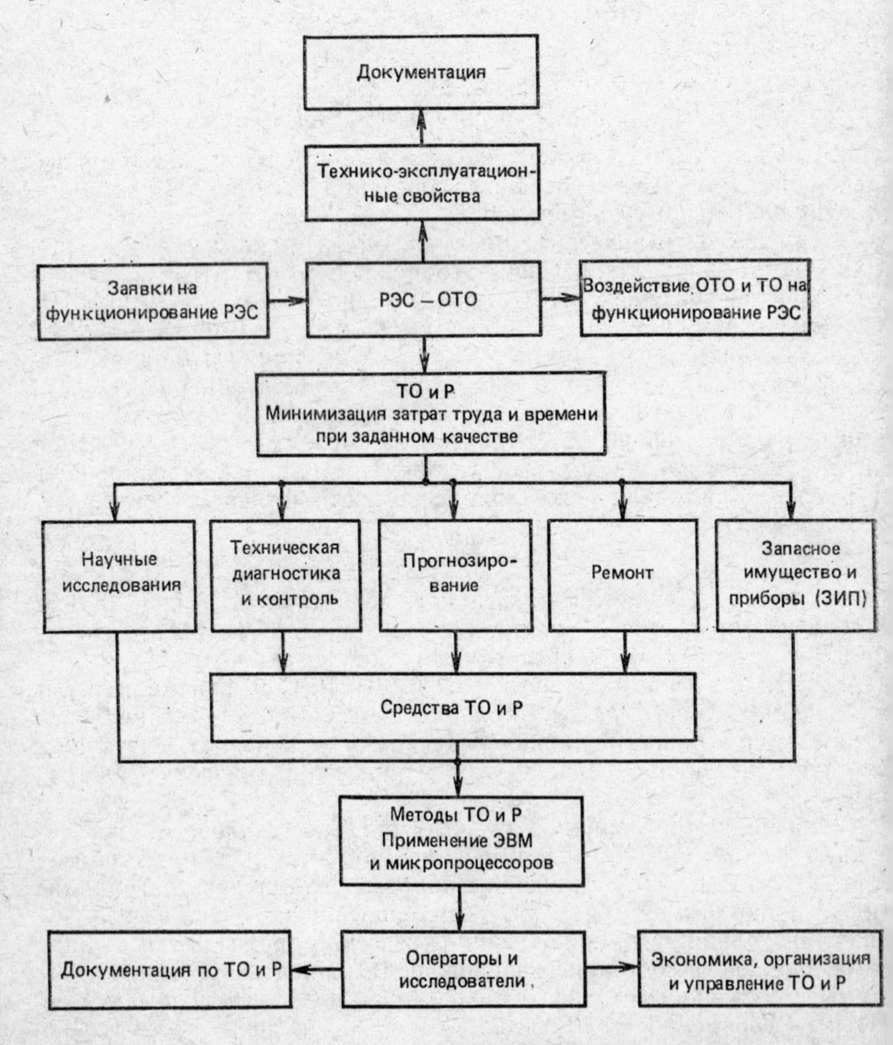

Рис. 1.10. Система технического обслуживания и ремонта РЭС

Структурная схема СТОиР приведена на рис. 1.10. В соответствии с определением в нее входят:

объект технического обслуживания (ОТО) — изделие, обладающее потребностью в определенных операциях ТО (ремонта) и приспособленностью к выполнению этих операций;

средства ТОиР — средства технологического оснащения и сооружения, предназначенные для выполнения ТОиР, включающие в свой состав средства диагностики и контроля (СрДК), настройки и регулировки, восстановления и ремонта;

нормативно-техническая документация, определяющая нормы и требования к параметрам функционального использования, техническим и эксплуатационным, а также правила и порядок выполнения работ по ТОиР.

В состав средств ТОиР входит комплект ЗИП — запасные части, инструменты, принадлежности и материалы, необходимые для ТОиР изделий и скомплектованные в зависимости от его состава, структуры, элементной базы и особенностей использования.

Кроме того, в систему входят исполнители — квалифицированные инженерно-технические кадры, подготовленные для выполнения операций по ТОиР. В аспекте расширения внедрения автоматизированных и автоматических систем управления производством исполнители — люди могут заменяться автоматами, а НТД соответствующими программами. Но на высшей ступени иерархии управления СТОиР все-таки остается человек.

В процессе технической эксплуатации все время меняется состояние изделия РЭС. Причем чем сложнее объект ТОиР, тем более сложной является сама система ТОиР, ее составляющие и тем больше состояний, в которых пребывает объект.

Системообразующим параметром СТОиР является состояние работоспособности $S_{Р}$ — объекта — изделия РЭС. Целевая функция процесса ТО — управление состоянием для поддержания работоспособности или исправности объекта на стадии эксплуатации $S_{РН}<S_{Р}(t)<S_{РВ}$, где $S_{РН}$ и $S_{РВ}$ — нижнее и верхнее значения предельных состояний, характеризующих работоспособность.

Система правил управления техническим состоянием изделия в процессе ТО (ремонта) называется стратегией технического обслуживания (ремонта). Документом, устанавливающим стратегии, количественные характеристики видов ТОиР, порядок их корректировки на протяжении ресурса (срока службы), является программа технического обслуживания и ремонта.

Свойство системы ТОиР выполнять функции по поддержанию и восстановлению исправности или работоспособности изделий с определенными затратами времени, труда и материальных средств носит название «эффективность системы технического обслуживания и ремонта.»

Различают два основных вида стратегии ТОиР — по наработке и по состоянию.

Стратегия ТО по наработке (ТОН) — определяется как система правил управления техническим состоянием, согласно которой перечень и периодичность выполнения операций зависят от значений наработки изделия с начала эксплуатации или после ремонта. При этой стратегии для всего парка однотипных изделий предусматриваются единые перечень и периодичность операций ТО, в том числе замен элементов с определенной наработкой, независимо от фактической потребности в них каждого объекта. Эту стратегию целесообразно применять для изделий РЭС, имеющих тенденцию к существенному росту параметра потока отказов (или интенсивности отказов) после определенной наработки. Схема процесса ТО по наработке представлена на рис. 1.11. Основными составляющими процесса являются:

1) вывод изделия из функционального использования (демонтаж) характеризуется временем выполнения работ — $t_{ДМР}$;

2) операции диагностирования и контроля по определению технического состояния — его работоспособности или других видов состояния;

3) операции по замене элементов и проведению других восстановительных работ характеризуются $t_з$ и эффективностью программы замен;

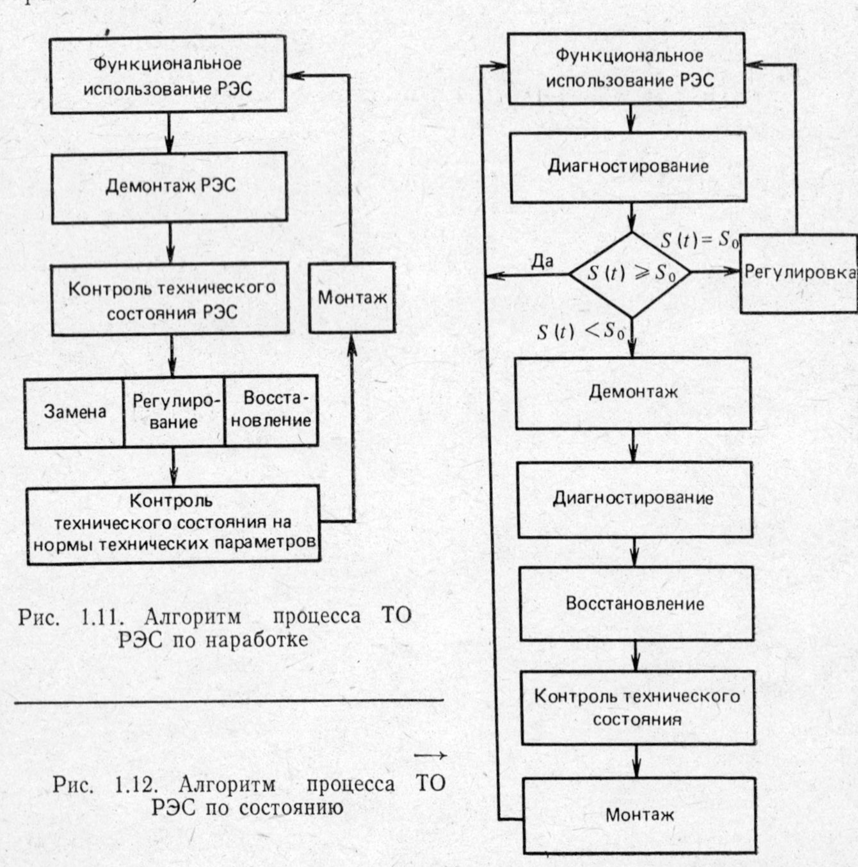

Рис. 1.11. Алгоритм процесса ТО РЭС по наработке

Рис. 1.12. Алгоритм процесса ТО РЭС по состоянию

4) операции по настройке и регулировке, включая операции по стимулированию работы изделия и программного управления процессом регулировки, — $t_{РЕГ}$;

5) операции по контролю обслуженной аппаратуры на соответствие НТП характеризуются временем диагностики и контроля — $\tau_{ДК}$;

6) операции монтажа и проверки изделия перед функциональным использованием — $t_{МРК}$.

Необходимо отметить, что на ТО может попасть исправная аппаратура, аппаратура работоспособная, но имеющая повреждения, грозящие перерасти в отказ, аппаратура неработоспособная, но функционирующая. Для последнего состояния по результатам диагностирования и контроля в соответствии с программой замен и текущего ремонта назначаются дополнительные работы по замене и дополнительные работы по регулировке. В процессе диагностирования и контроля устанавливается место отказа или повреждения.

Стратегия технического обслуживания по состоянию (ТОС) характеризуется тем, что перечень и периодичность операций определяются фактическим техническим состоянием изделия в момент начала ТО.

При реализации стратегии ТОС перечень и периодичность операций по ТО, в том числе замены изделия или его элементов, назначаются по результатам контроля технического состояния каждого объекта. Контроль может быть непрерывным или периодическим, его периодичность устанавливается либо единой для парка изделий, либо назначается для каждого изделия по результатам прогнозирования его технического состояния.

Операции замены, регулировки, текущего ремонта назначаются при обнаружении неработоспособного состояния изделия или его предотказового состояния. В НТД на изделие устанавливаются значения параметров, характеризующих предотказное состояние.

Применение этой стратегии целесообразно только при реализации высокой степени безотказности и контролепригодности изделия, значения наработок до отказов элементов которого имеют значительный разброс. Обязательным условием применения стратегии ТОС является отсутствие последствий отказа при его возникновении. Если отказ РЭС может вызвать катастрофу или аварию в окружающих условиях, стратегию ТОС применять нельзя.

Структура процесса ТО изделий по стратегии ТОС представлена на рис. 1.12. Основными операциями стратегии ТОС являются:

контроль технического состояния изделий на месте функционального использования;

определение объема работ по ТО; настройка и регулировка на месте функционального использования; перевод в режим ТО при обнаружении отказа или предотказового состояния, которое невозможно устранить путем регулировки; диагностирование с целью локализации места повреждения; восстановление изделия; контроль состояния на соответствие НТП; монтаж и проверка изделий перед функциональным использованием.

Как следует из приведенного перечня, объем выполняемых работ по ТО изделий целиком определяется результатами диагностики и контроля.

На рис. 1.13 приведены зависимости объемов работ стратегий ТОН и ТОС от периодичности результатов диагностирования.

Объем работ при ТОС является величиной $V_{ТО}=\text{var}$ переменной:

$$V_{ТО}=f(T_о, T_{ТО}, КП, A),$$

где $T_о$ — наработка изделия на отказ; $T_{ТО}$ — период технического обслуживания; КП — контролепригодность объекта; A — другие параметры.

Количественный сопоставительный анализ эффективности стратегий ТОН и ТОС может быть произведен путем вычисления и сравнения значений коэффициента технического использования изделий.

При стратегии ТОН с периодичностью $T_{ТО}$ осуществляют техническое обслуживание изделия в течение времени $\tau_{ТО}$ (периодичность $T_{ТО}=T$) заданной наработки изделия. В случае возникновения отказа изделие восстанавливается за время $\tau_В$. Если принять, что вероятность безотказной работы меняется по экспоненциальному закону $P(t)=\exp(-t/T_0)$, выражение для коэффициента технического использования принимает вид

$$K_{ТИ}=\frac{T_0[1-\exp(-T/T_0)}{(T_0+\tau_В)[1-\exp(-T/T_0)]+\tau_{ТО}\exp(-T/T_0)}. \quad (1.39)$$

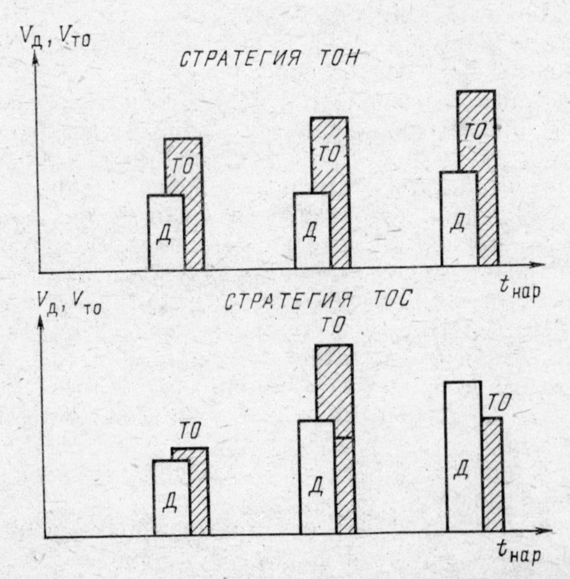

Рис. 1.13. Зависимость объемов работ по диагностированию и ТО различных стратегий

При стратегии ТОС с контролем параметром с периодичностью $T_{\text{ТО}}$ производится контроль работоспособности в течение времени $\tau_{\text{К}} < \tau_{\text{ТО}}$. При обнаружении отказа изделие восстанавливают. Для тех же условий выражение $K_{\text{ТИ}}$ имеет следующий вид:

$$K_{\text{ТИ}2} = \frac{T_0\,[1 - \exp(-T_{\text{ТО}}/T_0)]}{\tau_{\text{В}}\,[1 - \exp(-T_{\text{ТО}}/T_0)] + T_{\text{ТО}} + \tau_{\text{К}}}\,. \qquad (1.40)$$

Сравнение двух формул для $K_{\text{ТИ}}$ при разных стратегиях показывает, что при условии $\tau_{\text{К}} < \tau_{\text{ТО}}$ и $T_{\text{ТО}} < T_0$ $K_{\text{ТИ}2} > K_{\text{ТИ}1}$.

Техническое обслуживание по состоянию может быть реализовано в еще одной модификации: контроль работоспособности осуществляется с периодичностью $T_{\text{К}}$, по достижению наработки T производится ТО в течение $\tau_{\text{ТО}}$, при возникновении отказа изделие восстанавливается.

Тогда выражение для $K_{\text{ТИ}}$ принимает вид

$$K_{\text{ТИ}} = \frac{T_0\,[1 - \exp(-T/T_0)]}{\tau_{\text{В}}\,[1 - \exp(-T/T_0)] + \tau_{\text{ТО}}\exp(-T/T_0) + (T_{\text{К}} + \tau_{\text{К}})\left[\dfrac{1 - \exp(-T/T_0)}{1 - \exp(-T_{\text{К}}/T_0)}\right]} \qquad (1.41)$$

Такая стратегия может носить условное название — «смешанная».

Напоминаем, что для перехода к выражениям коэффициента оперативной готовности достаточно умножить вышеприведенные формулы на $P(\tau) = \exp(-\tau/T_0)$, где τ — заданное время работы.

Еще одной модификацией стратегии ТОС является техническое обслуживание с контролем уровня надежности. При реализации этой стратегии каждое изделие РЭС используется по назначению до отказа, после чего проводится операция текущего ремонта. По результатам контроля уровня надежности парка изделий (параметра потока отказов на парке) назначаются операции по поддержанию безотказности, включая операции с использованием статистических методов контроля и регулирования качества продукции. Стратегия ТОС с контролем надежности отличается высокой экономичностью, если отказ изделия не имеет экономических последствий и стоимость восстановительных работ невелика. По этой стратегии осуществляется ТО подавляющего большинства изделий радиоэлектронной аппаратуры бытового применения.

Сопоставительный анализ стратегий ТОН и ТОС сложных изделий РЭО показывает, что стратегия ТОС обладает рядом бесспорных преимуществ перед стратегией ТОН. ТОС — разумна с логической точки зрения, ибо при ней $V_{\text{ТО}} = K/\Delta S_{\text{Р}}(\downarrow)$ — объем работ обратно пропорционален степени уменьшения запаса работоспособного состояния $\Delta S_{\text{Р}}(\downarrow)$. При стратегии ТОС уменьшается уровень конкомитантных отказов — отказов, вносимых в изделение РЭС при выполнении работ по ТО, регулировках, демонтаже и монтаже РЭС. Стратегия ТОС позволяет экономить ЗИП за счет уменьшения числа необоснованных замен. При стратегии ТОС коэффициент технического использования выше, чем при стратегии ТОН.

В силу перечисленных обстоятельств стратегия ТОС является основной перспективной стратегией. Однако основным условием технического обслуживания по состоянию является наличие информации о техническом состоянии.

Информация о техническом состоянии РЭС может быть получена при выполнении операций технического диагностирования РЭУиС в процессе их эксплуатации или технического обслуживания.

ГЛАВА 2. СИСТЕМЫ ТЕХНИЧЕСКОГО ДИАГНОСТИРОВАНИЯ РЭУиС

2.1. ЗАДАЧИ И КЛАССИФИКАЦИЯ СИСТЕМ ТЕХНИЧЕСКОГО ДИАГНОСТИРОВАНИЯ

Совокупность подверженных изменению в процессе производства или эксплуатации свойств объекта, характеризуемая в определенный момент признаками, установленными технической документацией, носит название — техническое состояние объекта. Видами технического состояния являются состояния исправности, работоспособности, неисправности, неработоспособности, функционирования и т. д.

Процесс определения технического состояния объекта с определенной точностью называется техническим диагностированием.

Контроль технического состояния — это определение вида технического состояния. Для определения вида технического состояния необходимо знание технического состояния, определяемого путем диагностирования, и наличие требований, характеризующих исправное состояние или работоспособное состояние путем задания в технической документации номенклатуры и допустимых значений количественных и качественных свойств объекта. При одном и том же объективно существующем техническом состоянии изделие может быть работоспособным для одних условий применения и неработоспособным для других. Например, параметр чувствительности радиоприемника на борту летательного аппарата должен быть выше аналогичного параметра приемника бытового применения. Снятый с борта летательного аппарата магнитофон может использоваться как работоспособное устройство в учебной лаборатории.

Поэтому номенклатура свойств изделия, включаемая в техническую документацию, должна содержать диагностические параметры, достаточные для проведения тех видов диагностирования, которые требуются в условиях эксплуатации, т. е. для проверки исправного состояния, работоспособного состояния объекта, его правильного функционирования и поиска дефекта с заданной глубиной.

Таким образом, техническое диагностирование, как процесс определения технического состояния, может быть самостоятельным процессом при исследовании объекта с неустановленными заранее показателями, определяющими вид состояния, а может быть частью процесса при контроле или при прогнозировании технического состояния.

Техническое диагностирование реализуется путем измерения количественных значений параметров, анализа и обработки результатов измерения и управления РЭС в соответствии с алгоритмом диагностирования.

Поскольку для контроля и прогнозирования необходимо знание фактического состояния изделия, эти процессы всегда содержат в своем составе техническое диагностирование.

Необходимо добавить, что термин контроль имеет множество значений, включая и организационно-технические, например технический контроль на предприятии.

Поэтому понятие контроль технического состояния изделий все чаще в литературе заменяется понятием техническое диагностирование. И хотя, как указано выше, контроль обязательно включает диагностирование технического состояния, они все чаще употребляются как синонимы. Тем более, что согласно ГОСТ 20417—75 «Общие положения о порядке разработки диагностирования» системы технического диагностирования предназначаются для решения одной или нескольких из следующих задач: проверки исправности; проверки работоспособности; проверки функционирования; поиска дефектов *.

Техническое диагностирование (ТД) осуществляется в системе технического диагностирования (СТД), которая представляет собой совокупность средств и объекта диагностирования и при необходимости исполнителей, подготовленная к диагностированию и осуществляющая его по правилам, установленным документацией.

Составляющими системы являются:

объект технического диагностирования (ОТД), под которым понимают изделие или его составные части, техническое состояние которых подлежит определению, и *средства технического диагно-*

---

* Некоторые пояснения требуются для встречающегося в отдельных работах термина «диагностический контроль». ГОСТом 20911—75 «диагностический контроль» отнесен к недопустимым терминам и должен быть изъят из употребления. Происхождение этого термина относится к тем временам, когда техническая диагностика (по аналогии с медицинской диагностикой) считалась отраслью науки по изучению и установлению признаков дефектов техники, методов и средств их определения. В настоящее время понятие техническая диагностика значительно расширилось и термин «диагностический контроль» правомерно заменен термином «поиск места отказа» или «поиск места дефекта» (в соответствии с ГОСТ 20911—75).

стирования — совокупность измерительных приборов, средств коммутации и сопряжения с ОТД.

Система технического диагностирования работает в соответствии с алгоритмом ТД, который представляет совокупность предписаний о проведении диагностирования.

Условия проведения ТД, включающие состав диагностических параметров (ДП), их предельно допустимые наименьшие и наибольшие предотказовые значения, периодичность диагностирования изделия и эксплуатационные параметры применяемых средств, определяют режим технического диагностирования и контроля.

Диагностический параметр (признак) — параметр, используемый в установленном порядке для определения технического состояния объекта.

Системы технического диагностирования (СТД) могут быть различными по своему назначению, структуре, месту установки, составу, конструкции, схемотехническим решениям. Они могут быть классифицированы по ряду признаков, определяющих их назначение, задачи, структуру, состав технических средств:

по степени охвата ОТД; по характеру взаимодействия между ОТД и СТДК; по используемым средствам технического диагностирования и контроля; по степени автоматизации ОТД.

По степени охвата системы технического диагностирования могут быть разделены на локальные и общие. Под локальными понимают системы технического диагностирования, решающие одну или несколько перечисленных выше задач — определения работоспособности или поиск места отказа. Общими — называют системы технического диагностирования, решающие все поставленные задачи диагноза.

По характеру взаимодействия ОТД с СрТД системы технического диагностирования подразделяют на:

системы с функциональным диагнозом, в которых решение задач диагностики осуществляется в процессе функционирования ОТД по своему назначению, и *системы с тестовым диагнозом,* в которых решение задач диагностики осуществляется в специальном режиме работы ОТД путем подачи на него тестовых сигналов.

По используемым средствам технического диагностирования системы ТД можно разделить на

системы с универсальными средствами ТДК (например ЦВМ);

системы со специализированными средствами (стенды, имитаторы, специализированные ЦВМ);

системы с внешними средствами, в которых средства и ОТД конструктивно отделены друг от друга;

системы со встроенными средствами, в которых ОТД и СТД конструктивно представляют одно изделие.

По степени автоматизации системы технического диагностирования можно разделить на:

автоматические, в которых процесс получения информации о техническом состоянии ОТД осуществляется без участия человека;

автоматизированные, в которых получение и обработка информации осуществляются с частичным участием человека;

неавтоматизированные (ручные), в которых получение и обработка информации осуществляется человеком-оператором.

Аналогичным образом могут классифицироваться и средства технического диагностирования: автоматические; автоматизированные; ручные.

Применительно к объекту технического диагностирования системы диагностики должны: предупреждать постепенные отказы; выявлять неявные отказы; осуществлять поиск неисправных узлов, блоков, сборочных единиц и локализовать место отказа.

Процесс технического диагностирования в системе управления качеством подразделяют на три временные составляющие:

генезис — процесс определения технического состояния ОТД с определенной точностью на заданном в прошлом временном интервале;

диагноз — процесс определения технического состояния объекта в данный момент;

прогноз — процесс определения технического состояния ОТД в будущем на конечном временном интервале с заданной достоверностью.

Соответственно приведенной классификации область науки и техники — техническая диагностика — может быть представлена состоящей из трех разделов: *техническая генетика; техническая диагностика; техническая прогностика.* Такое деление имеет место тогда, когда процесс прогнозирования осуществляется как бы раздельно. На самом деле все три процесса представляют неразрывное диалектическое единство, выражающееся в динамике изменения состояния функционирующей системы.

2.2. СТРУКТУРА СИСТЕМЫ ТЕХНИЧЕСКОГО ДИАГНОСТИРОВАНИЯ

Развернутая структура системы технического диагностирования представлена на рис. 2.1. Функциональными элементами системы технического диагностирования являются:

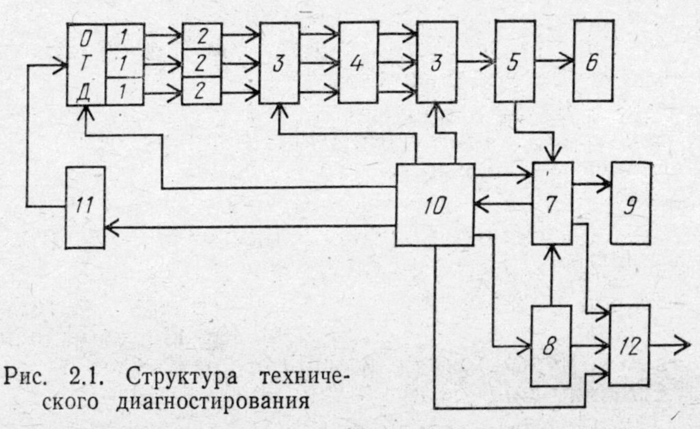

Рис. 2.1. Структура технического диагностирования

1 — датчики сигналов, *2* — линии связи, *3* — коммутаторы, *4* — преобразователи, *5* — измерительный прибор, *6* — индикатор, *7* — дискриминатор (устройство сравнения), *8* — поле допусков, *9* — индикатор вида технического состояния (документирующее или запоминающее устройство), *10* — управляющее устройство, *11* — стимулирующее устройство, *12* — прогнозирующее устройство.

В центре системы технического диагностирования — ОТД и средства диагностики и контроля.

Причем, осуществляя функциональное разделение, например, в процессе проведения анализа изделия РЭС, поступившего на эксплуатацию, необходимо иметь в виду их системное единство. Например, процесс преобразования выходных сигналов может осуществляться как в объекте, так и с помощью средств технического диагностирования.

Первой операцией процесса диагностирования является выведение сигналов, параметры которых характеризуют состояние системы. Эта операция осуществляется с помощью датчиков информации. Посредством линий связи информация транслируется в средство технического диагностирования. (Линия связи. Второй элемент, обеспечивающий процесс.) Главной подсистемой СрТД является измерительное устройство, обеспечивающее заданную точностью диагностирования. Поскольку измерительное устройство, как правило, не может измерять все виды параметров сигналов РЭС (в силу особенностей последней), составными элементами СрТД являются коммутаторы и преобразователи.

На выходе измерительного устройства формируется информация о техническом состоянии РЭС. Эта информация путем различных способов отображения может быть представлена оператору или может быть автоматически обработана для дальнейшего использования. Важным элементом такой обработки является операция сравнения представленной информации с полем допусков для вынесения решения о виде технического состояния диагностируемого изделия. После принятия решения осуществляются еще две операции: операция управления качеством изделия и операция стимулирования.

Прогнозирующее устройство позволяет определять состояние изделия в будущем посредством обработки информации о текущем и прошлом состояниях системы.

В результате процесса диагностирования и контроля выносится решение о виде технического состояния: работоспособно или неработоспособно диагностируемое изделие.

Работоспособное состояние определяет возможность использования изделия по своему прямому функциональному назначению.

Как результат работы целого ряда функциональных подсистем, за каждой из которых стоит конкретная схемотехническая реализация, и воздействия на тракт помех и шумов, решения о виде технического состояния всегда выносится с определенной ошибкой. Ошибки диагностирования могут быть допущены в основном из-за неработоспособности средства диагностирования и большой погрешности измерений в процессе диагностирования.

Правильное диагностирование технического состояния объекта будет определяться состоянием объекта и средств диагностирования, характеристиками измерительного устройства и устройства сравнения.

Возможная ошибка диагностирования (как один из показателей этого процесса) и правильное диагностирование зависят от ряда событий, которые по своей физической природе являются событиями случайными.

Следовательно, количественные характеристики показателей диагностирования должны быть представлены вероятностями состояний объекта и средств диагностирования и вероятностями принятия решений о техническом состоянии.

Очевидно, что на количественное значение этих вероятностей оказывают влияние все элементы структурной схемы технического диагностирования. На погрешность измерения параметров сигналов влияют:

аддитивные и мультипликативные помехи, возникающие в самом объекте;

шумы в каналах связи и в цепях коммутации;

погрешности преобразования и измерительного прибора;

выбор допусков на диапазон изменения диагностируемых параметров;

погрешности сравнения;

ошибки при принятии решения и состояние оператора;

быстродействие системы;

ошибки, возникающие в наборе стимулирующих сигналов.

Техническое состояние средств диагностирования определяется надежностью элементов тракта диагностирования (в первую очередь безотказностью их работы), наличием у средств диагностирования устройств самоконтроля и индикации отказа, позволяющих своевременно индицировать нарушение работоспособности СрТД и прекратить процесс диагностирования и др.

Таким образом можно утверждать, что ошибки принятия решения, определяющего состояние ОТД, зависят от состояния и характеристик всего контура контроля параметров, под которым понимают совокупность функционально связанных устройств, входящих в информационную систему диагностики и контроля, формирующую контролируемый сигнал и обеспечивающую контроль параметров этого сигнала.

Помимо ошибок, возникающих в контуре, существенное значение имеет метод, принятый для оценки работоспособности, т. е. совокупность выбранных параметров. Совокупность выбранных параметров должна быть такой, чтобы любой отказ (а также и предотказное состояние) приводил к уходу хотя бы одного из диагностируемых параметров за пределы допуска.

Рассматриваемая структура СТД предназначена в основном для определения текущего состояния изделия РЭС (т. е. $S(t)$).

Если обнаружены отказ или предотказное состояние, они устраняются, а если в системе зафиксирован, допустим, дрейф коэффициента усиления $K_u(t)$, который приведет к отказу через время T, необходимо использовать методы прогнозирования.

2.3. АЛГОРИТМ И ИНФОРМАЦИОННЫЕ ХАРАКТЕРИСТИКИ ТЕХНИЧЕСКОГО ДИАГНОСТИРОВАНИЯ

Техническое состояние изделий РЭС характеризуется совокупностью определенных признаков, которые в свою очередь зависят от количественных и качественных характеристик элементов аппаратуры. Функциональные элементы РЭУ взаимосвязаны и взаимозависимы, что и определяет внутренние свойства изделий. Общее число состояний любого изделия определяется числом состояний функциональных элементов и числом их связей.

В общем виде любое изделие РЭС может быть представлено полем состояний $S(t)$, матрицей состояния системы $\|S_{ij}\|$, а также совокупностью выходных сигналов, в основном электрических, характеризующих состояния системы, $-\mathbf{U}(t)$. Поле сигналов является векторным и в нем заложена информация о техническом состоянии $S(t)$, следовательно, информационное поле это — $I(S)$.

Информационное поле состояний существует объективно, независимо от того, диагностируется объект или нет. Также объективно оно отражается в совокупности выходных сигналов, представляемых сигнальным информационным полем — $I(U)$, которое отражает поле $I(S)$, но в общем случае — не полностью. Сигнальная информация принимается, обрабатывается, оценивается, на ее основе принимается решение о техническом состоянии РЭС — $S^*(t)$ — формируется поле наших представлений о техническом состоянии изделия, на основании которого осуществляется выделение управляющей информации и целенаправленное управление состоянием $S(t)$ и матрицей $\|S\|$.

Изделие из состояния $S(t)$ переходит в новое состояние $S(t+T)$. Далее процесс диагностирования и управления продолжается. Он реализуется на основе непрерывного или периодического контроля.

Алгоритм процесса может быть описан цепочкой информационных преобразований или информационной цепью

$$S_1 \to I(S_1) \to I(U_1) \to I^*(U_1) \to I(S_1^*) \to I_у(S_1^*) \to S_2,$$

структура которой представляется состоящей из источника, приемника и информационных преобразователей. Первоначальное состояние S_1 характеризуется энтропией $H_1=-\log_2 P_1$, которая выступает в роли информационного потенциала (сути) события, априорная вероятность которого равна P_1. Выше было показано, что целевой функцией всякого управления является изменение вероятности до значения P_2 и соответственно $H_2=-\log_2 P_2$. Таким образом, физическую сущность управления можно характеризовать величиной информационного напряжения

$$\Delta H = H_1 - H_2 = \log_2 \frac{P_2}{P_1} \approx$$

$$\approx k \ln \frac{P_2}{P_1}.$$

Если

$P_1 = e^{-\lambda_1 t}$, а $P_2 = e^{-\lambda_2 t}$,

где λ_1 — параметр потока отказа в неуправляемой системе; λ_2 — в управляемой ($\lambda_2 < \lambda_1$, в этом и состоит суть управления), то $\Delta H = kt(\lambda_1 - \lambda_2)$.

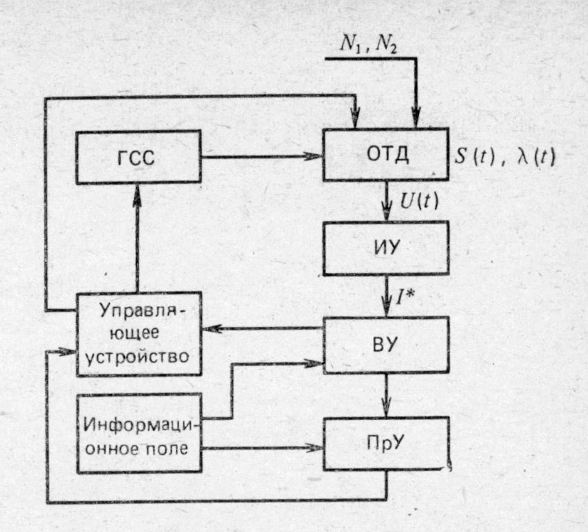

Рис. 2.2. Схема системы технической диагностики и контроля РЭС

В общем случае информационное напряжение может быть как положительным, так и отрицательным.

Для выявления механизма воздействия на процесс диагностирования составляющих СТД рассмотрим более детально алгоритм диагностирования и восстановления качества системы (рис. 2.2).

Введем обозначения: $A(t)$ — поле внешних воздействий условий эксплуатации; $N(t)$ — шумы и помехи; $N_1(t)$ — аддитивные; $N_2(t)$ — мультипликативные; $S(t)$ — поле состояний; $U(t)$ — поле сигналов выходных; $U_{вх}(t)$ — поле стимулирующих сигналов; $G(t)$ — оператор управляющих воздействий; $U_0(t)$ — информационное поле допусков, где индекс «0» — здесь и в дальнейшем обозначает заданные величины: $U^*(t)$ — поле измеренных параметров сигналов фиксируется индексом *.

На выходе ОТД информация о состоянии изделий заложена в выходных сигналах

$$I(U) = V(S,\ A,\ U_{вх},\ N_2) + N_1,$$

где V — оператор, характеризующий взаимодействие всех этих полей в конкретной СТДК.

Процесс измерения в диапазоне измерительной системы характеризуется объемом информации на выходе измерительного устройства

$$I_U^* = W[I(U)] = W[V(S,\ A,\ U_{вх},\ N_2) + N_1],$$

где W — оператор, характеризующий процесс определения информационных характеристик на выходе ОТД. При $N_1 = 0$ и идеальной измерительной системе $W = 1$. В вычислительном устройстве на базе $I^*(U)$ формируется поле интересующих нас параметров — информации о параметрах, характеризующих состояние системы:

$$I(S^*) = B[I^*(U)] = B\{W[V(S,\ A,\ U_{вх},\ N_2) + N_1]\},$$

где B — оператор определения параметров системы на основе полученной информации. Состояние ОТД S^* определяется в дискриминаторе как операция сравнения информации о текущем значении параметров с информацией поля допусков:

$$I^*(S^*) = L\left[\frac{I(S^*)}{I(S_0)}\right] = L_S\left(\frac{B\{W[V(S,\ A,\ U_{\text{вх}},\ N_2) + N_1]\}}{I(S_0)}\right),$$

где $I^*(S^*)$ — информация о поле норм технических параметров.

Процесс прогнозирования, т. е. определение состояния системы в будущем, характеризуется следующим преобразованием:

$$I[S(t+T)] = L_{\text{П}}\left\{\frac{D[I(S^*)]}{I(S_0)}\right\} =$$

$$= L_{\text{П}}[D(B\{W[V(S,\ A,\ U_{\text{вх}},\ N_2) + N_1]\})/I(S_0)],$$

где $L_{\text{П}}$ — оператор, осуществляющий прогнозирование по задаваемому или выбираемому алгоритму.

Еще одной операцией технического диагностирования является операция управления стимулирующими воздействиями — полем $U_{\text{вх}}$. Эту операцию обозначим $Y(t)$. Последнюю операцию в замкнутой цепи управления ОТД характеризует оператор, воздействующий на состояние S—$X[S(t)]$.

Таким образом, для операций диагностирования окончательно

$$I^*(S^*) = L\left[\frac{B(W\{V[S,\ X(S),\ Y,\ A,\ U_{\text{вх}},\ N_2] + N_1\})}{I(S_0)}\right].$$

Для операции прогнозирования

$$I[S(t+T) = L\left\{\frac{D[B(W\{V[S,\ X(S),\ Y,\ A,\ U_{\text{вх}},\ N_2] + N_1\})]}{I(S_0)}\right\}.$$

Операторное представление процесса технического диагностирования позволяет:

формализовать процесс и структуру в целом;

в каждом конкретном случае определить оператор преобразования информации;

оптимизировать систему технического диагностирования по частям.

Оптимизация такого многофункционального процесса в общем виде не представляется возможной или приводит к большим трудностям. Таким образом, процесс оптимизации может предстать перед нами в виде поэтапной процедуры рационального выбора операторов по заданным критериям при «замораживании» остальных параметров, которые выступают в роли ограничителей. Поскольку в исследуемой структуре циркулирует информация, в качестве критериев оптимизации могут быть выбраны информационные характеристики:

$\max I(S^*)$ — максимум информации о поле параметров;

$\max I^*(S^*)$ — максимум информации о поле состояний;

$\min[I(S^*) - I(S)]$ — минимальная погрешность определения поля параметров и другие.

Из рассмотренных операторов наибольший интерес представляет оператор V, связывающий поле состояний системы с выходными сигналами. Этот оператор должен давать возможность путем анализа ОТД, подбора стимулирующих сигналов и выбора их уровня получить информацию о состоянии системы посредством измерений выходных сигналов. Другими словами, выходные сигналы должны быть подобраны таким образом, чтобы получить максимум информации для реализации процесса технического диагностирования, как составной части процесса управления качеством.

Техническое диагностирование, согласно приведенной структуре, — сложный многофункциональный и многоплановый процесс, в основе которого лежат проверки технического состояния, измерения различных параметров.

Различают две задачи диагноза: прямую и обратную. Прямой задачей является задача получения той или иной информации о состоянии объекта по заданной проверке U_i.

Обратной задачей диагноза является задача определения некоторого подмножества $U_{ik} \subset U$ элементарных проверок, различающих данную пару технических состояний S_i и S или пару неисправностей ОТД.

Применительно к сформулированным нами алгоритмам получения информации о техническом состоянии прямая задача: известны W, B, L, нужно найти $I^*(S^*)$.

Обратная задача диагноза: найти рациональную структуру операторов W, B, L.

2.4. ОСОБЕННОСТИ ТЕХНИЧЕСКОГО ДИАГНОСТИРОВАНИЯ РЭУиС

Изложенные в предшествующих подразделах задачи, структура и алгоритмы обработки информации в СТД присущи почти в равной мере механическим, электрическим и радиоэлектронным системам. Однако техническое диагностирование РЭУиС — диагностирование систем особого класса, которое обладает рядом существенных особенностей. Эти особенности отмечают главным образом объекты технического диагностирования — радиоэлектронные устройства, и системы могут быть условно разделены на:

системные, вытекающие из функционального назначения РЭУиС и принципов его действия;

конструктивные, связанные с техническим исполнением, элементной базой, уровнем техники;

эксплуатационные, являющиеся следствием первых двух групп и определяющие специфику технического диагностирования РЭС и средств, его обеспечивающих.

Системные особенности РЭУиС:

частотный диапазон действующих в них токов, напряжений электромагнитных полей от 0 Гц (постоянный ток питания) до 10^{11} Гц (миллиметровый диапазон). При этом в стороне остаются лазерные устройства и системы;

широкий диапазон временных интервалов сигналов РЭУ от 10 с (интервал обзора РЛС) до 10^{-7} с (длительность метки дальности в РЛС);

большой динамический диапазон действующих мощностей (170—190 дБ), излучаемых и принимаемых сигналов от 10^6 Вт (мощность, излучаемая в импульсе) до 10^{-12} Вт (чувствительность приемного тракта). Этот диапазон также имеет тенденции к дальнейшему расширению за счет применения малошумящих усилителей и других технических усовершенствований;

разнохарактерность физических процессов, протекающих в схемах и узлах РЭС. Например, в состав РЛС входят энергетические преобразователи, слаботочные электронные узлы, работающие на видеочастотах, слаботочные радиоузлы, мощные выходные СВЧ каскады, ферритовые мосты, электромеханическая система сканирования антенны и другие элементы;

большой объем информации (до 10^5 бит/с — в РЛС), формируемой на выходе РЭС с высокой скоростью;

функциональная избыточность; при этом часть информационных возможностей не используется;

насыщенность эфира системами радиоэлектроники приводит к необходимости решения проблем электромагнитной совместимости (ЭМС) и борьбы с непреднамеренными электромагнитными помехами (НЭМП);

разнообразие условий применения и высокая нестационарность. Значительные изменения давлений и температур.

Конструктивные особенности РЭУиС: структурная сложность, многоэлементность РЭС. Подчеркнем, что ни в одной из технических систем нет такого количества деталей, узлов, соединений, выходов, входов, обратных связей, как в изделиях радиоэлектронного оборудования;

последовательная структура соединения подавляющего большинства элементов;

высокая степень безотказности отдельных элементов и относительно низкая безотказность устройств и систем в целом;

уход параметров элементов, трактов, устройств и систем в процессе эксплуатации;

скрытность физических процессов и изменения параметров, наличие внезапных отказов;

значительный разброс параметров, характеризующих безотказность отдельных элементов, узлов и блоков;

необходимость восстановления параметров в процессе эксплуатации и обеспечение восстанавливаемости;

наличие в большинстве РЭС съемной и стационарной частей, взаимозаменяемость блоков и узлов.

Следствием системных и конструктивных особенностей РЭС, как объектов диагностирования, являются особенности СТД и средств диагностирования, которые состоят в следующем:

система технического диагностирования РЭС сама по себе сложна и состоит из сложных управляемых и управляющих подсистем;

решение эксплуатационных в том числе и диагностических задач требует системного подхода. Техническое диагностирование и контроль являются неотъемлемыми этапами на стадии эксплуатации большинства РЭС;

разнообразие и сложность средств диагностики и контроля, вытекающие из необходимого разнообразия управляющей системы;

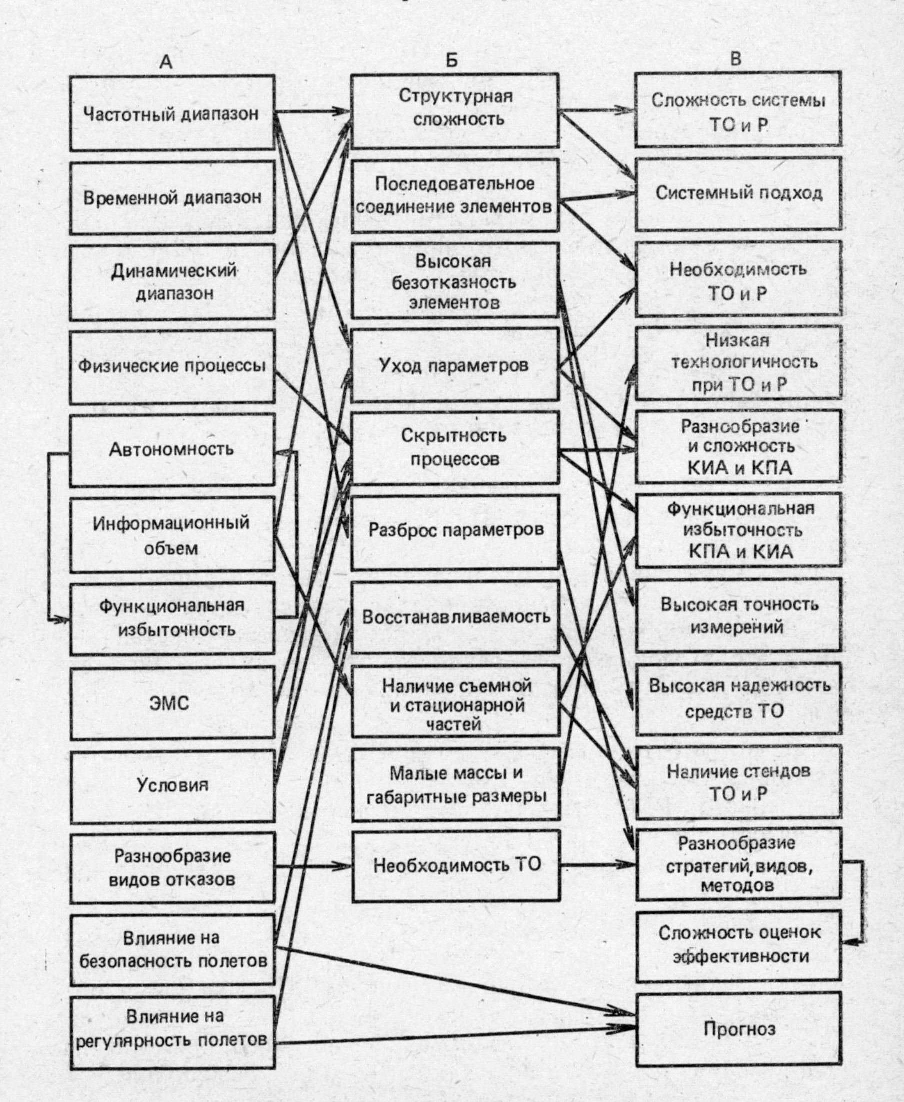

Рис. 2.3. Структурные связи информационных преобразований в СТД

функциональная избыточность средств диагностирования по частотному, временному и энергетическому диапазонам;

требование высокой точности и безотказности средств диагностирования и достоверности получаемой информации;

высокая стоимость КПА и КИА и необходимость их ТО;

разнообразие методов, видов и форм технического диагностирования;

необходимость раннего упреждения отказов, выявление повреждений. Необходимость разработки новых методов и средств прогноза развития отказов.

Перечисленные особенности, естественно, не исчерпывают всех видов параметров и показателей систем. Выбраны они в качестве наиболее отличительных.

Между приведенными особенностями РЭУиС существуют структурные связи (рис. 2.3). Эти связи не отражают всего многообразия путей взаимодействия особенностей РЭС, однако до некоторой степени раскрывают механизм происхождения ряда особенностей. Системные особенности определяют особенности конструкции РЭС, а эти две группы определяют эксплуатационные особенности РЭС, как объекта, и, что очень важно, особенности процесса технической эксплуатации.

2.5. ПОКАЗАТЕЛИ СИСТЕМ ТЕХНИЧЕСКОГО ДИАГНОСТИРОВАНИЯ. ДИАГНОСТИЧЕСКИЕ ПАРАМЕТРЫ

Процесс технического диагностирования сложных систем — неотъемлемая часть процессов ТОиР, поэтому ряд показателей качества, характеризующих надежность РЭС и ее отдельные составляющие, могут являться одновременно показателями РЭС, как объекта технического диагностирования, или совпадать с ними.

С другой стороны, диагностирование объекта осуществляется в СТД, а это в свою очередь означает, что целый ряд параметров системы и объекта диагностирования трудно отделить друг от друга.

Параметры РЭС, как ОТД, можно условно разделить на группы, которые характеризуют:

потребности РЭС в техническом диагностировании;

диагностируемость РЭС;

конструктивную приспособленность РЭС к диагностированию и контролю.

Потребности РЭС в техническом диагностировании определяются стратегиями ТОиР, в процессе которых осуществляется управление техническим состоянием изделий. Показателями объекта являются:

$T_Д$ — периодичность проведения диагностирования или наработка изделия, после которой требуется диагностирование;

$\tau_Д$ — среднее время проведения диагностирования как функция наработки $\tau_Д = f(T_0)$.

Диагностируемость РЭС характеризуется совокупностью параметров, их допусков и производных, определяющих виды технического состояния изделия.

Важнейшим показателем диагностируемости является совокупность параметров для контроля работоспособности. Количественно этот показатель может быть определен множеством параметров $\mathbf{U}_\text{р}=U(u_1 \dots u_i \dots u_n)$ и коэффициентом полноты проверки работоспособности — $K_\text{ПП}$. В свою очередь

$$K_\text{ПП}=\lambda_k/\lambda_\text{о},$$

где λ_k — суммарный параметр потока отказов составных частей изделия; $\lambda_\text{о}$ — суммарный параметр потока отказов всех составных частей изделия.

Если параметры потока отказов изделия и его составных частей оказываются неизвестными, то приближенно $K_\text{п.п}=n_k/n_0$, где n_k — число диагностических параметров; n_0 — число параметров технического состояния, использование которых обеспечивает методическую достоверность проверки.

Поиск места отказа в процессе диагностирования характеризуется глубиной поиска дефекта, которую задают указанием составной части объекта диагностирования или ее участка, с точностью до которых определяется место дефекта. Количественно глубину поиска дефекта можно оценить посредством вычисления коэффициента глубины поиска дефекта

$$K_\text{г.п}=F/R,$$

где F — число однозначно различимых составных частей объекта на принятом уровне деления, с точностью до которых определяется место дефекта; R — общее число составных частей объекта, с точностью до которых требуется определить место дефекта (отказа).

Операции диагностирования по определению работоспособности и поиску места дефекта (отказа) могут также характеризоваться рядом показателей, таких как:

L — длина теста диагностирования, определяемая числом элементарных тестовых воздействий;

$P_{i,j}$ — вероятность ошибки диагностирования вида (i, j) — вероятность совместного наступления двух событий: ОД находится в техническом состоянии i, а в результате диагностирования считается находящимся в состоянии j;

D — вероятность правильного диагностирования — полная вероятность того, что система диагностирования определяет то техническое состояние, в котором действительно находится объект диагностирования.

Конструктивная приспособленность РЭС к проведению технического диагностирования и контроля заданными средствами характеризуется свойством контролепригодности, а количественно показателями диагностирования и контролепригодности:

$\tau_д$ — средняя оперативная продолжительность диагностирования — математическое ожидание оперативной продолжительности однократного диагностирования;

$\tau_д$ — средняя оперативная трудоемкость диагностирования;

$C_д$ — средняя оперативная стоимость диагностирования;

$K_{у.с}$ — коэффициент унификации устройств сопряжения со средствами диагностирования — $K_{у.с}=N_у/N_о$, где $N_у$ — число унифицированных устройств, $N_о$ — общее число устройств сопряжения;

$K_{у.п}$ — коэффициент унификации параметров сигналов изделия;

$$K_{у.п}=\delta_у/\delta_о,$$

где $\delta_у$ — число унифицированных диагностических параметров; $\delta_о$ — общее число параметров;

$K_{т.д}$ — коэффициент трудоемкости подготовки изделий к диагностированию; $K_{т.д}=(W_д-W_в)/W_в$, где $W_в$ — средняя трудоемкость подготовки изделия к диагностированию; $W_д=W_о+W_в$, а $W_о$ — основная трудоемкость диагностирования;

$K_{И.С}=(G_{С.Д}-G_{С.С.Д})/G_{С.Д}$, коэффициент использования специальных средств диагностирования, где $G_{С.Д}$ и $G_{С.С.Д}$ — соответственно объемы серийных и специальных средств диагностирования.

Принятие решения о состоянии РЭС и отнесение его к одному из видов — работоспособному или неработоспособному может быть осуществлено только в процессе измерения и сопоставления с нормами совокупности параметров — диагностических параметров, характеризующих это состояние.

Диагностический параметр (ДП) — параметр (признак) объекта диагностирования, используемый в установленном порядке для определения технического состояния объекта. Для каждого изделия РЭУиС можно указать множество параметров (или их признаков), характеризующих его техническое состояние. Большинство ДП по своему назначению могут иметь двойственную природу, являясь одновременно диагностическими и техническими (или параметрами функционального использования). Именно эти параметры, как правило, поддаются непосредственному измерению, и для них проще всего установить нормы и допуски, выход за пределы которых характеризует отказ или дефект РЭУ.

Характеристикой отказа является выход за пределы допуска одного ДП. Решение о работоспособном состоянии сложного РЭУ и всей РЭС принимается на основе измерения совокупности ДП, причем эта совокупность тем больше, чем сложнее устройство.

Определение состояния на основе оценки совокупности ДП таким образом оказывается сложной научно-технической задачей, включающей операции: выбор совокупности ДП, выбор допусков на каждый ДП, измерение текущих значений параметров и другие рассмотренные операции, включая прогнозирование.

Если значения диагностических параметров не поддаются непосредственному измерению, то эти значения могут быть найдены путем обработки других параметров, связанных с искомыми прямыми функциональными зависимостями.

Совокупность диагностических параметров $U(u_1, \dots, u_n)$ предназначается для определения работоспособности — $U_{Р}(u_{Р1}, \dots, u_{Рi}, \dots, u_{Рn})$, поиска места отказа (дефекта) $U_{ПД}(u_{ПД1}, \dots, u_{ПДi}, \dots, u_{ПДn})$, $U_{ПД} \subset U$ и прогнозирования технического состояния $U_{пр}(u_{пр1}, \dots, u_{пр\,i}, \dots, u_{пр\,k})$. В большинстве своем представленные три подмножества совокупностей ДП являются пересекающимися.

Совокупность ДП должна характеризоваться и определять: полноту контроля; возможности поиска дефектов и оптимизацию алгоритмов поиска; возможности прогнозирования возникновения повреждения (отказа) и, главное чувствительность к изменению состояния отдельных устройств РЭС и их составных частей и ходу течения деградационных процессов.

При выборе такой совокупности ДП необходимо помнить, что определение ДП связано с экономическими затратами на ТДК и поэтому эту совокупность ДП следует минимизировать, уменьшая ее информационную избыточность, при сохранении определенного качества диагностирования (полноты контроля, достоверности, возможностей поиска, прогноза, чувствительности).

Другой важной особенностью выбора совокупности ДП является то, что, как правило, в сложных РЭС выходные технические параметры, которые могут характеризовать работоспособность и отражать состояние РЭС, стабилизируются путем применения обратных связей. Чувствительность цепей при применении обратных связей уменьшается, т. е. уменьшается степень отражения технического состояния РЭС. Для иллюстрации сказанного рассмотрим схему трехкаскадного усилителя на рис. 2.4.

Коэффициент усиления одного каскада $K_i=4$ при этом $K_{iн}=3{,}5$, $K_{iв}=4{,}5$.

Суммарный $K_{\Sigma}=60$, $K_{\Sigma н}=50$, $K_{\Sigma в}=70$.

Пусть в определенный момент $K_1=K_2=K_3=4$, $K_{\Sigma}=64$ и усилитель находится в работоспособном состоянии. В результате возникновения повреждения отказал каскад № 2 — $K_2=2{,}5$, что значительно ниже нормы. Но в результате работы АРУ $K_1=K_3=4{,}5$; $K_{\Sigma}=50{,}6$, и хотя он находится на нижнем пределе, усилитель следует признать работоспособным, что соответствует действительности.

Однако, на самом деле в системе не только имеет место отказ одного из РЭУ — каскада усиления, но и два других каскада работают в максимально напряженных режимах, что способствует развитию в них деградационных процессов.

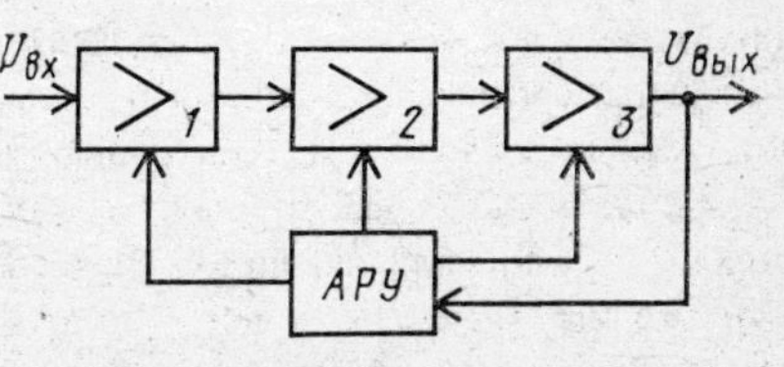

Рис. 2.4. Структурная схема 3-каскадного услителя с АРУ

Учитывая изложенное, подчеркнем, что главной характеристикой совокупности ДП (как и одиночного ДП) должна быть чувствительность к изменению состояния РЭС, происходящего под воздействием деградационных процессов.

Таким образом, процесс выбора совокупности диагностических параметров можно разделить на следующие этапы:

1. Определение множества состояний S.

2. Выбор совокупности ДП — $U(S)=U[U(S_1)\ ...\ U(S_n)]$ по заданным $K_{\text{пп}}\to\max$, $\partial U(S_i)/\partial S\to\max$.

3. Минимизация совокупности $U(S)$.

4. Синтез рациональных алгоритмов проверки работоспособности и поиска места дефекта (отказа).

5. Установление рациональных допусков на нормы технических параметров (НТП).

Формализованные методы выбора совокупности ДП предусматривают построение и анализ математических моделей ОД и моделей его возможных дефектов. Эти модели позволяют в первую очередь установить взаимосвязь между состояниями РЭС, условиями и режимами ее работы, входными сигналами и параметрами выходных сигналов. Таким образом, формулируется задача синтеза диагностической модели.

В целом приспособленность изделия к техническому диагностированию заданными средствами целесообразно характеризовать категориями контролепригодности, которые должны устанавливаться в техническом задании на проектирование РЭУиС.

Категория контролепригодности образуется путем сочетания групп конструктивного исполнения изделий по контролепригодности. Устанавливается шесть таких групп (табл. 2.1).

1-ю группу составляют изделия, оснащенные встроенными автоматическими средствами диагностики контроля.

2-ю группу РЭУиС диагностируют с помощью встроенных и внешних средств диагностики и контроля. Для изделий этой группы исключена необходимость монтажно-демонтажных работ; подключение средств диагностирования осуществляется посредством унифицированных разъемов для изделия в целом или его функционально самостоятельной составной части, диагностируемой локальной системой. Параметры сигналов в каналах связи с внешними средствами диагностирования должны быть стандартизованы (например, встроенными или внешними преобразователями).

В 3-ю группу изделий входят те же изделия, что и в 2-ю, диагностирование которых осуществляется только внешними средствами.

К 4-й группе относят изделия, диагностирование которых осуществляется как встроенными, так и внешними средствами. Для диагностирования предусмотрены: вскрытие специальных лючков, крышек и других приспособлений, открывающих доступ к контрольным точкам, а также установка измерительных преобразователей и других измерительных приборов и устройств. Контрольные точки для внешних средств выведены на внешние поверхности, предусмотрены элементы конструкции для установки измерительных устройств и преобразователей. Устройства сопряжения должны быть унифицированы, а точки подсоединения — находиться в легкодоступных местах.

Таблица 2.1

Группа	Средства диагностирования	Характеристика работ при подготовке изделий к диагностированию	Характеристика способа сопряжения изделия со средствами диагностирования	Характеристика способа унификации сигналов в каналах связи
1	Встроенные, включая бортовые (далее — встроенные)	Отсутствуют, не считая операций по выведению изделия на режим диагностирования (включение, прогрев и т. д.)	Не регламентируют	
2	Встроенные и внешние	Исключена необходимость монтажно-демонтажных работ, кроме особо указанных случаев, когда необходим демонтаж составной части для имитирования условий ее функционирования с помощью специальных средств. Подключение средств диагностирования	Централизованный бортовой унифицированный разъем (разъемы) подсоединения внешних средств диагностирования изделия	Параметры сигналов для встроенных средств не регламентируют. Параметры сигналов в каналах связи с внешними средствами унифицированы или стандартизированы встроенными и (или) внешними преобразователями
3	Внешние	То же	То же	Параметры сигналов унифицированы или стандартизированы внешними преобразователями
4	Встроенные и внешние	То же и вскрытие специально предусмотренных люков, крышек и т. д., открывающих доступ к контрольным точкам. Установка измерительных преобразователей (датчиков), а также других измерительных приборов и устройств	Контрольные точки для внешних средств выведены на внешние поверхности составных частей. Предусмотрены конструктивные элементы для установки измерительных преобразователей, приборов и устройств. Места подсоединения внешних средств распределены по изделию, находятся в легкодоступных местах. Устройства сопряжения унифицированы	По группе 2 и (или) с помощью измерительных преобразователей, устанавливаемых на изделие при подготовке к диагностированию

Окончание табл. 2.1

Группа	Средства диагностирования	Характеристика работ при подготовке изделий к диагностированию	Характеристика способа сопряжения изделия со средствами диагностирования	Характеристика способа унификации сигналов в каналах связи
5	Внешние	То же	То же	Параметры сигналов в электрических цепях унифицированы или стандартизированы внешними преобразователями и (или) с помощью измерительных преобразователей, устанавливаемых на изделие при подготовке к диагностированию
6	Внешние	Монтажно-демонтажные работы со снятием отдельных составных частей для диагностирования вне изделия, обеспечения доступа к контрольным точкам и других целей, установка измерительных преобразователей и других измерительных приборов и устройств. Подключение средств диагностирования	Контрольные точки выведены на внешние поверхности составных частей изделия. Предусмотрены конструктивные элементы для установки измерительных преобразователей и, при необходимости, измерительных приборов и устройств. Места подсоединения средств диагностирования распределены по изделию. Устройства сопряжения унифицированы	

Таблица 2.2

Категория контроле-пригодности	Группа конструктивного исполнения изделия по контролепригодности для		Номенклатура показателей для оценки контролепригодности
	проверки исправности и (или) работоспособности, функционирования	поиска дефектов, нарушающих исправность и (или) работоспособность, функционирование	
1		1	$K_{\text{п.п}}$, $K_{\text{г.п}}$, (L), $K_{\text{и.и}}$, $K_{\text{и.с}}$
2		2	$K_{\text{п.п}}$, $K_{\text{г.п}}$, (L), $K_{\text{и.и}}$, $K_{\text{и.с}}$, $K_{\text{у.п}}$, $T_{\text{в}}$, $W_{\text{в}}$, $K_{\text{т.д}}$
3	1	3	$K_{\text{п.п}}$, $K_{\text{г.п}}$, (L), $K_{\text{и.и}}$, $K_{\text{и.с}}$, $T_{\text{в}}$, $W_{\text{в}}$, $K_{\text{т.д}}$
4		4	$K_{\text{п.п}}$, $K_{\text{г.п}}$, (L), $K_{\text{и.и}}$, $K_{\text{и.с}}$, $K_{\text{у.п}}$, $T_{\text{в}}$, $S_{\text{в}}$, $K_{\text{т.д}}$
5		5	$K_{\text{п.п}}$, $K_{\text{г.п}}$, (L), $K_{\text{и.и}}$, $K_{\text{и.с}}$, $T_{\text{в}}$, $S_{\text{в}}$, $K_{\text{т.д}}$
6		6	
7	2	2	$K_{\text{п.п}}$, $K_{\text{г.п}}$, (L), $K_{\text{и.и}}$, $K_{\text{и.с}}$, $K_{\text{у.п}}$, $T_{\text{в}}$, $W_{\text{в}}$, $K_{\text{т.д}}$
8	—	3	
9	—	4	
10	—	5	
11	—	6	
12	3	3	$K_{\text{п.п}}$, $K_{\text{г.п}}$, (L), $K_{\text{и.с}}$, $T_{\text{в}}$, $W_{\text{в}}$, $K_{\text{т.д}}$
13	—	5	
14	—	6	
15	4	4	$K_{\text{п.п}}$, $K_{\text{г.п}}$, (L), $K_{\text{и.и}}$, $K_{\text{и.с}}$, $K_{\text{у.п}}$, $T_{\text{в}}$, $W_{\text{в}}$, $K_{\text{т.д}}$
16	—	5	
17	—	6	
18	5	5	$K_{\text{п.п}}$, $K_{\text{г.п}}$, (L), $K_{\text{и.с}}$, $T_{\text{в}}$, $W_{\text{в}}$, $K_{\text{т.д}}$
19	—	6	

К 5-й группе причисляют изделия, которые, в отличие от предыдущей, диагностируются только внешними средствами, параметры сигналов в электрических цепях унифицируются внешними преобразователями, остальные требования остаются без изменения.

Наконец, к 6-й группе относят изделия, на которых для диагностирования проводятся монтажно-демонтажные работы со снятием отдельных устройств для диагностирования вне изделия или обеспечения доступа к контрольным точкам. Может производиться установка технологических переходников, в том числе с разрывом электрических и механических цепей, измерительных преобразователей и других приборов. При этом устройства сопряжения должны быть унифицированы, а в изделии предусмотрены элементы конструкции для установки измерительных приборов и преобразователей.

Категории контролепригодности, образующиеся сочетанием групп, приведены в табл. 2.2, согласно которой может быть образовано 19 категорий контролепригодности. На рис. 2.5 приведен алгоритм, поясняющий отличие групп конструктивного исполнения РЭУиС по контролепригодности.

В заключение необходимо отметить, что установление категории контролепригодности — трудоемкая задача, требующая солидного информационного обеспечения. Именно поэтому очень важно при разработке ТЗ на изделия требовать ее решения разработчиком в полном объеме. Это требование заставит разработчика заняться вопросами диагностического обеспечения на ранних стадиях проектирования.

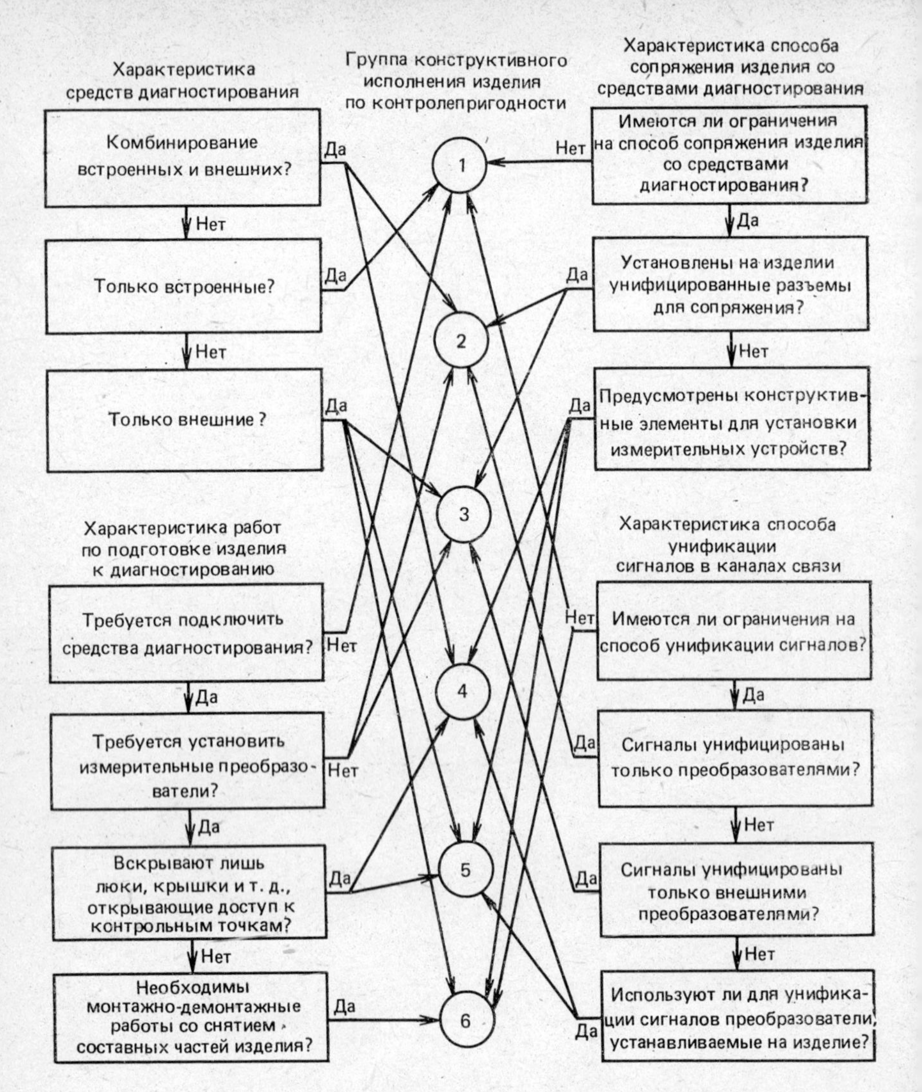

Рис. 2.5. Алгоритм определения групп контролепригодности РЭС как объекта диагностирования

ГЛАВА 3. МОДЕЛИРОВАНИЕ СИСТЕМ ТЕХНИЧЕСКОГО ДИАГНОСТИРОВАНИЯ

3.1. ЗАДАЧИ МОДЕЛИРОВАНИЯ. ДИАГНОСТИЧЕСКИЕ МОДЕЛИ

Изделия радиоэлектроники — сложные системы. Главное их назначение — обеспечение задач функционального использования. Поэтому в процессе их создания вопросам формирования совокупностей ДП не уделяется, подчас, должного внимания, хотя этого требует система государственной стандартизации «Техническая диагностика».

На последних этапах проектирования РЭС, при проведении эксплуатационных испытаний проблема оценки РЭС как объекта диагностирования выступает на первый план. Решение этой проблемы лежит в возможности установления взаимосвязей и параметров, в выявлении сущности, многообразия и характера этих связей к представлению ОТД через эти взаимосвязи. Реализация такого аналитического процесса составляет основу синтеза моделей диагностических систем. При этом моделируются ОТД — изделия РЭУиС и процессы изменения этих состояний и управления этими состояниями.

Моделирование является одним из инструментов (с методологической точки зрения) исследования сложных систем на всех стадиях их жизненного цикла.

Общепризнанное понятие модели (как и системы), к сожалению, не выработано. Однако с инженерно-технической точки зрения, а тем более с научной, определение «модель объекта» имеет четкое семантическое (смысловое) содержание, а будучи дополнено сопровождающими определениями из арсенала многочисленных классификаторов — становится предельно ясным понятием. В аспекте изложенного ограничимся определением, что модель объекта или процесса представляется такой формализованной сущностью (например, множеством параметров и их взаимосвязей), характеризующей какие-либо определенные свойства реального объекта (процесса), представленные в удобной или наглядной форме. Важно то, что между объектом и моделью существует связь, что модель отражает реальность объекта и позволяет в определенных пределах имитировать некоторые свойства объекта, вызывающие у нас аналогичные ощущения и восприятия.

Диагностические модели (ДМ) — это модели объектов и процессов диагностирования, т. е. их формализованные описания, которые являются исходными для определения и реализации алгоритмов диагностирования. Другими словами, ДМ следует рассматривать как совокупность методов построения математической модели, определяющей, в свою очередь, методику формирования способов и алгоритмов определения технического состояния РЭУиС.

Диагностическая модель может быть задана в явном или неявном виде. Явная модель — это совокупность формальных описаний исправного и работоспособного объекта и всех его неисправных и неработоспособных состояний. Неявная модель ОД — представляет собой какое-либо одно формальное описание объекта, математические модели его физических неисправностей и правила получения по этим данным всех других описаний, характеризующих другие состояния. Обычно задается математическая модель исправного ОД, по которой можно построить модели неисправных состояний.

Радиоэлектронные системы как объекты моделирования обладают функциональным разнообразием, конструктивной сложностью и сложностью решаемых ими задач, высокой стоимостью отказов и высокой степенью автономности, другими словами, РЭС являются сложными системами. Это обстоятельство оказывается решающим при моделировании. Классификация моделей, как рациональных описаний (представлений), наиболее тесно связана с самими структурами объектов. В этом смысле ДМ можно условно разделить на следующие группы:

непрерывные модели, представляющие объект и протекающие процессы в непрерывно меняющемся времени, которое является аргументом определенных функций; непрерывные ДМ — это в большей части алгебраические или дифференциальные линейные и нелинейные уравнения, включая передаточные функции;

дискретные модели, определяющие состояния ОД для последовательности дискретных значений времени, как правило, без учета характера протекающих в промежутках процессов; эти модели представляются конечно-разностными уравнениями или конечными автоматами и используются для описания цифровых и импульсных устройств;

гибридные модели, описывающие реальные объекты, включающие как устройства непрерывного действия, так и импульсные (цифровые) устройства;

специальные модели, характеризующие большую группу моделей, построение которых определяется спецификой объектов и особенностями диагностического обеспечения; к этой группе могут быть отнесены функциональные модели, модели характеристик, информационных потоков и др.

По методам представления взаимосвязей между состоянием объекта, его элементами и параметрами выходных сигналов методы построения моделей можно разделить на аналитические, графоаналитические, функционально-логические и информационные.

Аналитические модели позволяют решать оптимизационные задачи и получать соотношения между состояниями объекта, диагностическими параметрами и показателями качества в аналитическом виде. К методам построения аналитических моделей относят: метод малого параметра, функция чувствительности, аналитические описания процессов прохождения сигналов, уравнения, связывающие ПФИ и ТП сложных систем.

Графоаналитические модели — это диаграммы прохождения сигналов [62] — своеобразные карты, иллюстрирующие процессы, протекающие в аналоговых объектах и позволяющие вскрывать неочевидные, но важные для решения диагностических задач связи и влияния. К графоаналитическим моделям относятся теоретико-множественные описания объектов на базе теории множеств и теории графов, как одного из способов наглядного теоретико-множественного представления объектов.

Функционально-логические модели — это модели, построенные на основе логического анализа функциональных схем изделий, учитывающие их особенности, а также работу в режиме диагностирования. К этим моделям, на наш взгляд, следует отнести и стохастические модели объектов диагностирования, характеризуемых набором детерминированных состояний, переход в которые описывается случайными закономерностями.

Информационные модели представляют информационные описания систем и процессов технического диагностирования.

Реальные схемы РЭУиС и всегда лежат в основе составления диагностических моделей. Но эти схемы сами по себе очень сложны. Следовательно, каждый раз следует решать инженерно-логическую задачу представления реальной схемы в диагностической модели, выявление уровней этого представления.

Принципиальная, функциональная, структурная схемы сами по себе являются моделями реальных электронных систем. На их основе могут быть получены (если могут) все интересующие нас зависимости, которые характеризуют набор диагностических параметров.

Коэффициент усиления $K_у$ усилителя, представленного на рис. 3.1, определяется выражением:

$$K_у = \frac{U_{вых}}{U_{вх}} = \frac{h_{21}^{(2)}\ R_{к.н\ 2} R_8 \left[h_{21}^{(4)} + 1 \right] \left[R_3 + R_9 \right]}{\left(h_{11}^{(1)} + h_{11}^{(2)} + R_3 R_4 \right) \left[R_8 \left(h_{21}^{(4)} + 1 \right) + h_{11}^{(4)} \right]}, \qquad (3.1)$$

где h_{jk}, R_i — параметры схемы и микросхемы серии К198 [74].

Из этого выражения можно получить чувствительность $K_у$ к изменению характеристик резисторов, транзисторов, емкостей путем получения зависимостей $dK_у/da_i$, где a_i — параметр элемента микросхемы схемы.

Функциональная схема, приведенная на рис. 2.4, такой возможности нам не дает. Но зато она наглядно характеризует возможности и трудности определения состояния сложного РЭУ (маленькой РЭС) путем измерения одного или нескольких ДП. Кроме того, описав $K_{\Sigma\,у} = K_{у1} K_{у2} \ldots K_{уn}$, зная выражения $K_{уi}$, получаем и функции

$$d K_{\Sigma у} / d a_{ij},$$

где a_{ij}-й параметр i-й схемы. Аналитические зависимости здесь будут весьма непростыми, и их анализ потребует определенных математических приемов.

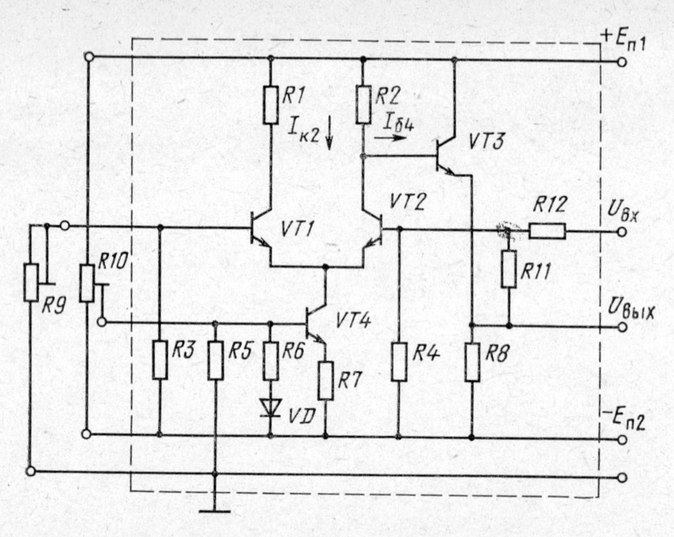

Рис. 3.1. Принципиальная схема усилителя на микросхеме К198

Для РЭС можно представить зависимость дальности действия от параметров системы в данном случае автономной РЛС в виде выражения

$$D_{\max}^4 = \frac{P_{и}\, \tau_{и}\, n_{и}\, G_{а}\, S_{а}\, \overline{S}_{ц}\, \eta_{прм \cdot прд}}{(4\pi)^2 \dfrac{K_{р.ш}}{K_{р.с}}\, k\, T\, \alpha_{прм}\, Q}, \tag{3.2}$$

расшифровка основных параметров дана в § 1.2.

Рассматриваемый коэффициент $K_{у}$ входит в составляющую этой формулы в качестве коэффициента усиления $K_{рс} = P_{вых\,с}/P_{вх\,с}$, причем необходимо учесть, что величина $P_{вых\,с}$ однозначно задается типом, например оконечного устройства РЭС, предоставляющей потребителю информацию в удобной для него форме. Таким образом, коэффициент $K_{рс}$ оказывает влияние на основной ПФИ системы, и от его изменения может возникнуть вопрос не только тактики применения РЭС, но и стратегии, например системы обеспечения безопасности воздушного движения.

Какой параметр подлежит измерению в процессе эксплуатации, на этот вопрос должна дать ответ диагностическая модель; а какую диагностическую модель выбрать лучше, определяется логикой инженерного мышления, отвечающего на вопросы: 1) что надо? 2) и в какой последовательности?

Следовательно, функционально-логические модели, характеризующие форму представления РЭУиС, как ОТД, должны лежать в основе составления диагностических моделей. Очевидно, что ДМ может быть несколько на разных уровнях описания системы. Но главное состоит в том, что они должны обнажать и упрощать (в

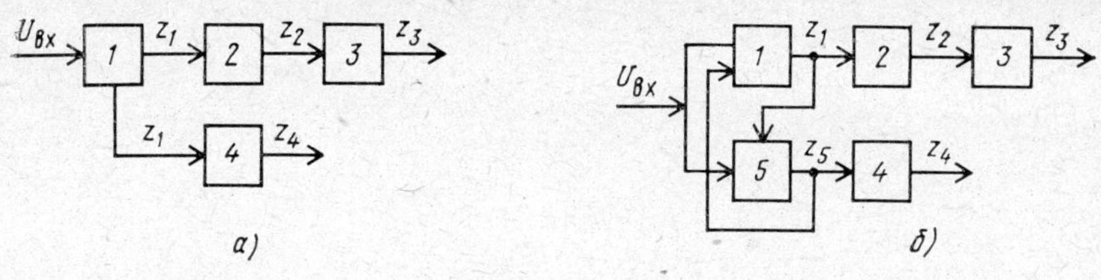

Рис. 3.2. Функциональная схема РЭУ (*а*) и его функциональная диагностическая модель (*б*)

разумных пределах) наши представления о сложных зависимостях и процессах, а также позволять с минимальными затратами решать задачи диагностического обеспечения эксплуатации.

Одной из наиболее ярких представителей таких моделей является функционально-диагностическая модель (рис. 3.2) на базе функциональных схем устройств и систем.

При построении этой модели структура объекта задана полностью и для нее определены области значений входных и выходных параметров всех блоков, определяющих состояния таковых. Если входной или выходной сигнал характеризуется рядом параметров, то каждый из них обозначается отдельным входом (выходом). Если в результате оказывается разделенный сигнал, то это соответствует тому, что на входе следующего блока сигнал Y_{ki} также разделен, и по мере накопления таких разделений формируется ФДМ. Каждому отдельному значению (параметрическому выходу блока) может быть поставлена в соответствие элементарная проверка π_i, результат которой x_i или z_i будет соответствовать работоспособному (исправному), т. е. допустимому значению параметра, а $\bar{x}_i(\bar{z}_i)$ — недопустимому. Блок такой функциональной параметрической схемы может быть заменен блоками, каждый из которых имеет один выход (и только один) и существенные для данного выхода входы.

Для ее построения необходимо использовать правило: если хотя один вход блока Q_i находится вне допуска, выходной сигнал $\bar{z}_i=0$, т. е. также — вне допуска и блок Q_i должен считаться в неработоспособном состоянии.

Количество блоков в такой ФДМ увеличивается по сравнению с исходной функциональной схемой, но ценность этой модели (очень часто используемой при диагностическом анализе сложных структур) состоит в следующем:

1) каждый выходной сигнал z_i отождествляется с результатом U_i элементарной проверки;

2) функциональная диагностическая модель является ориентированным графом, вершины которого — блоки ФДМ — соединены дугами, представляющими связи между блоками, входными и выходными полюсами;

3) ориентированные графы на базе ФДМ являются графоаналитическими моделями в рамках теории, подчиняются определенным закономерностям, в том числе преобразованиям и упрощени-

ям. Это позволяет сократить количество элементарных проверок, т. е. в конечном счете оптимизировать множество диагностических параметров и алгоритмы для контроля работоспособности и поиска места отказа;

4) логическая ФДМ лежит в основе построения еще одного вида графоаналитической модели — матрицы состояний, важного инструмента анализа объектов и синтеза СТД;

5) логическая ФДМ дает наглядное представление о точках и характере возникновения отказа, а также его проявлении.

3.2. АНАЛИТИЧЕСКИЕ МОДЕЛИ

Аналитическими моделями являются различные функции, связывающие между собой внешние измеряемые параметры и внутренние параметры элементов системы вида $U_{вых}=f[A(t), U_{вх}(t)]$.

Одним из распространенных описаний РЭУ является передаточная функция в операторной форме вида [62]:

$$K(p)=\frac{a_k p^k + a_{k-1} p^{k-1} + \ldots + a_1 p + a_0}{b_g p^g + b_{g-1} p^{g-1} + \ldots + b_1 p + b_0}, \qquad (3.3)$$

которая имеет d вещественных γ_i и $2f$ комплексных $a_i+j\omega_i$ полюсов. Переходная характеристика такого устройства представляется уравнением

$$U(t)=A_0+\sum_{i=1}^{f} A_i \exp(-ait)\sin(\omega_i t+\varphi_i)+\sum_{i=1}^{d} D_i \exp(-\gamma_i t), \qquad (3.4)$$

которое является суммой колебательных и апериодических составляющих общим числом $l=f+d$.

Непосредственное вычисление выражений $K(p)$ и $U(t)$ представляет значительные математические трудности для сложных схем. Однако для аналитического решения может быть предложена упрощенная функция $K_1(p)$, используемая в качестве ДМ:

$$K_1(p)=\frac{a_{n-1} p^{n-1} + a_{n-2} p^{n-2} + \ldots + a_1 p + a_0}{p^n + b_{n-1} p^{n-1} + b_{n-2} p^{n-2} + \ldots + b_1 p + b_0}. \qquad (3.5)$$

Коэффициенты этой функции вычисляют по следующим формулам:

$$a_{n-1}=b_{n-1} c_0 - \sum_{r=1}^{n} c_r \sum_{\substack{i=1 \\ (i\neq r)}}^{n} p_i;$$

$$a_{n-2}=b_{n-2} c_0 + \sum_{\substack{r=1 \\ (i<j)}}^{n} c_r \sum_{\substack{i,\, j=1 \\ (i,\, j\neq r)}}^{n} p_i p_j;$$

$$a_{n-3}=b_{n-3} c_0 - \sum_{r=1}^{n} c_r \sum_{i,\, j,\, l=1}^{n} p_i p_j p_l;$$

. . . .

$$a_1 = b_1 c_0 + (-1)^n \sum_{r=1}^{n} c_r \sum_{\substack{i=1\\(i=r)}}^{n} p_i;$$

$$a_0 = b_0 c_0;$$

$$b_{n-1} = -\sum_{i=1}^{n} p_i; \quad b_{n-2} = \sum_{\substack{i,\, j=1\\(i<j)}}^{n} p_i p_j;$$

$$b_{n-3} = -\sum_{\substack{i,\, j,\, l=1\\(i<j<l)}}^{n} p_i p_j p_l;$$

. . . .

$$b_1 = (-1)^{n-1} \sum_{i=1}^{n} \frac{1}{p_i} \prod_{j=1}^{n} p_j;$$

$$b_0 = (-1)^n \prod_{j=1}^{n} p_j.$$

Еще одним видом диагностической модели может служить упомянутая выше функция чувствительности, характеризующая чувствительность измеряемых параметров к изменению параметров элементов схемы [10]. Функция чувствительности может быть использована при вычислении допусков на изменение параметров, а также для установления пределов регулировок и синтеза регулируемых схем.

Чувствительность характеристики цепи $Y=Y(x_1 \ldots x_n)$ определяется по формуле

$$S_i = \partial y/\partial x_i = S_i(y,\ x_i). \tag{3.6}$$

Отклонение характеристики цепи при $x_i = x_{i0} + \Delta x_i$

$$\Delta Y = \sum_{i=1}^{n} S_i \Delta x_i. \tag{3.7}$$

Относительная чувствительность цепи $Y(x)$ к изменению параметра x_i на величину Δx_i определяется выражением

$$S_{0i} = \frac{\partial \ln Y}{\partial \ln x_i} = \frac{x_i}{Y} S_i = S_{0i}(Y,\ x_i); \tag{3.8}$$

при этом величина относительного отклонения

$$\frac{\Delta Y}{Y} = \sum_{i=1}^{n} S_{0\,i} \frac{\Delta x_i}{Y_i}. \tag{3.9}$$

В общем случае необходимо иметь в виду, что относительные функции чувствительности для различных параметров схем не являются независимыми. Вычисление соотношений между ними сводится к расчету суммы ΣS_{0i}.

В [10] показано, что для схемы (рис. 3.3) можно получить различные цепи произвольной конфигурации путем выбора нормиро-

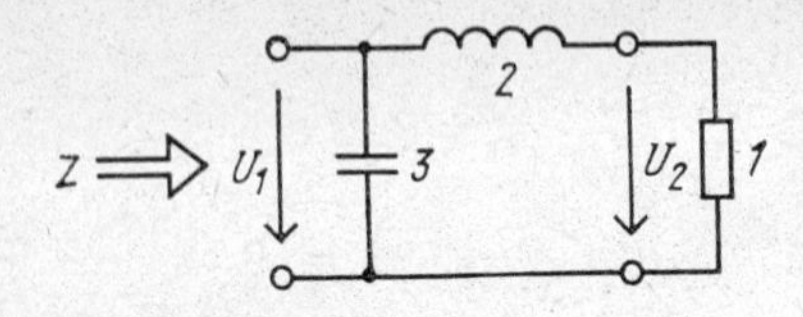

Рис. 3.3. Схема контура LC

ванных величин $R_н$, $L_н$, $C_н$, $\omega_н$, выраженных в относительных единицах. При увеличении единицы измерения параметра в λ раз и неизменной единице измерения частоты импеданс Z просто увеличивается в λ раз.

Для удобства анализа в импедансе выделим отдельно сопротивления, индуктивности и емкости, т. е. представим его выражением

$$Z = Z(R_1, \ldots, [R_{n_R}, L_1, \ldots, L_{n_L}; \quad D_1 \ldots D_{n_D}, P), \tag{3.10}$$

где $D_i = 1/C_i$, $n_R + n_L + n_D = n$.

Для импедансов выполняется соотношение

$$Z\left(\lambda_1 R_1, \ldots \lambda R_{n_R}, \quad \lambda L_1, \ldots \lambda L_{n_L}, \quad \lambda D_1, \ldots, \lambda D_{n_D}\right) = \lambda Z, \tag{3.11}$$

где Z — линейная однородная функция переменных R, L и C.

Дифференцируя эту функцию по λ и разделив ее на Z, получаем

$$\sum_{i=1}^{n_R} \frac{R_i}{Z} \frac{\partial Z}{\partial \lambda R_i} + \sum_{i=1}^{n_L} \frac{L_i}{Z} \frac{\partial Z}{\partial \lambda L_i} + \sum_{i=1}^{n_D} \frac{D_i}{Z} \frac{\partial Z}{\partial \lambda Z_i} = 1. \tag{3.12}$$

Подставляя в это выражение формулу для относительной чувствительности S_{0i}, получаем

$$\sum_{i=1}^{n} S_{0i}(Z, x_i) = 1, \tag{3.13}$$

наглядно показывающее, что сумма относительных чувствительностей импеданса относительно элементов R, L, C равна единице; это указывает на инвариантные свойства чувствительностей к изменению различных параметров. В настоящее время доказана инвариантность суммы чувствительностей активных цепей.

Таким образом, как следует из вышеизложенного, аналитические модели в общем случае должны представлять операторы, определяемые коэффициентами преобразования физических элементов схемы РЭУ при переходе в различные состояния.

Для широкого класса систем, описываемых дифференциальными уравнениями, диагностическая модель может быть представлена в следующей форме [11]:

$$(dX/dt) = \mathbf{A}(t) + \mathbf{F}(t), \tag{3.14}$$

где $\mathbf{X}$—n-мерный вектор

$$\mathbf{X} = \left\| \begin{matrix} x_1 \\ x_2 \\ \cdots \\ x_n \end{matrix} \right\|,$$

A — оператор перевода системы из состояния в состояние:

$$\mathbf{A}=\begin{Vmatrix} \alpha_{11}, & \alpha_{12} \dots \alpha_{1n} \\ \alpha_{21}, & \alpha_{22} \dots \alpha_{2n} \\ \alpha_{n1}, & \alpha_{n2} \dots \alpha_{nn} \end{Vmatrix}, \tag{3.15}$$

где $\alpha_{i,j}$ $(i,\ j=\overline{1,\ n})$ — коэффициенты преобразования; $\mathbf{F}(t)$ и C — n-мерные векторы

$$\mathbf{F}(t)=\begin{Vmatrix} f_1(t) \\ f_2(t) \\ \dots \\ f_n(t) \end{Vmatrix} \quad \mathbf{C}=\begin{Vmatrix} c_1 \\ c_2 \\ \dots \\ c_n \end{Vmatrix}.$$

Если вектор $\mathbf{X}$ характеризует исходное состояние, то справедливо, что преобразованный оператор

$$X_{\text{пр}}=AX.$$

Это представление, как наиболее общее, сохраняет свое содержание при самых различных формах моделей, в том числе и вероятностных.

3.3. ГРАФОАНАЛИТИЧЕСКИЕ МОДЕЛИ

Основные достоинства аналитических ДМ — глубина и полнота описаний. Недостатков тоже два — сложность и отсутствие инженерной наглядности. Поэтому одной из широко применяемых форм ДМ являются графоаналитические модели.

Ориентированные графы дают одно из наиболее наглядных представлений объектов диагностирования. Если ОД может быть описан, например, системой линейных алгебраических уравнений, то эту систему можно представить функцией — диаграммой прохождения сигналов [62]. Диаграмма прохождения сигналов строится на основе принципиальной или функциональной схемы РЭУ или РЭС и представляет из себя схему, состоящую из узлов (переменных x_i), которые соединены направленными ветвями, соответствующими своему оператору (т. е. коэффициенту при переменных). Такое построение диаграммы прохождения позволяет выявить ряд дополнительных связей и оптимизировать число параметров.

Для построения диаграммы прохождения каждой переменной x_i строим узел. Переменная (сигнал) равна сумме входящих сигналов, а каждый из них в свою очередь произведению оператора входящей ветви на сигнал узла, из которого ветвь выходит:

$$x_k=\sum x_i T_{ik}, \tag{3.16}$$

где T_{ik} — оператор ветви, выходящей из i-го узла и входящей в k-й узел.

Если объект описывается системой уравнений [62]

$$x_1=T_{01}x_0+T_{31}x_3; \quad x_2=T_{12}x_1+T_{32}x_3; \quad x_3=T_{23}x_3,$$

то диаграмма прохождения сигнала примет вид рис. 3.4.

Ориентированные графы строятся не только на основе диаграммы прохождения сигнала, но и непосредственно по функциональной схеме РЭУ. Любая функциональная (принципиальная) схема РЭУ может быть представлена логической структурой формирования и прохождения сигналов, в которых заложена информация потребительская и информация о состоянии РЭС. Таким образом, первичным видом диагностической модели является структурная схема, она же логическая модель.

В виде ориентированного графа, дуги (ребра) которого снабжены стрелками, может быть представлена радиоэлектронная схема любой сложности. Ориентированный граф обозначают символом $G(X, V)$, где $X(x_1 \dots x_n)$ и $V(v_1 \dots v_m)$ — соответственно множества вершин и дуг. С понятием ориентированный граф связан термин «отображение» (рис. 3.5). Отображение показывает, каким образом вершина x_i отображается в других вершинах. Граф (рис. 3.5) имеет отображение следующего вида:

$$\Gamma x_1 = \{x_2,\ x_3\}, \quad \Gamma x_2 = \{x_4,\ x_5\}, \quad \Gamma x_3 = \{x_5\}, \quad \Gamma x_4 = \{x_5\}, \quad \Gamma x_5 = \varnothing,$$

Последнее равенство указывает на отсутствие отображения.

Возвращаясь к графическому представлению сложных схем, отметим, что отображение ориентированного графа $G(x, \Gamma)$ позволяет наглядно проследить взаимное влияние предыдущих выходов на последующие и определить взаимное влияние параметров.

Применение изображения функциональных схем в ориентированные графы позволяет также представить схему, как и любой граф, в виде матрицы, так называемой «матрицы смежности».

Матрица смежности графа G, состоящего из n вершин, — это квадратичная матрица $A = \|a_{i,j}\|$ с n строками и n столбцами; ее общий элемент $a_{i,j} = 1$, когда между вершинами x_i и x_j есть связь, и $a_{i,j} = 0$, когда вершины x_i и x_j — не соединены дугами. Для графа на рис. 3.5 матрица смежности определяется выражением

$$\mathbf{A} = \left| \begin{array}{c} j = 1,\ 2,\ 3,\ 4,\ 5,\ \ i \\ \begin{bmatrix} 0 & 1 & 1 & 0 & 0 & 1 \\ 0 & 0 & 0 & 1 & 1 & 2 \\ 0 & 0 & 0 & 0 & 1 & 3 \\ 0 & 0 & 0 & 0 & 1 & 4 \\ 0 & 0 & 0 & 0 & 0 & 5 \end{bmatrix} \end{array} \right|. \qquad (3.17)$$

Строка матрицы смежности, состоящая только из нулей, свидетельствует о том, что в эту вершину отображаются все остальные.

При рассмотрении некоторых задач диагностического анализа используется особый вид графа, который называется «деревом». Особенность этого графа состоит в том, что в нем нет контуров и в вершину x_1 (корень) не заходит ни одна дуга, а в каждую другую вершину заходит только одна дуга. Вершины графа, в которые дуги не заходят, называются висячими. «Дерево» является своеобразной формой описания логических возможностей схем, пред-

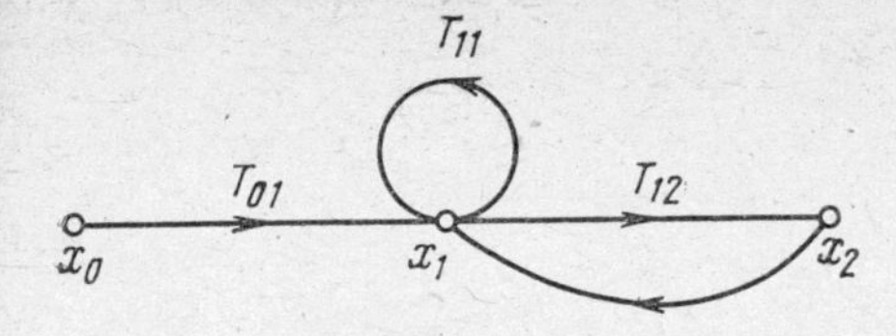

Рис. 3.4. Диаграмма прохождения сигнала

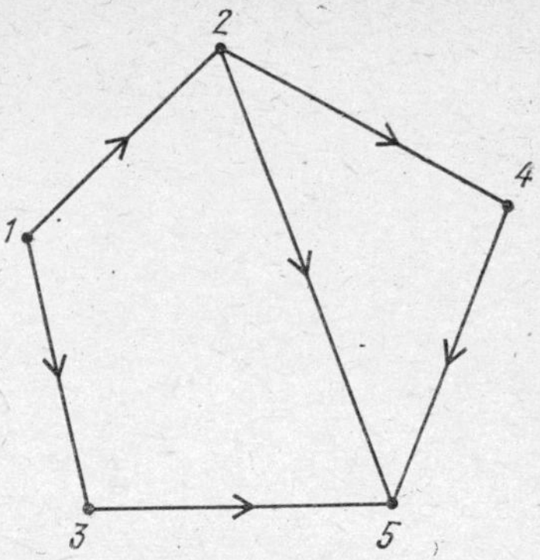

Рис. 3.5. Структура ориентированного графа

ставляемых данным графом, и находит применение для составления различных диагностических программ.

Последним из рассматриваемых нами видов графоаналитических моделей является матрица состояний, имеющая также наименования: таблица состояний, таблица неисправностей и др. Матрица состояний строится на базе функционально-диагностической модели. Номер столбца соответствует номеру вида технического состояния ОД, номер строки — элементарной проверке U_j на выходе блока j.

При составлении таблицы логическим путем оценивают результаты проверки U_i для состояния вида j. Если результат проверки — положительный, в элемент таблицы (i, j) записывается (1), в противном случае — (0).

В качестве примера на рис. 3.6 приведены типовая схема тракта синхронизации РЛС (рис. 3.6,*а*), ее функционально-диагностическая модель (рис. 3.6,*б*), ориентированный граф (рис. 3.6,*в*). Из сопоставления схемы и ФДМ следует, что модель отличается тем, что все ее элементы имеют по одному выходу, а тракты обратной связи разомкнуты, если они охватывают множество блоков. Матрица состояний (рис. 3.6,*г*) построена по следующему принципу: $S_р$ — строка, соответствующая работоспособному состоянию, S_1 — строка, соответствующая состоянию, в котором отказал блок 1 ФДМ, S_2 — состояние, в котором отказал блок 2 ФДМ и т. д. Столбцы $u_1, u_2, \ldots, u_n$ соответствуют проверкам состояния на выходе блока 1, блока 2, ..., блока n. Элемент матрицы вида $A_{i,j}$ соответствует результату проверки на выходе j-го блока ФДМ в случае, когда схема находится в i-м состоянии. Матрица состояний составлена в предположении, что в структуре имеет место одновременно один отказ. Однако это условие не является обязательным.

Подчеркнем, что для увеличения наглядности графоаналитических представлений строки и столбцы матрицы при необходимости можно менять местами.

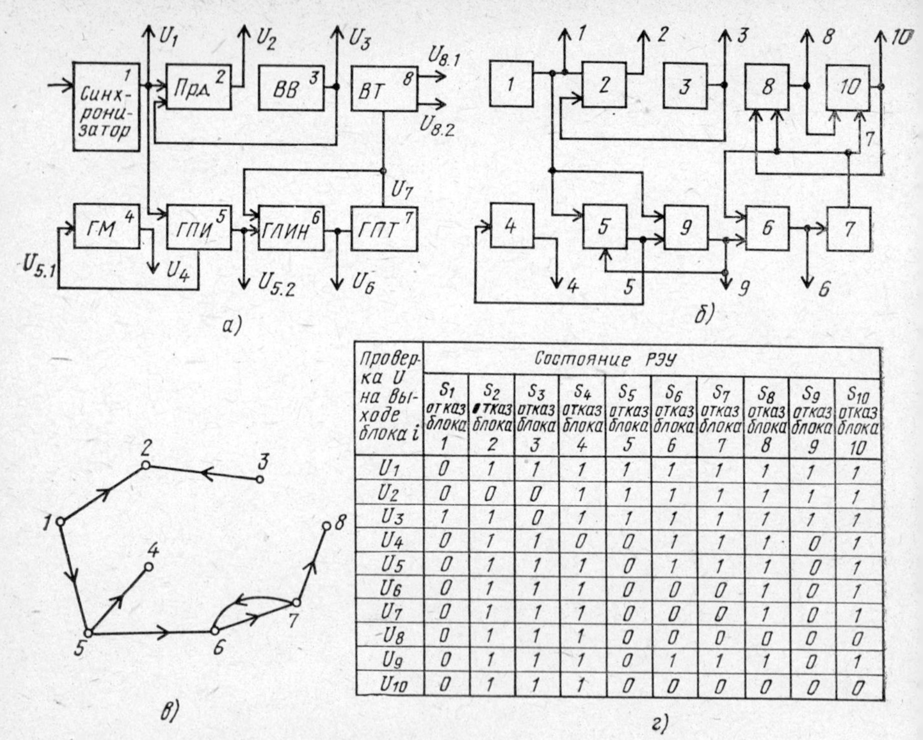

Проверка U на выходе блока i	Состояние РЭУ									
	S_1 отказ блока 1	S_2 отказ блока 2	S_3 отказ блока 3	S_4 отказ блока 4	S_5 отказ блока 5	S_6 отказ блока 6	S_7 отказ блока 7	S_8 отказ блока 8	S_9 отказ блока 9	S_{10} отказ блока 10
U_1	0	1	1	1	1	1	1	1	1	1
U_2	0	0	0	1	1	1	1	1	1	1
U_3	1	1	0	1	1	1	1	1	1	1
U_4	0	1	1	0	0	1	1	1	0	1
U_5	0	1	1	1	0	1	1	1	0	1
U_6	0	1	1	1	0	0	0	1	0	1
U_7	0	1	1	1	0	0	0	1	0	1
U_8	0	1	1	1	0	0	0	0	0	0
U_9	0	1	1	1	0	1	1	1	0	1
U_{10}	0	1	1	1	0	0	0	0	0	0

Рис. 3.6. Структурная схема РЛС и ее модели:

а — структурная схема передающего и индикаторного тракта РЛС; *б* — функциональная диагностическая модель передающего и индикаторного тракта РЛС; *в* — ориентированный граф функциональной диагностической модели; *г* — матрица состояний; *Син* — синхронизатор; *Прд* — передатчик; *ВВ* — высоковольтный выпрямитель; *ВТ* — вращающийся трансформатор; *ГМ* — генератор меток; *ГПИ* — генератор прямоугольного импульса; *ГЛИН* — генератор линейно-изменяющихся напряжений; *ГПТ* — генератор пилообразного тока

Впоследствии при решении множества задач диагностического анализа графоаналитические модели будут использоваться широко и многократно, ибо до настоящего времени являются основным его аппаратом.

3.4. МОДЕЛИ ПРОЦЕССОВ ИЗМЕНЕНИЯ СОСТОЯНИЙ РЭС

В процессе жизненного цикла РЭУиС постоянно переходят из одного состояния в другое: исправное, диагностирование исправного состояния, работоспособное состояние, диагностирование работоспособного состояния, вновь работоспособное и т. д. Таким образом, РЭС, как объекту диагностирования, присущ переход из одного состояния в другое. Переход из состояния в состояние является случайным процессом. Наиболее близкой к реальности моделью такого процесса, позволяющей, кроме того, связать вероятностные характеристики переходов с параметрами РЭУ, как объектов диагностирования, представляется марковский процесс.

Как известно [7, 28], марковский процесс, протекающий в РЭС, обладает следующим свойством: для любого момента времени $t=t_0$ вероятность любого состояния системы $P(S_i)$ зависит только от ее состояния в настоящий момент и не зависит от того, когда и каким образом РЭС оказалось в этом состоянии, другими словами, будущее состояние процесса не зависит от его предыстории.

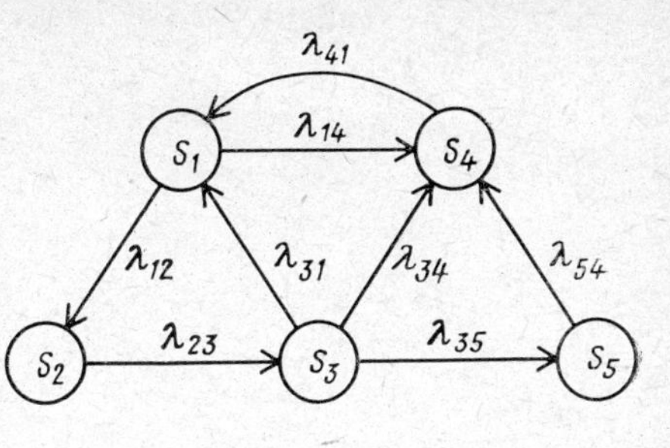

Рис. 3.7. Граф состояний марковского процесса

Интересующие нас для моделирования марковские процессы ограничим набором дискретных состояний $S_1 \dots S_n$, которые удобно иллюстрировать с помощью графа состояний (рис. 3.7), где дугами обозначены возможные переходы.

Марковский процесс с дискретными состояниями и дискретным временем обычно называют марковской цепью. Наиболее удобной моделью описания РЭС, как ОД, является марковский случайный процесс с дикретными состояниями и непрерывным временем, который иногда называют «непрерывной цепью Маркова». Характеристиками вероятностей перехода системы из состояния S_i в S_j является плотность вероятности перехода $\lambda_{i,j}$, которая может быть: $\lambda_{i,j}=\mathrm{const}$ (в этом случае процесс называется однородным) или $\lambda_{i,j}=\lambda_{i,j}(t)=\mathrm{var}$.

При моделировании случайных процессов изменения состояния РЭУ удобно представить, что переход из состояния в состояние осуществляется под воздействием потоков событий. Тогда плотности вероятностей переходов получают смысл интенсивностей $\lambda_{i,j}$, и процесс моделирования будет марковским, если эти потоки событий пуассоновские (т. е. ординарные, без последействия и с постоянной интенсивностью). Потоком вероятности перехода из состояния S_i в S_j называется величина $\lambda_{i,j}P_i(t)$. Модель-граф (рис. 3.7) имеет конечное число состояний с вероятностями $P_1(t) \dots$ $\dots P_n(t)$; $n=5$. Для любого t справедливо $\sum\limits_{i=1}^{n} P_i(t)=1$.

Из теории марковских процессов известно, что для нахождения вероятностей $P_i(t)$ необходимо решить систему дифференциальных уравнений вида

$$\frac{dP_i(t)}{dt}=\sum_{j=1}^{n}\lambda_{j,i}P_j(t)-P_i(t)\sum_{j=1}^{m}\lambda_{i,j}. \quad (3.18)$$

Систему уравнений удобно составлять, пользуясь ориентированным графом (с разметками) и следующим правилом: производная вероятности каждого состояния равна сумме всех потоков вероятности, идущих из другого состояния в данное, минус сумма всех потоков вероятности, идущих из данного состояния в другие.

Такая система дифференциальных уравнений носит название системы уравнений Колмогорова — Чепмена. Для системы, соответствующей графу (рис. 3.7), система уравнений Колмогорова — Чепмена имеет следующий вид (для краткости записи опускаем аргумент t):

$$dP_1/dt=\lambda_{31}P_3+\lambda_{41}P_4-(\lambda_{12}+\lambda_{14})P_1;$$
$$dP_2/dt=\lambda_{12}P_1-\lambda_{23}P_2;$$
$$dP_3/dt=\lambda_{23}P_2-(\lambda_{34}+\lambda_{31}+\lambda_{35})P_3;$$
$$dP_4/dt=\lambda_{14}P_1+\lambda_{34}P_3+\lambda_{54}P_5-\lambda_{41}P_4;$$
$$dP_5/dt=\lambda_{35}P_1-\lambda_{54}P_5. \qquad (3.19)$$

Ввиду наличия шести уравнений для пяти состояний любое из первых пяти уравнений системы следует опустить. Для решения системы уравнений необходимо задать начальные условия вида $P_1(0), P_2(0), ..., P_5(0); \Sigma P_i(0)=1$.

Решение систем уравнений Колмогорова— Чепмена может быть реализовано одним из методов решения дифференциальных уравнений, например путем преобразований Лапласа.

Чем больше состояний моделирует система, тем выше порядок уравнений, и сложнее прямое решение.

Поскольку техническое диагностирование реализуется в РЭС долговременного пользования и процессы, протекающие в них, длятся достаточно долго, для упрощения приведенных моделей ставится, как правило, вопрос о предельных режимах, т. е. о поведении модели при $t\to\infty$. Поскольку потоки событий предполагаются простейшими (т. е. стационарными, пуассоновскими с $\lambda_{i,j}=\mathrm{const}$), существуют финальные (или предельные) вероятности $P_i=\lim P_i(t)$ при $t\to\infty$, значения которых не зависят от того, в каком состоянии находилась система в начальный момент. Таким образом в модели устанавливается стационарный режим. В стационарном режиме моделируемое изделие также переходит из состояния в состояние, но вероятности состояний остаются постоянными.

Для вычисления предельных вероятностей состояний достаточно в вышеприведенной системе уравнений Колмогорова — Чепмена положить $\dot{P}_i(t)=0$. Тогда система дифференциальных уравнений превращается в систему линейных алгебраических уравнений.

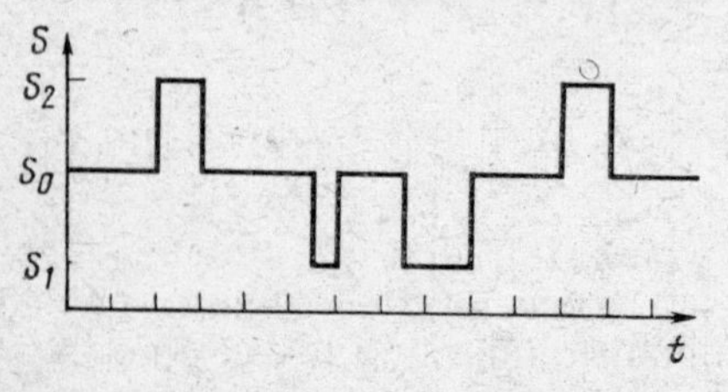

Рис. 3.8. Траектория изменения состояний РЭС в марковской модели

Система линейных алгебраических уравнений может быть составлена непосредственно по графу состояний на основе следующего мнемонического правила: для каждого состояния суммарный выходящий поток вероятности равен суммарному входящему. Таким образом, для графа (рис. 3.7) получается система из шести линейных уравнений вида:

$$
\begin{aligned}
&P_1(\lambda_{12}+\lambda_{14})=P_3\lambda_{31}+P_4\lambda_{41};\\
&P_2\lambda_{23}=P_1\lambda_{12};\\
&P_3(\lambda_{31}+\lambda_{34}+\lambda_{35})=\lambda_{23}P_2;\\
&P_4\lambda_{41}=P_1\lambda_{14}+P_3\lambda_{34}+P_5\lambda_{54};\\
&P_5\lambda_{54}=P_3\lambda_{35};\quad P_1+P_2+P_3+P_4+P_5=1.
\end{aligned}
\qquad (3.20)
$$

Решение такой системы линейных уравнений проще, чем дифференциальных, однако в общем случае при числе состояний больше 5-6 представляет определенные вычислительные трудности.

Марковская цепь может быть представлена также в матричном виде:

$$
\mathbf{p}=\left\|\begin{matrix} p_{11}, & p_{12}, & p_{13}\ldots\\ p_{21}, & p_{22}, & p_{23}\ldots\\ p_{31}, & p_{32}, & p_{33}\ldots\\ \cdot & \cdot\ \cdot & \cdot\ \cdot\ \cdot \end{matrix}\right\|, \qquad (3.21)
$$

где $p_{i,j}$ — вероятности перехода из состояния S_i в состояние S_j.

Реализация такого процесса описывается траекторией изменения состояния системы, т. е. ее перехода в состояния S_0, S_1, S_2 ... случайным образом (рис. 3.8).

Если система находится в состоянии S_i, то рано или поздно она перейдет в состояния S_j или S_m, пробыв в состоянии S_i k временных интервалов. Вероятность перехода в состояние $S_j = p[S_{i,j}(k)] = p_{i,i}{}^{k-1}p_{i,j}$.

Учитывая, что $S_{i,j} = \bigcup\limits_{k=1} S_{i,j}(k)$, получаем формулу для вероятности

$$
p(S_{i,j})=\sum_{k=1}^{\infty}p[S_{i,j}(k)]=\sum_{k=1}^{\infty}p_{i,i}^{k-1}p_{i,j}=\frac{p_{i,j}}{1-p_{i,i}}, \qquad (3.22)
$$

которая позволяет определить вероятность перехода системы на один интервал при условии, что не совершен возврат в исходное состояние.

В состоянии S_i устройство проводит случайное число временных интервалов τ (i, j) перед тем, как перейти в состояние S_j. Вероятность

$$
p[\tau(i,j)=k]=p[S_{i,j}(k)/S_{i,j}]=p[S_{i,j}(k)/p(S_{i,j})]=p_{i,i}^{k-1}(1-p_{i,i}) \qquad (3.23)
$$

является вероятностью состояния $S_{i,j}$ (k) при условии, что состояние $S_{i,j}$ имело место перед этим.

Рассматриваемый марковский процесс, как показано выше, характеризуется тем, что вероятности пребывания системы в различных состояниях подчиняется экспоненциальному закону. Процесс

ТО РЭС, связанный с проведением технического диагностирования (см. § 1.6), предусматривает проведение периодических проверок с детерминированным временным интервалом $T_д$. Кроме того, вероятность пребывания системы в одном из состояний не всегда целесообразно описывать экспоненциальным законом.

Если при описании процесса перехода системы из состояния в состояние сохранить марковское свойство, но отказаться от специального вида распределений времени $\tau(i, j)$ перехода из S_i в S_j и принять, что с момента перехода в S_i до перехода в S_j случайное время $\tau(i, j)$ подчиняется произвольному распределению $F_{i,j}(t)$, то такой процесс называется полумарковским или неоднородным марковским процессом, а моделирование этого процесса — полумарковской моделью.

Полумарковские модели позволяют значительно полнее описать процессы изменения состояния в реальных системах с периодичеким контролем.

Формальное описание полумарковского процесса изменения состояния $S(t)$ сводится к следующему. Множество состояний системы — конечное $S=(S_1 \dots S_n)$. Переходы из состояния S_i в состояние S_j $(j=1 \dots n)$ совершаются в случайные моменты времени $t_1 \dots t_n$. Все состояния связаны в марковскую цепь и характеризуются вероятностями переходов, образующих матрицу

$$\mathbf{p}=\|p_{i,j}\|. \tag{3.24}$$

Переход в состояние S_i совершается в момент t_k, а следующий переход в состояние S_j — в момент t_{k+1}. Тогда $\tau(i, j)=t_{k+1}-t_k$ и задается семейство функций распределения величины интервалов

$$p[\tau(i, j)\leqslant t]=F_{i,j}(t). \tag{3.25}$$

Таким образом, каждой паре индексов $i, j\,(p_{i,j}>0)$ соответствует распределение $F_{i,j}(t)$, которое характеризует вероятность события

$$p[t_{k+1}-t_k=\tau(i, j)\leqslant t] \tag{3.26}$$

при условии, что в момент t_k совершен переход в состояние S_i, а в момент t_{k+1} в состояние S_j, распределение временных интервалов описывается матрицей вида

$$\mathbf{F}=\|F_{i,j}(t)\|. \tag{3.27}$$

Для значений индексов (i, j), при которых $P_{i,j}=0$, принимается, что $F_{i,j}=0$.

Таким образом, в отличие от марковского процесса (однородного), полумарковский процесс (неоднородный марковский) задается двумя матрицами

$$\|P_{i,j}\| \text{ и } \|F_{i,j}(t)\|.$$

Имеется возможность задать полумарковский процесс одной матрицей $Q=\|q_{i,j}(t)\|$, где $q_{i,j}(t)=P_{i,j}(t)$.

Величина $q_{i,j}(t)$ представляет вероятность того, что из исходного состояния S_i система переходит в состояние S_j, а время пребывания системы в состоянии не превзойдет величины t.

В диагностических моделях рассматриваются два распределения $\tau(i, j)$ — непрерывное и дискретное. При непрерывном распределении предполагается, что существует функция $f_{i,j}(t)$, для которой

$$F_{i,j}(t) = \int_0^t f_{i,j}(x)\,dx.$$

При дискретном распределении $F_{i,j}(t)$ — ступенчатая функция, а величина $\tau(i, j)$ может принимать лишь конечное число значений с отличными от нуля вероятностями. Часто встречается вырожденное распределение $\tau(i, j)$, при котором с вероятностью $P=1$ величина $\tau(i, j)$ принимает значение $\tau(i, j)=\mathrm{const}=T$. Таким вырожденным распределением очень удобно описывать процесс диагностирования с периодом $T_д$.

Для примера моделирования полумарковского процесса рассмотрим граф из трех состояний, представленный на рис. 1.9,*а* [61]. В состоянии S_0 объект диагностирования может иметь или не иметь дефекты, которые обнаруживаются только при диагностировании с периодичностью $T_д$ и средним временем диагностирования $\tau_д$. Состояние S_1 — состояние диагностирования объекта, в котором дефекты отсутствуют, а состояние S_2 — состояние диагностирования объекта, в котором обнаруживается дефект и устраняется со средним временем $\tau_в$. Реализуется один из вариантов стратегии ТО по состоянию.

Матрица переходных вероятностей для такого процесса будет иметь вид

$$\mathbf{P} = \begin{Vmatrix} 0 & 1-F(T_д) & F(T_д) \\ 1 & 0 & 0 \\ 1 & 0 & 0 \end{Vmatrix}, \qquad (3.28)$$

а матрица функций распределения значений времени пребывания процесса в различных состояниях

$$\mathbf{F} = \begin{Vmatrix} 0 & \begin{cases} 0 \text{ при } t<T \\ 1 \text{ при } t \geqslant T \end{cases} & \begin{cases} 0 \text{ при } t<T \\ 1 \text{ при } t>T \end{cases} \\ 1-e^{-\mu t} & 0 & 0 \\ 1-e^{-\eta t} & 0 & 0 \end{Vmatrix}, \qquad (3.29)$$

где $F(T)=1-e^{-\lambda t}$ — вероятность возникновения скрытого отказа в ОТД за интервал

$$T,\ \lambda = 1/T_0, \quad \mu = 1/\tau_д, \quad \eta = 1/(\tau_д + \tau_в).$$

Для рассматриваемой системы может быть получено выражение показателя готовности

$$K_{п.г} = \lim_{t\to\infty} P_k(t),$$

где $P_k(t)$ представляет собой суммарную вероятность пребывания СТД в подмножестве состояний, в которых нет скрытого отказа в ОТД.

В этом случае показатель готовности

$$K_{\text{п.г}} = \frac{T_0 [1 - \exp(T/T_0)]}{T + \tau_{\text{д}} \exp(T/T_0) + [1 - \exp(T/T_0)] (\tau_{\text{д}} + \tau_{\text{в}})}. \qquad (3.30)$$

Для других ситуаций (состояний S_0, S_1 и S_3) и при усложнении процесса изменения состояний могут быть получены другие зависимости и выражения.

3.5. ИНФОРМАЦИОННЫЕ МОДЕЛИ ДИАГНОСТИРОВАНИЯ

В § 2.3 показано, что система технического диагностирования может быть представлена как источник информации о техническом состоянии объекта, на основе которой осуществляется управление состоянием. Возможности информационных описаний приводят к построению особого класса моделей диагностирования — информационных моделей. Аппаратом теории информации могут быть описаны ОТД, как датчик, измерительные приборы, как преобразователи информации, средства отображения информации, а также диагностирование, как процесс снятия неопределенности при определении работоспособного состояния или поиска места отказа. Информационный подход и построение информационных моделей нашли эффективное применение на ранних этапах становления диагностики в работах И. М. Синдеева, а также Е. Клетского, Р. Джонсона и др.

Основным преимуществом информационных моделей диагностирования является единство математического аппарата, описывающего различные объекты и процессы, у которых, как выделяемое главное, проявляется их информационная сущность. Это позволит, используя информационную модель, связать воедино самые различные параметры СТД и рассматривать их взаимовлияние [48].

С информационной точки зрения ОТД — датчик ДП, имеющего среднеквадратическое значение σ^2_x. Измерительный прибор СТД характеризуется среднеквадратической погрешностью $\sigma_{\text{п}}$ и полосой пропускания W. Количество информации, полученной при диагностировании,

$$I = WT \log_2 (\sigma_x^2 + \sigma_{\text{п}}^2)/\sigma_{\text{п}}^2.$$

С учетом неравенства $\sigma^2_x \gg \sigma^2_{\text{п}}$ $I = 2WT \log_2 \sigma_x/\sigma_{\text{п}}$.

Работа СТД ограничена во времени возможностью отказа. Ее среднее время безотказной работы в течение периода T:

$$T_1 = T_0 (1 - p), \qquad (3.31)$$

где $T_0 = 1/\lambda$ — средняя наработка на отказ, λ — параметр потока отказов, а величина $p = e^{-\lambda t}$ — вероятность безотказной работы. Сокращение времени работы СТД за счет возможного отказа можно рассматривать как уменьшение информации о состоянии. Информационные потери могут быть определены из выражения

$$\Delta I = I - I_1 = 2W\,[T - T_0\,(1-p)]\,\log(\sigma_x/\sigma_п).$$

Используя идеи теории информации, потери следует рассматривать как увеличение среднеквадратической погрешности прибора до величины $\sigma_э > \sigma_п$. Необходимо подчеркнуть, что количество информации I зависит от точности, безотказности, полосы пропускания и является комплексным показателем качества СТД.

При работе СТД с эквивалентной погрешностью $I_2 = 2WT\log_2(\sigma_x/\sigma_э)$.

Потери информации в СТД с эквивалентной погрешностью $\sigma_э$

$$\Delta I_2 = I - I_2 = 2\,W\,T\,\log_2(\sigma_э/\sigma_п).$$

Приравнивая выражения $\Delta I_1 = \Delta I_2$, получаем соотношение

$$\log_2(\sigma_э/\sigma_п) = \left[1 - \frac{T_0}{T}\,(1-p)\right]\log_2(\sigma_x/\sigma_п),$$

из которого определяется величина

$$\sigma_э = \sigma_п\left(\frac{\sigma_x}{\sigma_п}\right)^{1-T_0\,(1-p)/T}.$$

Если вероятность отказа на временном интервале T достаточно мала, то

$$p = \exp(-\lambda T) \cong 1 - T/T_0 + T^2/2T_0^2 \text{ и } \sigma_э = \sigma_п\left(\frac{\sigma_x}{\sigma_п}\right)^{T/2T_0}$$

$$\text{или } \sigma_э = \sigma_x^{\lambda\,T/2}\,\sigma_п^{(1-\lambda\,T/2)}. \qquad (3.32)$$

Из полученных выражений для погрешности $\sigma_э$ отчетливо проявляются взаимосвязь между погрешностью прибора $\sigma_п$, среднеквадратичным значением параметра σ_x, безотказностью λ, временем работы системы. Стабилизируя или ограничивая один из параметров СТД, можно вычислять количественные значения других.

Неопределенность состояния объекта S характеризуется выражением для энтропии

$$H(S) = \sum_{i=1}^{N} p_i \log_2 p_i = \log_2 N \quad \text{при} \quad 1/N = p_i. \qquad (3.33)$$

Уменьшение энтропии $H(S)$ в процессе проведения контроля характеризует прирост информации о состоянии и может служить критерием для синтеза схемы со многими выходами, количество которых минимизируется, а представляемая информация является максимальной:

$$I(U_к,\ S) = H(S) - H(U_к,\ S) \to I_{max}.$$

Такова постановка задачи и путь ее решения, который позволяет ранжированием элементарных проверок $U_к$ определять наиболее информативные, производя таковые до тех пор, пока $H(S) =$

$=0$. Поскольку конечной целью управления состоянием является его изменение от величины P_0 до величины P_1, а возможности, т. е. уровень управляемости определяется информацией, от ОТД, можно представить источником некоторого информационного напряжения [27]

$$\Delta H = H_0 - H_1 = -\log_2 (P_1/P_0).$$

Информационное напряжение может служить информационной характеристикой источника. Выделенная из источника информация поступает в схему диагностики и контроля и управляющей структуры, которые можно рассматривать как информационную нагрузку источника, и затем возвращается в источник в форме информационной обратной связи. Временной интервал от момента времени t_1 получения информации о состоянии S_1 до момента наступления состояния S_2 может рассматриваться как информационное сопротивление цепи $\tau = \tau_{вн} + \tau_н$, где $\tau_{вн}$ — внутреннее информационное сопротивление источника, $\tau_н$ — информационное сопротивление нагрузки (по физической сущности — время диагностики контроля и управления).

Тогда для информационного тока справедливо соотношение

$$J = \Delta H / \tau_н. \tag{3.34}$$

При однократном достижении цели — изменении состояния через нашу систему проходит информация, равная информационному напряжению источника

$$I_ц = J \tau_н = \Delta H.$$

При длительной работе системы проникающая информация

$$I = \int_0^T J\,dt = \int_0^T \frac{\Delta H}{\tau}\,dt, \tag{3.35}$$

а в упрощенном варианте

$$I = -T/\tau \log_2 P, \tag{3.36}$$

где P — вероятность самопроизвольного изменения состояния; T — интервал поступления информации (наблюдения, диагностирования).

Приведенные соотношения представляют интерес потому, что на основе информационных оценок можно произвести сопоставительный анализ ОТД как источников диагностической информации, каналов преобразователей информации, устройств обработки и др.

Если обозначить информационное напряжение объекта без информационной нагрузки h и назвать его потенциалом информационно управляющей логики (аналогично ЭДС), то справедливо соотношение

$$\Delta H = h - I\tau_{вт}, \tag{3.37}$$

из которого следует, что больше запаздывание в приемнике, т. е. чем больше времени занимает процесс обработки информации, тем меньше информационное напряжение, а значит, меньше способность системы изменить вероятность целевого состояния управления.

Для сопоставления систем обработки информации, в том числе диагностики и контроля, можно использовать понятие «информационная мощность», определяемое формулой

$$P_I = \Delta H J \text{ бит}^2/\text{с}. \tag{3.38}$$

Информационной мощностью можно характеризовать как источники, так и приемники информации.

Информационная мощность источника

$$P_{I\,\text{и}} = \Delta H J = \tau_{\text{н}} h^2/(\tau_{\text{в.т}} + \tau_{\text{н}})^2 \tag{3.39}$$

потребляется нагрузкой, а в то же время на внутреннем сопротивлении источика рассеивается информационная мощность

$$P_{I\,\text{в.н}} = \Delta H_{\text{в.т}} J = h^2 \tau^2_{\text{в.т}}/(\tau_{\text{вт}} + \tau_{\text{н}})^2, \tag{3.40}$$

откуда следует, что информационный потенциал источника

$$P_{I\,\text{и}} = h J = h^2/(\tau_{\text{в.т}} + \tau_{\text{н}})^2. \tag{3.41}$$

Информационные модели объекта диагностирования можно рассматривать как частные случаи моделей планирования эксперимента. Наша задача в конечном счете получать максимум информации о состоянии при наименьших затратах.

В общем виде информационная диагностическая модель выглядит следующим образом: проведена проверка состояния Π (N измерений), в результате которой получен N-мерный вектор $\mathbf{U}(N)$. В качестве меры полученного объема информации принимаем величину

$$\Delta I\,[\Pi,\ P(U,\ 0)] = \int P(U,\ N) \log_2 P(U,\ N)\, dU - \int P(U,\ 0) \log_2 P(U,\ 0)\, dU,$$

где $P(U,\ N)$, $P(U,\ 0)$ — соответственно апостериорная и априорная плотности вероятности распределения параметров сигнала.

Если имеется n различных путей решения задачи, например n вариантов поиска места отказа, то в качестве такой оптимизационной модели следует пользоваться выражением

$$I\,[\Pi,\ P(U_j,\ 0)] = \sum_{j=1}^{n} \int P(U_j,\ N) \log_2 (P(U_j,\ N)\, dU_j -$$

$$- \sum_{j=1}^{n} \int P(U_j,\ 0) \log_2 P(U_j,\ 0)\, dU_j; \tag{3.42}$$

$$\sum_{j=1}^{n} P(U_j,\ 0)\, dU_j = 1.$$

Среднее значение величины, учитывающее результаты приводимых проверок W, имеет следующий вид:

$$\Delta I\,[\Pi(N),\ P(U_j,\ 0)] = \int P(W,\ 0)\, \Delta\,[\Pi,\ P(U_j,\ 0)]\, dW, \tag{3.43}$$

где $P(W,\ 0) = \overset{m}{\Sigma} \int\ P(W_i/U_j) P(U_j,\ 0) dU_j$.

Целью реализуемой информационной модели должна быть максимизация средней информации путем выбора соответствующего $\Pi(N)$, т. е.

$$\Delta I[\Pi^*(N),\ P(U_j,\ 0)] = \{(\Delta I[\Pi(N),\ P(U_j,\ 0)]\}\max. \qquad (3.44)$$

Из изложенного вытекает последовательная процедура диагностирования с помощью информационной модели: после каждой проверки отыскивается функция $P(U_j,\ N)$, затем отыскивается функция

$$\{I[\Pi(\Delta N) P(U_j,\ N)]\}\max.$$

В точке, соответствующей указанному максимуму, проводится измерение, вычисляется $P(U_j,\ N+1)$ и далее все измерения повторяются вновь. Таким образом, достигается необходимая точность, достоверность и другие характеристики информации об объекте диагностирования.

Отметим, что в СДК имеем дело с четырьмя видами обогащения информации — структурным, статистическим, семантическим и прагматическим. В процессе диагностирования по мере прохождения полезных сигналов по тракту СДК происходит, с одной стороны, разрушение первоначальной информации за счет воздействия шумов и различного рода помех, а с другой стороны — обогащение информации.

При структурном обогащении информации происходит перераспределение информации в пределах общего объема V_i по координатам: параметр A, время T, пространство N. При этом могут меняться размерности, расположение и количество диапазонов параметра, времени и пространства, что достигается установкой частотных и квантовых критериев отсчетов во времени при дискретизации, например непрерывных сообщений, скорости обслуживания источников информации (их опроса), допустимых погрешностей.

Методы статистического обогащения информации заключаются в первую очередь в накоплении статистических данных исследуемых случайных процессов, вычислении математических ожиданий, дисперсий и корреляционных функций, а также формировании соответствующих выборок, обеспечивающих требуемую достоверность.

Семантическое обогащение в системах обработки информации во многом связано с логической деятельностью контрольного автомата или человека-оператора. Результатом семантического обогащения информации является представление в сжатом компактном виде ее содержания путем устранения дублирования смысла, логической противоречивости, минимизации логической формы высказываний, представления сложных понятий через простые. Семантическое обогащение позволяет выделить из сигнала, в параметрах которого заложена информация, собственно информацию в относительно чистом виде.

Последней ступенью системы обогащения информации является прагматическое обогащение, в результате которого из всей собранной и обработанной информации выделяется только та, которая соответствует целям и задачам потребителя, является наиболее существенной и представляет собой геометрическое место точек конца вектора существенности [51]. Степень отклонения точек вектора, полученного в результате обработки информации, может характеризовать ее прагматическую избыточность.

По существу принципы прагматического обогащения сводятся к минимизации этого отклонения, т. е. отбору из всей информации только той, которая удовлетворяет функции существенности $F_c(U_c,\ T,\ N)$. Методом прагматического обогащения является метод проб и ошибок, реализуемый на базе функции штрафов и условных рисков.

Таким образом, конечный результат информации, комплексно характеризуемый ее достоверностью, представлен функционалом

$$I=F(Y_1, Y_2, Y_3, Y_4, t),$$

где Y_i — соответственно операторы структурного, статистического, семантического и прагматического обогащения; F — общий оператор упорядочения и комбинирования; t — текущее время обработки.

Применительно к процессу диагностики и контроля все четыре метода обогащения информации приобретают реальную основу в виде выбора метода определения состояния РЭС, получения и обработки информации при измерении параметров (статистическая обработка результатов измерения), сопоставительный анализ параметров с полем допусков (операция идентификации результатов) — семантическое обогащение; наконец, выделение информации о состоянии и выработка управляющей информации для СТОиР.

Для организации уверенного управления необходимо обеспечивать максимальную достоверность на всех этапах обработки информации. Таким образом следует оценивать достоверность структурного обогащения информации (например, полнотой контроля), достоверность статистического обогащения (точностными параметрами измерений и обработки), достоверность семантического обогащения (на базе ошибок первого и второго рода) и достоверность прагматического обогащения путем оценки правильности управляющих воздействий.

ГЛАВА 4. ОПРЕДЕЛЕНИЕ ДИАГНОСТИЧЕСКИХ ПАРАМЕТРОВ РЭУиС

4.1. ОСНОВНЫЕ ПОЛОЖЕНИЯ ВЫБОРА СОВОКУПНОСТИ ДП

Выбор совокупности ДП для реализации одной или нескольких операций диагностирования представляет собой многоальтернативную задачу.

Рассмотренные в предыдущей главе модели позволяют представить РЭУиС в виде, наиболее удобном для решения данной задачи. Однако выбор модели, как и сама модель, — это всего лишь средства, а совокупность ДП — это, по существу, — одна из основных целей диагностического анализа.

Можно считать, что выбор совокупности ДП для решения диагностических задач определяется многими факторами, основными из которых являются: целевая функция объекта диагностирования; стратегия его технического обслуживания; задаваемый набор средств технического диагностирования; время диагностирования; стоимость средств диагностирования и самого процесса диагностирования с учетом простоев РЭС в режиме диагностирования.

Следует подчеркнуть, что выбор ДП может осуществляться на двух стадиях ЖЦ системы:

на *стадии проектирования,* когда производится первичное осмысливание целей и задач как самой проектируемой РЭС, так и стратегией, методов и средств ее ТОиР;

на *стадии технической эксплуатации*, когда возникает проблема совершенствования функционального использования, или улучшения показателей ТО, или необходимость повышения надежности в условиях эксплуатации.

Если на стадии проектирования задача выбора ДП и вообще диагностического обеспечения решена оптимально, то на второй стадии с этой точки зрения остается незначительное поле деятельности. Но вопрос как раз и заключается в том, что решить на стадиях проектирования и изготовления задачи диагностического обеспечения оптимально, очевидно, просто невозможно, по причине различия критериев оптимальности. Условия эксплуатации РЭУиС меняются значительно быстрее, чем технические условия на проектирование, и то, что при проектировании и испытаниях представлялось весьма удовлетворительным, через 3 ... 4 года функционального применения может потребовать принципиально иных решений — новых методов и средств, нового подхода. Наконец, необходимо помнить, что оптимальную со всех точек зрения РЭС создать очень трудно и очень дорого. На стадии изготовления и испытаний РЭС главное внимание уделяют всегда ПФИ, эксплуатация пока представляется делом второго плана. Конечно, если система не удовлетворяет требованиям эксплуатации по определяющему параметру — это другое дело, но сейчас идет речь о РЭС, близких к оптимальным.

Все это заставляет обращаться к вопросам диагностического анализа и выбора ДП на стадии эксплуатации и как бы заново решать диагностические задачи.

Чем лучше, тщательнее и глубже задача диагностирования решается на стадиях проектирования — тем полнее вопросы диагностирования будут реализованы при эксплуатации. Таким образом, выбор совокупности ДП является одной из основных задач диагностического обеспечения РЭС на всех стадиях ЖЦ.

Совокупность ДП зависит от тех режимов диагностирования, в которых последнее производится. Поэтому следует говорить о совокупности ДП для определения состояний — функционирования; работоспособности; поиска дефекта (повреждения); локализации места отказа при замене; поиска места отказа при ремонте — и для контроля работоспособности (исправности) после проведения всех восстановительных и монтажных работ.

Главным фактором при выборе совокупности ДП является информативность — полнота проверок, характеризуемая соответствующим коэффициентом $k_{п.п}$. Не менее важным фактором является стоимость ТДК, стоимость диагностирования и средств диагностирования. Поскольку в результате ТДК РЭС (РЭУ) может быть признана неработоспособной, а может и не быть (если не прекратилось функционирование), то большое внимание при формировании совокупности ДП занимает проблема выбора номинальных значений и назначения допусков. Если в качестве ДП выбираются ПФИ, то допуски назначаются из тактических соображений.

Если же схема РЭС такова, что требуется в качестве ДП использовать технические параметры, в этом случае необходимо установление взаимосвязей между ПФИ и ТП, и назначение допусков на ТП производится в зависимости от тактических допусков на ПФИ с учетом взаимовлияния.

Принятие решения о том или ином техническом состоянии осуществляется на основе отображения информации. Даже в автоматизированных системах, после операции управления, например, аварийного переключения, отображение осуществляется в виде, удобном для последующего органолептического восприятия и осмысливания его оператором, а впоследствии и инженером-анализатором. Проведению контроля работоспособности всегда предшествует проверка функционирования РЭС (РЭУ).

Совокупность ДП для определения функционирования выбирается для РЭС, управление которыми осуществляет оператор или информация от которых используется непосредственно человеком. Основу этой совокупности составляют ПФИ непосредственно оконечных устройств РЭУиС. К числу таких параметров относят:

параметры воспроизведения звука в радиоприемнике;

буквопечатание (на телеграфном аппарате);

шумовой подсвет развертки индикатора РЛС и др.

Подчеркнем, что органолептический метод проверки изделий РЭС на функционирование отнюдь не лишен возможностей выявления повреждений в РЭУ, даже в случае формально работоспособного изделия (не говоря уже о функционирующем). Опытный инженер всегда отметит, например, факт перегрева отдельных точек монтажа в РЭУ с мощными выходными каскадами, в случае возникновения такового.

В состав инструкции по ТЭ для РЭС входит таблица с перечнем признаков, позволяющих выявить основные (возможные) состояния, характеризующие функционирование или потерю такового путем визуальных наблюдений.

Часть параметров РЭУиС, которая не может быть проконтролирована визуально, контролируется с помощью специальных упрощенных встроенных средств диагностики и контроля (ВСДК), работающих в режиме «годен — негоден».

Оптимизация совокупности параметров при контроле функционирования, как правило, не производится, а при необходимости ее можно осуществить теми же методами, которыми осуществляется выбор совокупности ДП для контроля работоспособности.

4.2. СОВОКУПНОСТЬ ПАРАМЕТРОВ ДЛЯ ОПРЕДЕЛЕНИЯ РАБОТОСПОСОБНОСТИ

Среди перечисленных задач диагностического обеспечения — определение работоспособного состояния является одной из наиболее важных.

Во-первых, потому, что определение работоспособности представляет собой ту операцию технического обслуживания, после которой следует разветвление алгоритма. Если РЭС работоспособна — ТО фактически прекращается, если РЭС находится в неработоспособном состоянии, то начинается следующий этап диагностирования — поиск места отказа, связанный с привлечением дополнительных сил и средств, временных затрат, а главное, с выводом РЭС из режима функционального использования, что также требует затрат энергии, времени, организации.

Во-вторых, важность определения работоспособного состояния обусловлена тем, что работоспособное состояние — есть строго регламентируемое понятие, которое не только определяется государственными стандартами, но и закрепляется техническими условиями на любое радиоэлектронное изделие. Если требование на данный параметр попадает необоснованно в документ, впоследствии исправление такой ошибки ведет к большим организационно-техническим затратам.

В-третьих, если РЭС отказывает во время своего функционального применения, то затраты, связанные с этим отказом, могут во много раз превзойти затраты на диагностирование изделия в работоспособном состоянии.

В-четвертых, наконец, само по себе диагностирование сложных РЭС сопряжено обычно со значительными материальными и временными затратами и простоями дорогостоящего оборудования, которые всегда желательно минимизировать с целью повышения качества и эффективности диагностирования, но не в ущерб достоверности и полноте диагностирования.

Перечисленные факторы делают задачу выбора ДП для контроля работоспособности сложной, многоплановой и ответственной.

В качестве совокупности ДП для контроля работоспособности обычно используются ПФИ и ряд технических параметров. На совокупность параметров, определяющих работоспособное состояние, задаются нормы, которые в эксплуатационно-технической документации так и называются «нормы технических параметров» — сокращенно НТП. Часть ДП РЭС поддается прямым электрическим измерениям — эти параметры образуют множество прямых параметров $A_{\text{П}}=A_{\text{П}}(a_{\text{П}1}, a_{\text{П}2} \ldots a_{\text{П}N})$, измерение которых должно давать однозначный ответ, работоспособна или нет диагностируемая система. На практике множество $A^N{}_{\text{П}i}$, $i=\overline{1, N}$, заменяется подмножеством $A^n{}_{\text{П}i}$, $i=\overline{1, N}$, где $n<N$, в силу того, что не все параметры поддаются прямым измерениям. В этом случае для получения более полной информации о работоспособном состоянии множество $A^m{}_{\text{К}}$ дополняется подмножеством косвенных парамет-

ров $A^m{}_К$, задача которого компенсировать образовавшуюся разность $N—n$, обусловленную трудностями прямых измерений. В качестве критерия эффективности введения косвенных параметров $a_{К1} \dots a_{Кm}$ может быть использована норма вектора чувствительности

$$v(a_{К\,j}) = \|v(a_{К\,j})\|, \qquad (4.1)$$

$$v(a_{К\,j}) = \left(\frac{\partial a_{К\,j}}{\partial a_{П1}} \dots \frac{\partial a_{К\,j}}{\partial a_{П\,n}} \right), \quad \text{или}$$

$$v(a_{К\,j}) = \left(\frac{1}{a_{П1}} \frac{\partial a_{К\,j}}{\partial a_{П1}} \dots \frac{1}{a_{П\,n}} \frac{\partial a_{К\,j}}{\partial a_{Пn}} \right). \qquad (4.2)$$

После ряда преобразований [62] может быть получено выражение для нормы вектора, по которой следует произвести упорядочение совокупности косвенных параметров:

$$v(a_{К\,j}) = \sum_{q=1}^{n} \Bigg| \frac{\partial a_{К\,j}}{\partial a_{Пq}} (A_{ПО}) +$$

$$+ \left(\sum_{l=1}^{n} \frac{\partial^2 a_{К\,j}}{\partial a_{Пq} \partial a_{Пl}} (A_{ПО}) \sum_{d=1}^{m} \frac{\partial a_{П\,d}}{\partial a_{Кd}} (A_{КО}) (\alpha_{Кd} - a_{К\,d_0}) \right) \Bigg|, \qquad (4.3)$$

где $A_{ПО} = (a_{ПО\,1}, \dots, a_{ПО\,n})$ — совокупность точек номинальных значений прямых ДП, а $A_{КО}$ — совокупность точек номиналов косвенных ДП.

Достаточность совокупностей прямых и косвенных ДП для оценки состояния РЭС с заданной или определенной достоверностью определяется величиной вероятности правильного диагностирования, определяемой по формуле

$$P_{ПД}(n, m) = \frac{\sum\limits_{i=1}^{n} K_i C_i U(a_{Пi}) + \sum K_j C_j V(a_{К\,j})}{\sum\limits_{i=1}^{N} K_i C_i U(a_{Пi}) + \sum\limits_{j=1}^{M} K_j C_j U(A_{Кj})}, \qquad (4.4)$$

где K_i, K_j — коэффициенты, характеризующие значимость того или иного параметра, а C_i, C_j — стоимость его определения в процессе диагностирования.

Представленные громоздкие математические выражения позволяют решать задачу в общем виде и на любом уровне, а в конечном выражении обретают ясный физический смысл, заключающийся в том, что совокупность ДП — прямых и косвенных должна перекрывать все информационное поле, характеризующее состояние объекта и его возможные изменения.

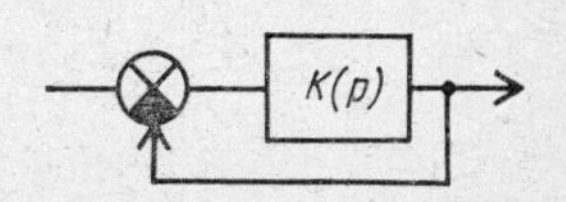

Рис. 4.1. Структурная схема непрерывного объекта

Если диагностируемый объект может быть представлен моделью в виде линейных дифференциальных уравнений, его диагностическими параметрами являются корни характеристического уравнения на комплексной плоскости [62, 21]. На рис. 4.1 приведена схема непрерывного ОД, который описывается передаточной функцией вида

$$K(p) = K/[(p+2)(p+4) - K].$$

Для такого объекта ДМ будет представлять характеристическое уравнение

$$p^2 + 6p + 8 + K = 0.$$

Полюсы на комплексной плоскости — корни характеристического уравнения

$$P_{1,2} = -3 \pm \sqrt{1-K}.$$

Положение корней на комплексной плоскости определяет пределы устойчивости схемы, т. е. условия ее работоспособности, и влияние на нее различных элементов схемы, в том числе, например, коэффициента демпфирования, который численно равен величине косинуса фазового угла, характеризующего наклон радиуса-вектора — корня передаточной функции:

$$P_{1,2} = \xi\omega_{\Pi} + j\,\omega_{\Pi}\sqrt{1-\xi^2},$$

$\xi = \cos\theta$, где θ — фазовый угол.

Условия работоспособности схемы непрерывного ОД, заданные в виде ограничений на перемещение корней характеристического уравнения, позволяют использовать для решения этой задачи метод малого параметра.

Если контролируемый параметр единственный, как в описанном примере, то его решение в общем виде

$$U(t, \lambda) = U_0(t) + \sum_{k=1}^{\infty} U_k(t)\,\lambda^k,$$

где λ — второй параметр схемы.

Применение метода малого параметра возможно при сходимости ряда при достаточно малых λ.

Если ОД представляет дискретную структуру, выбор совокупности ДП может быть произведен на основе анализа ориентированного графа.

Для структурной схемы тракта синхронизации РЛС (см. рис. 3.6) представлены ФДМ и ориентированный граф, каждая вершина которого по своему физическому смыслу соответствует ДП, а совокупность вершин составляет совокупность ДП. Теория графов позволяет минимизировать эту совокупность ΣU_i путем преобразования графа. Для каждого множества вершин U существует так называемое наименьшее внешнее устойчивое множество, в которое заходят все дуги из всех остальных вершин.

Внешнее устойчивое множество находится по определенным правилам. Ориентированный граф выходов (см. рис. 3.6,*б*) преобразуется в так называемый простой граф, у которого каждая вершина U_i отображается в вершину $\bar{U}_i$, а для каждой дуги $(U_i,$

U_j) образуется дуга ($\bar{U}_j$, U_i). Затем простой граф упрощается: из него удаляются вершины (U_i, U_j), имеющие висячие дуги (принадлежат к внешнему устойчивому множеству), а также те вершины U_i, которые полностью заменяются вершинами $U_j(\Delta U_i \subset \subset \Delta U_j)$. Операции повторяются до тех пор, пока простой граф оказывается неподлежащим дальнейшему упрощению, т. е. становится неприводимым. Вершины неприводимого графа также принадлежат к устойчивому множеству. Отметим, что если граф является относительно простым (10—20 вершин), то в приведенных преобразованиях нет необходимости. В конфигурации графа нужно просто найти все те вершины, в которые дуги только втекают.

После задачи минимизации совокупности ДП следует задача ранжировки параметров с точки зрения оптимизации алгоритма контроля. Рекомендуется следующий путь ее решения: пусть РЭС характеризуется совокупностью m взаимосвязанных параметров U_i, $1 < i \leqslant m$, $P(U_i)$ — вероятность того, что все параметры РЭС в допуске; $C(U_i)$ — стоимость контроля всех параметров совокупности; $g(U_i)$ — стоимость потерь от неполноты контроля РЭС; $\tau_д(U_i)$ — среднее время диагностирования i-го параметра. Оптимизация алгоритма этой ранжировки с одновременной минимизацией средних затрат или среднего времени может быть получена на основе информационной модели, рассмотренной в [48].

На практике реализация информационной модели выглядит следующим образом: по функциональной схеме сложного устройства строится ФДМ (см. рис. 3.6,*б*). Каждому из дискретных состояний в S_i соответствует вероятность P_i.

При числе блоков n — энтропия моделируемого РЭУ:

$$H(S) = -\sum_{i=1}^{n} P_i \log_2 P_i,$$

при $P_i = 1/n$ $H(S) = H_{\max} = \log_2 n$.

Если определение технического состояния производится не по всем, а по n_k параметрам, то

$$H(S_k) = -\sum_{i=1}^{n_k} P_i \log P_i.$$

Каждая из проверок U_i несет информацию о работоспособном состоянии РЭУ в объеме

$$I_{U_i \to S} = \log_2 \frac{P(S/U_i)}{P(S)}, \tag{4.5}$$

где $P(S)$ — априорная вероятность пребывания РЭУ в определенном состоянии, например в работоспособном; $P(S/U_i)$ — условная вероятность пребывания системы в состоянии S (работоспособном) при условии, что результат U_i — положительный, т. е. свидетельствует о работоспособности

$$P(S/U_i) = \frac{P(S)\,P(U_i/S)}{P(S)\,P(U_i/S) + P(0)\,P(U_i/0)}, \tag{4.6}$$

где $P(U_i/S)$ — условная вероятность того, что U_i дает положительный результат при работоспособной системе; $[1-p(S)]=P(0)$ — вероятность отказа, т. е. нарушения работоспособного состояния $\bar{S}$. С учетом последнего равенства

$$P(S/U_i)=\frac{P(S)P(U_i/S)}{P(S)P(U_i/S)+P(0)[1-P(U_i/0)]}.$$

Принимаем, что погрешности определения состояния в системе диагностирования отсутствуют, тогда $P(U_i/S)=1$. Соответственно:

$$P(S/U_i)=\frac{P(S)}{P(S)+P(0)-P(0)P(\bar{U}_i/0)}.$$

Тогда

$$I_{U_i\to S}=\log_2\left(\frac{1}{1-P(0)P(\bar{U}_i/0)}\right), \quad (4.7)$$

откуда следует, что $\max\{I_{U_i\to S}\}$ будет соответствовать $\max\{P(0)\times \times P(U_i/0)\}$.

Учитывая, что для сопоставления в структуре должно быть проведено n проверок, функция предпочтения проверок по $\max\times \times\{I_{U_i\to S}\}$ принимает вид

$$\max(I_{U_i\to S})\to\max\left[\frac{P(S/U_i)}{P(S)}\right]\to\max\left[\sum_{i=1}^{n}P(S_i)P(\bar{U}_i/0)\right]\to$$
$$\to\max\left[\sum_{i=1}^{n}P_i(0)P(\bar{U}_i/0)\right]. \quad (4.8)$$

Из матрицы состояний рис. 4.2 следует, что

$$\max\left[\sum_{i=1}^{n}P_i(0)P(\bar{U}_i/0)\right]$$

соответствует максимальному количеству нулей в соответствующей строке проверки, т. е. выражению

$$\max\{\sum P_i(0)\langle\langle 0_i\rangle\rangle\}. \quad (4.9)$$

При реализации приведенного алгоритма выбора информативных проверок следует иметь в виду, что условием реализации является наличие в объекте только одного отказа, откуда обязательное условие

$$\sum^{n}P_i(0)=\sum^{n}q_i=1.$$

В случае, если при составлении ФДМ на основе априорных данных результат расчета будет $\Sigma q_i<1$, необходимо произвести соответствующую нормировку. Кроме того, условие одного отказа автоматически приводит к равенству $P(0)=P(\bar{S}_i)$.

Если вероятности состояний отдельных блоков РЭС оказываются неизвестными, то вид функции предпочтения упрощается и

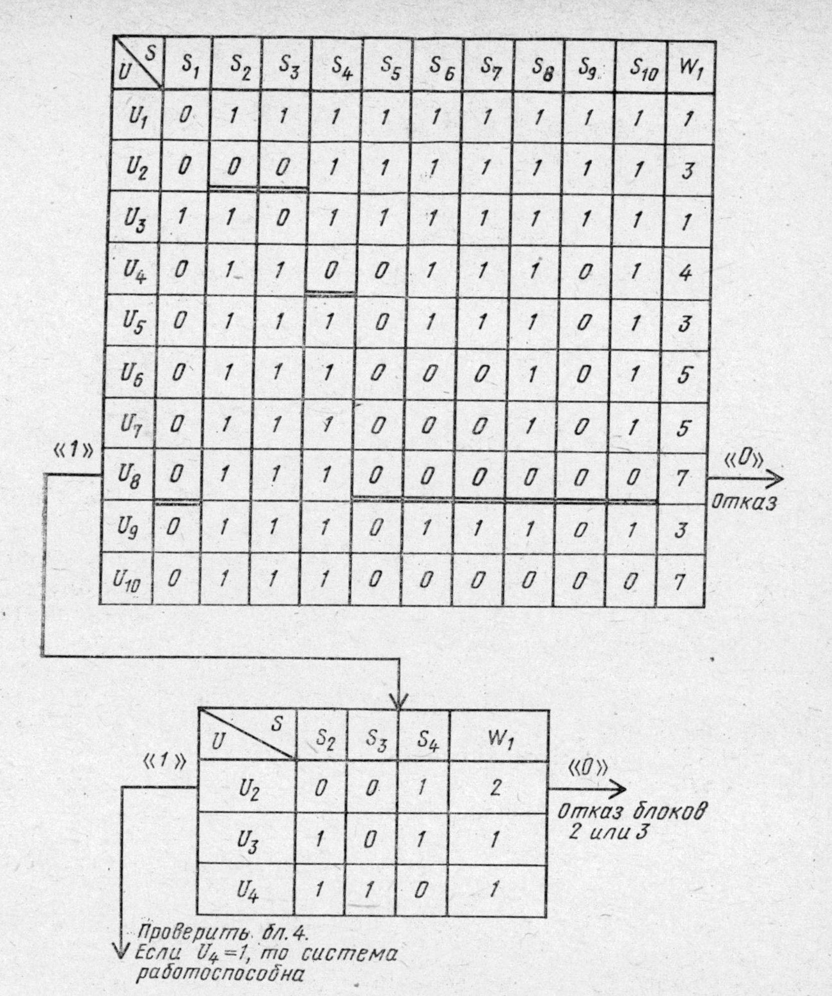

U \ S	S_1	S_2	S_3	S_4	S_5	S_6	S_7	S_8	S_9	S_{10}	W_1
U_1	0	1	1	1	1	1	1	1	1	1	1
U_2	0	0	0	1	1	1	1	1	1	1	3
U_3	1	1	0	1	1	1	1	1	1	1	1
U_4	0	1	1	0	0	1	1	1	0	1	4
U_5	0	1	1	1	0	1	1	1	0	1	3
U_6	0	1	1	1	0	0	0	1	0	1	5
U_7	0	1	1	1	0	0	0	1	0	1	5
U_8	0	1	1	1	0	0	0	0	0	0	7
U_9	0	1	1	1	0	1	1	1	0	1	3
U_{10}	0	1	1	1	0	0	0	0	0	0	7

U \ S	S_2	S_3	S_4	W_1
U_2	0	0	1	2
U_3	1	0	1	1
U_4	1	1	0	1

Рис. 4.2. К выбору параметров для проверки работоспособности по матрице состояний

предпочтение отдается той проверке, в строке которой больше нулей:

$$\max\left\{\sum_{i=1}^{n} |\langle\langle 0_i \rangle\rangle|\right\}. \tag{4.10}$$

Если известны стоимости отдельных проверок, то функция предпочтения одной проверки другой приобретает следующий вид:

$$\max\left\{\sum_{i=1}^{n} \frac{P(0_i)\,[\langle\langle 0_i \rangle\rangle]}{C(U_i)}\right\}, \tag{4.11}$$

где $C(U_i)$ — стоимость i-й проверки, в состав которой может входить и среднее время диагностирования.

Процедура выбора совокупности ДП для контроля работоспособности в информационной модели выглядит следующим образом: для каждой строки матрицы вычисляют функцию предпочтения W. Первой для реализации выбирают ту проверку U_i, в строке которой $W \to \max$. По результатам проверки матрицу состояний делят на две части (рис. 4.2). В первую часть входят состояния, для которых результаты проверки положительны — «1», во вторую часть — состояния, для которых результаты отрицательны — «0». Первая часть матрицы является исходной для построения новой матрицы, в которую входят непроверенные состояния.

Для новой матрицы вновь определяется функция предпочтения W, и процедура повторяется до тех пор, пока имеется непроверенный параметр. Подчеркнем, что в данной модели реализуется оптимальный алгоритм последовательности контроля работоспособности по информационному критерию.

4.3. ОПТИМИЗАЦИЯ АЛГОРИТМА ПОИСКА МЕСТА ОТКАЗА

Определение части изделия, отказ которой привел к возникновению состояния неработоспособности, называется поиском места отказа. Физически отказ РЭС сопровождается или прекращением функционирования (явный отказ) или выходом параметра за пределы допусков (неявный отказ).

Фиксация отказа является следующим за проверкой работоспособности этапом диагностирования. В сложных РЭС поиск места отказа (ПМО) является трудоемкой процедурой, требующей для своей реализации различных технических средств, трудозатрат и определенной квалификации обслуживающего персонала. Следует подчеркнуть, что для ПМО необходима, как правило, более высокая квалификация инженерно-технического состава, чем для контроля работоспособности.

Частично в РЭС отказ локализируется при фиксации неработоспособного состояния. Однако, во многих случаях ПМО и восстановление работоспособного состояния (т. е. текущий ремонт) осуществляется вне изделия — РЭС на специальных ремонтно-восстановительных предприятиях (рембазах, ремзаводах, навигационных камерах и т. п.). Поэтому для этих изделий ПМО проводится в несколько этапов:

1. Определяется неработоспособное состояние РЭС.
2. Определяется отказавший блок (РЭУ) с точностью до сменной сборочной единицы.
3. Находится место отказа с точностью до отказавшего восстанавливаемого или заменяемого электроэлемента.
4. Восстанавливается отказавший блок (РЭУ).
5. Восстанавливается отказавшая РЭС.

Учитывая, что при ПМО неопределенность ситуации оказывается значительно выше, чем при контроле работоспособности, вопросы оптимизации диагностических процедур и аглоритмов ПМО играют весьма значительную роль.

Принципиально алгоритмы ПМО делят на «негибкие» и «гибкие» алгоритмы или программы поиска. Множества алгоритмов каждого класса, в общем, нечеткие. Однако к негибким алгоритмам следует отнести жесткие программы ПМО, использующие априорные данные о техническом состоянии РЭУ, полученные расчетным путем или на основе статистической обработки информации об отказах устройств-аналогов. Гибкие алгоритмы, помимо априорной, используют апостериорную информацию, получаемую в результате проверок технического состояния РЭУ, входящих в РЭС. Операции поиска меняются в зависимости от места возникновения отказа. Однако необходимо подчеркнуть, что при возникновении отказа в конкретной точке данного РЭУ «мягкий» алгоритм является всегда одним и тем же, так как его составление осуществляется путем минимизации затрат по выбранному заранее критерию.

В настоящее время в научно-технической литературе предложено и описано большое количество различных методов ПМО.

Большую группу методов составляют так называемые органолептические методы, в основе которых лежат различные (трудноклассифицируемые) признаки:

совокупность параметров полезных и сопутствующих сигналов;

активные признаки нормальной работы отдельных частей на основе постоянно функционирующих датчиков и контрольных сигнализаторов;

пассивные признаки, сопровождающие работу системы, например тепловые режимы отдельных изолированных блоков.

Совокупности признаков характерных отказов и их проявлений, присущих данной системе, обычно в виде специальных таблиц включают в технические описания или инструкции по ТО РЭС и руководствуются ими в процессе технического диагностирования.

Перечни характерных неисправностей и их проявлений содержатся также в таких документах, как технологические указания по выполнению регламентных работ различных видов РЭС в лабораториях ремонтных предприятий отраслевого профиля.

В последнее время для различных систем стали выпускать технологии поиска и устранения неисправностей радиоэлектронного оборудования, основанные на методике поэтапной проверки работоспособности системы в соответствии с «деревом» проверок. Ветвь «исправно» такого дерева представляет нормальную проверку работоспособности, ветви «неисправно», указывается возможная неисправность, ее признак; для каждой возможной неисправности даются указания по устранению.

Другая группа методов ПМО основана на использовании статистических данных по отказам РЭС, РЭУ, отдельных блоков, полученных в процессе сбора и изучения априорных данных о характерных повреждениях и дефектах аналогичных изделий и их составных частей.

На основании проработки статистического материала формируется алгоритм последовательного ПМО. Если проверенный элемент оказывается работоспособным (исправным), то приступают к проверке следующего. Один из путей составления алгоритма заключается в следующем. Если известны вероятности отказов $P_i(0)$ всех диагностируемых блоков РЭС, а также $\tau_{\text{д}i}$ — среднее время диагностирования каждого блока в процессе ПМО, то математическое ожидание времени ПМО для произвольной последовательности проверок имеет вид

$$\tau_{\text{ДС}1} = P_1(0)\,\tau_{\text{Д}1} + P_2(0)(\tau_{\text{Д}1} + \tau_{\text{Д}2}) + \ldots + P_n(0)(\tau_{\text{Д}1} + \ldots + \tau_{\text{Д}n}), \tag{4.12}$$

если изменить программу проверок, переставив, например, местами первую и вторую, то

$$\tau_{\text{ДС}2} = P_2(0)\,\tau_{\text{Д}2} + P_1(0)(\tau_{\text{Д}1} + \tau_{\text{Д}2}) + \ldots + P_n(0)(\tau_{\text{Д}1} + \tau_{\text{Д}n}).$$

$$\tau_{\text{ДС}1} - \tau_{\text{ДС}2} = P_2(0)\,\tau_{\text{Д}1} - P_1(0)\,\tau_{\text{Д}2}.$$

Если $(P_1(0)/\tau_{\text{д}1}) > (P_2(0)/\tau_{\text{д}2})$, то первая программа эффективнее 2-й, т. е. $\tau_{\text{дс}1} < \tau_{\text{дс}2}$. Отсюда получаем принцип ранжировки проверок при ПМО: для каждого блока находим отношение $(P_i(0)/\tau_{\text{д}i}) = a_i$, строим алгоритм по принципу

$$a_1 > a_2 > a_3 > \ldots > a_n.$$

При реализации этого алгоритма среднее время диагностирования системы оказывается минимальным, а рассмотренный метод носит название «время — безотказность» или «время — вероятность».

Отказу каждого элемента ставится в соответствие некий параметр, условно называемый стоимостью проверки. В это понятие не входит стоимость средств диагностирования. Речь идет о тех объективных затратах (например, времени), которые обязательны для определения состояния данного элемента.

Программе диагностики ставится также в соответствие бинарное дерево проверок $\bar{B}(\Pi_h, U, S, V)$, где S — множество висячих вершин в дереве; Π_h — множество внутренних (невисячих) вершин; V — множество дуг дерева.

Средняя стоимость диагностирования $C(B)$ может выражаться величиной $C(\pi_1 \ldots \pi_{ih}, S)$, для которой определен порядок просмотра: начинается с корневой вершины, затем идет спуск на один уровень ниже и просматриваются внутренние вершины этого уровня.

Средняя стоимость диагностирования

$$C(B) = \sum_{i=1}^{h} C_i\Big(\sum_{S_i \in S_i} P_i\Big), \tag{4.13}$$

где $S_i \in S_i$ — множество состояний, которые подлежат диагностированию по программе, предоставленной деревом $B_i \in B$ с начальной вершиной π_i.

Одним из способов построения программ ПМО является метод ветвей и границ, представляющий один из вариантов динамического программирования, а с точки зрения логики — разумну структуру поиска в множестве допустимых решений. Для ОД задается матрица состояний, содержащая m проверок, каждая из которых может войти в программу диагностирования. Программа может начинаться с любой проверки U_i $(i=\overline{1, m})$. Эта проверка будет соответствовать корням дерева B и называется фиксированной. Проверка U_i разбивает все множество состояний S на два недопустимых подмножества S_{i1} и S_{i2}, которые соответствуют: первое отрицательным, а второе положительным исходам проверки. Значения средних стоимостей проверок $C(B_{i0})$ и $C(B_{i1})$ неизвестны, поэтому заменим искомые решения их нижними границами — $CM(S_{i0})$ и $CM(S_{i1})$. Нижняя граница средней стоимости программы диагностики, которая начинается с фиксированной проверки U_i, выражается следующим соотношением:

$$CM(U_i, S) = C_i \sum_{S_t \in S} P_t + CM(S_{i0}) + CM(S_{i1}), \tag{4.14}$$

где C_i — стоимость выполнения фиксированной проверки.

Таким образом, на первом шаге алгоритма определяется нижняя граница стоимости каждой возможной программы диагностики, начинающейся с фиксированной проверки U_i. Для первого шага алгоритма выбирается та, которая имеет наименьшую нижнюю границу.

На втором шаге для каждого множества S_{i0} и S_{i1}, выделяемых выбранной программой (т. е. проверкой U_i), и множества различных пар фиксированных проверок (U_j для S_{i0} и U_g для S_{i1}) вновь определяется нижняя граница по формулам

$$CM(U_j, S_{i0}) = C_j \sum_{S_t \in S_{i0}} P_t + CM(S_{j00}) + CM(S_{j01});$$

$$CM(U_j, S_{i1}) = C_g \sum_{S_t \in S_{i1}} P_t + CM(S_{g10}) + CM(S_{g11}),$$

где индексы 00, 01, 10 и 11 соответственно означают разбиения $S_0 = S_{00} \cup S_{01}$ и $S_1 = S_{10} \cup S_{11}$. Нижняя граница средней стоимости программы диагностирования $CM(U_i, U_j, U_g, S)$ для фиксированных проверок, выбранных на первом и втором шагах алгоритма, определяется выражением

$$CM(U_i, U_j, U_g, S) = C_i \sum_{S_t \in S} P_t + CM(U_j, S_{i0}) + CM(U_g, S_{i1}). \tag{4.15}$$

Аналогичным образом происходит данная процедура на последующих шагах алгоритма до тех пор, пока из множества не будут выделены все подмножества, содержащие не более двух состояний, и не получена допустимая последовательность проверок. Если средняя стоимость полученной программы диагностирования превышает нижнюю границу средней стоимости любой из возможных программ первого и последующих шагов алгоритма, то процесс повторяется до тех пор, пока не будет получено оптимальное решение. На рис. 4.3 представлено дерево решений для возможной задачи оптимизации программы методом ветвей и границ.

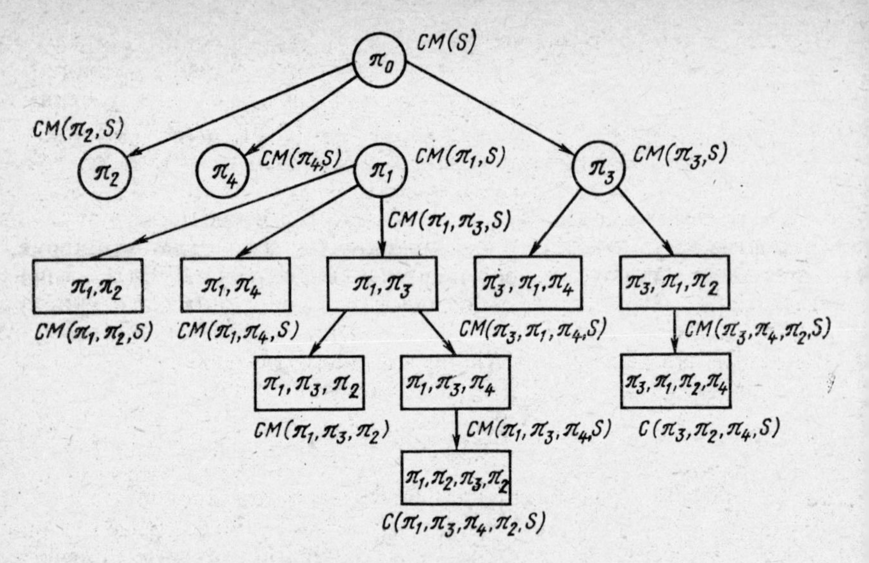

Рис. 4.3. Дерево метода ветвей и границ

Применение этого метода для систем, имеющих большое количество элементов и соответственно многоразмерную матрицу состояний, связано с реализацией большого объема вычислений [32].

Наиболее общий, оптимальный алгоритм по сравнению с другими методами ПМО может быть получен на основе информационного подхода. Его преимущества мы подчеркивали не раз, убедимся в этом при анализе путей ПМО.

Поскольку отказ не локализован, то в каждой проверке может быть заложена информация о месте его возникновения с вероятностью $P(S_j)$. Каждая проверка U_i контролирует одну или несколько возможных точек, сумма вероятностей которых

$$Q_{U_i} = \sum_{j=1}^{m} P(S_j). \tag{4.16}$$

Средняя энтропия состояния при i-й проверке $H(S/U_i)$ имеет следующий вид:

$$H(S/U_i) = -\left\{Q_{U_i} \sum^{m} \frac{S(U_j)}{Q_{U_i}} \log \frac{S(U_j)}{Q_{U_i}} + \right.$$
$$\left. + (1-Q_{U_i}) \sum \frac{S(U_j)}{1-Q_{U_i}} \log_2 \frac{S(U_j)}{1-Q_{U_i}}\right\}.$$

В i-й проверке заложена информация

$$I_{U_i \to S} = H(S) - H(S/U_i) = -\{Q_{U_i} \log Q_{U_i} + (1-Q_{U_i}) \log (1-Q_{U_i})\}. \tag{4.17}$$

Максимум информации о состоянии содержит проверка, для которой величина

$$\frac{dI_{U_k}}{dQ_{U_k}} = 0 = -\left\{\log Q_{U_k} - \log_2 e - \log_2\left(1 - Q_{U_k}\right) + \log e\right\}.$$

Откуда $Q_{U_k} = 1/2$.

Следовательно, поиск места отказа должен начинаться в точке ФДМ, для которой имеет место соотношение

$$\sum_{j=1}^{m} P(S_j) = 1/2. \tag{4.18}$$

Таким образом, алгоритм ПМО на основе информационного подхода составляется следующим образом. По ФДМ РЭУ, для которого формируется алгоритм, строится матрица состояний (проверки U_i-строки, состояния S_j-столбцы). Под каждым значением S_j указывается его численная нормированная величина $S_j(0)$; $\Sigma P_j(0) = 1$. При отсутствии сведений о безотказности состояния P_j принимаются равновероятными.

Для каждой строки U_i вычисляется функция предпочтения

$$W_j = \{|\sum P_j(0) \langle\langle 1_j \rangle\rangle - \sum P_j(0) \langle\langle 0_j \rangle\rangle|\}, \tag{4.19}$$

где $\Sigma P_j(0)$ «1_j» — количество единиц в строке, умноженное на соответствующие вероятности состояний; $\Sigma P_j(0)$ «0_j» — количество нулей в той же строке.

В качестве первой проверки выбирается та, для которой функция предпочтения $W_j \to 0$, т. е. имеет наименьшую величину.

Далее проверки идут по двум почти равноинформативным ветвям. Для результата $U_i(W_{\min}) =$ «1» строим новую матрицу, в которую попадают состояния S_{ij}, соответствовавшие единице; для этой матрицы также следует вычисление функции предпочтения

$$W_k = \{|\sum P_k(0) \langle\langle 1_k \rangle\rangle - \sum P_k(0) \langle\langle 0_k \rangle\rangle|\}_{\min} \tag{4.20}$$

и процедура повторяется до получения однозначного ответа по каждому элементу, блоку, ветви.

Для результата проверки $U_i(W_{\min}) = 0$ также строится соответствующая матрица, в которой принимают участие состояния S_{ij} с результатом проверки, равным «нулю». Для всех строк этой матрицы также вычисляются функции предпочтения, по вышеприведенной формуле и следующая проверка выбирается по $W \to \min$ процедура повторяется вновь. Матрица состояний и ее разветвления при ПМО в схеме тракта синхронизации РЛС (см. рис. 3.6) представлена на рис. 4.4.

При необходимости данный алгоритм может быть построен с учетом стоимости диагностирования (напомним, что под стоимостью понимаются затраты любого рода, в том числе и временные).

Функция предпочтения при учете стоимости C_i имеет следующий вид:

$$W_{i\,c} = \{C_i| \sum P_j \langle\langle 1_j \rangle\rangle - \sum P_j(0) \langle\langle 0_j \rangle\rangle|\}_{\min}, \tag{4.21}$$

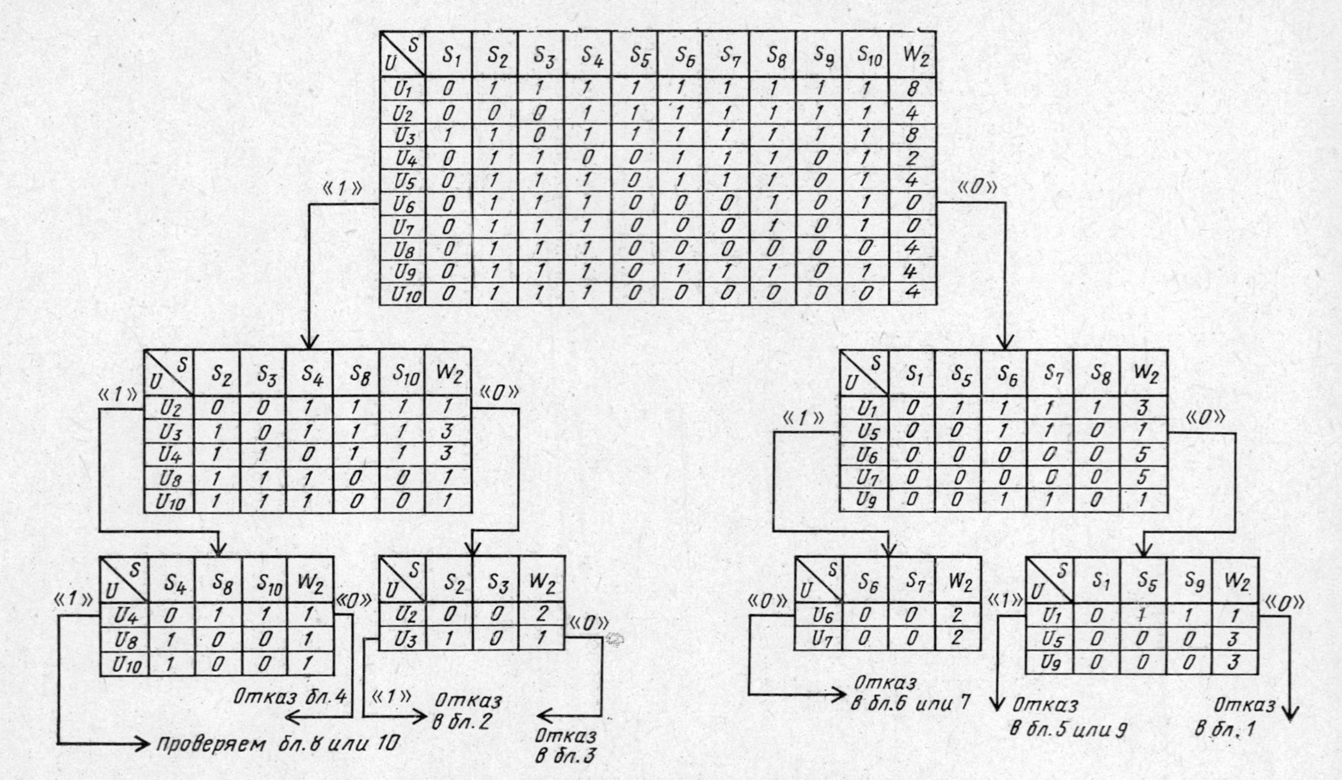

U \ S	S_1	S_2	S_3	S_4	S_5	S_6	S_7	S_8	S_9	S_{10}	W_2
U_1	0	1	1	1	1	1	1	1	1	1	8
U_2	0	0	0	1	1	1	1	1	1	1	4
U_3	1	1	0	1	1	1	1	1	1	1	8
U_4	0	1	1	0	0	1	1	1	0	1	2
U_5	0	1	1	1	0	1	1	1	0	1	4
U_6	0	1	1	1	0	0	0	1	0	1	0
U_7	0	1	1	1	0	0	0	1	0	1	0
U_8	0	1	1	1	0	0	0	0	0	0	4
U_9	0	1	1	1	0	1	1	1	0	1	4
U_{10}	0	1	1	1	0	0	0	0	0	0	4

U \ S	S_2	S_3	S_4	S_8	S_{10}	W_2
U_2	0	0	1	1	1	1
U_3	1	0	1	1	1	3
U_4	1	1	0	1	1	3
U_8	1	1	1	0	0	1
U_{10}	1	1	1	0	0	1

U \ S	S_1	S_5	S_6	S_7	S_8	W_2
U_1	0	1	1	1	1	3
U_5	0	0	1	1	0	1
U_6	0	0	0	0	0	5
U_7	0	0	0	0	0	5
U_9	0	0	1	1	0	1

U \ S	S_4	S_8	S_{10}	W_2
U_4	0	1	1	1
U_8	1	0	0	1
U_{10}	1	0	0	1

U \ S	S_2	S_3	W_2
U_2	0	0	2
U_3	1	0	1

U \ S	S_6	S_7	W_2
U_6	0	0	2
U_7	0	0	2

U \ S	S_1	S_5	S_9	W_2
U_1	0	1	1	1
U_5	0	0	0	3
U_9	0	0	0	3

Рис. 4.4. Синтез алгоритма поиска места отказа на базе информационной модели

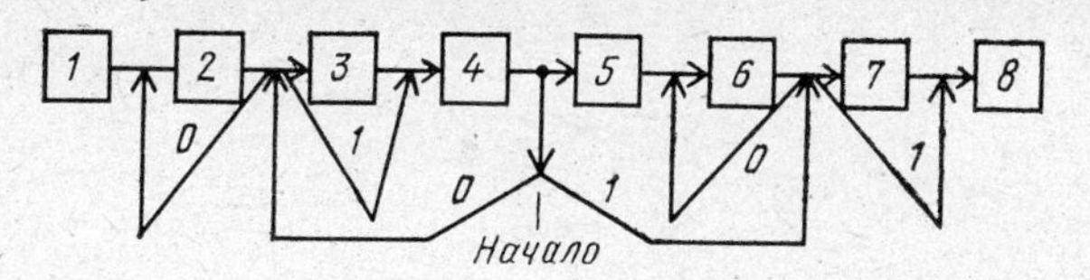

Рис. 4.5. Метод половинных разбиений

а процедура построения алгоритма ПМО остается одной и той же.

На практике для ПМО широко используется метод половинных разбиений, особенно для РЭУ, имеющих последовательную (или близкую к таковой) структуру (рис. 4.5). В схеме отказавшего РЭУ ищется средняя точка (средний блок) с учетом или без учета вероятности отказа, производится проверка состояния изделия в этой точке, после чего в зависимости от результата проверяется правая или левая часть схемы.

Сопоставив этот метод ПМО с полученным на основе информационного подхода, можно легко убедиться в их полной идентичности для последовательных структур, что свидетельствует об универсальности и практической реализуемости информационного подхода.

4.4. ВЫБОР ДОПУСКОВ ДИАГНОСТИЧЕСКИХ ПАРАМЕТРОВ

Суждение о работоспособном (неработоспособном) состоянии РЭС, РЭУ или элемента схемы РЭУ выносится только после того, как зафиксирован выход ДП за пределы допуска $U_{дн} > U$; $U > U_{дв}$.

Как подчеркивалось выше, большинство РЭС и РЭУ характеризуются такими параметрами, которые должны находится в пределах своих допустимых значений.

На стадиях проектирования, изготовления и эксплуатации на РЭС воздействуют различные факторы. В процессе конструирования и производства РЭС не всегда возможно учесть все условия эксплуатации и представить, как будут изменяться параметры в процессе функционального использования.

Допуски на параметры РЭС (ДП) подразделяют на производственные $\delta_п$, эксплуатационные $\delta_э$ и ремонтные $\delta_р$.

Производственный допуск устанавливается техническими условиями или нормативно-технологическими документами для параметра РЭС, РЭУ или элемента.

Эксплуатационные допуски устанавливаются инструкцией по эксплуатации или эксплуатационными документами (например, ТУ на поставку), а также технологическими указаниями по выполнению регламентных работ на изделиях техники. Поле эксплуатационных допусков, как правило, шире поля производственных допусков, а число регламентируемых документацией ДП меньше, чем при производстве РЭС.

Ремонтные допуски устанавливают в ремонтной документации или в производственно-технологической документации для всех

РЭУиС, подлежащих ремонту. Учитывая, что большинство видов ремонта РЭС в стационарных условиях предусматривает полное или частичное восстановление ресурса, ремонтные допуски по своим значениям ближе к производственным, хотя и могут несколько отличаться в большую сторону.

Установление допусков тесно связано с вопросами обеспечения заданной точности функционирования РЭС и РЭУ, а также с вопросами выбора точностных характеристик средств диагностики и контроля.

Диагностические параметры, на которые устанавливаются допуски, могут быть разделены на две группы: Π_{I} и Π_{II}. К первой группе относятся ДП, которые одновременно являются ПФИ и могут быть непосредственно измерены. Допуски на эти ДП устанавливаются исходя из целевого назначения изделия и параметра. Примерами таких ДП являются разрешающая способность РЛС или чувствительность приемного тракта.

К ДП второй группы относятся такие параметры, которые тоже определяют ПФИ, но, в отличие от предыдущего, их величина является функцией внутренних параметров $U_i = A(a_1 \ldots a_n)$. При этом анализ и синтез точности параметра U_i производятся через параметры A. Примером таких параметров являются энергетический потенциал РЛС, функция мощности излучения, чувствительности приемника и других характеристик.

Предметом нашего дальнейшего рассмотрения будет установление допусков на параметры второй группы, ибо допуски на параметры первой группы устанавливаются из соображений тактических [26] или технических возможностей изготовления РЭС.

Если зависимость U от параметров A известна и известны характеристики рассеяния $A(a_1 \ldots a_i \ldots a_n)$, то поле рассеяния U определяется следующим выражением:

$$L_U = \frac{1}{K_U} \sqrt{\sum_i^n (\partial U/\partial a_i)\, K_L^2\, L_i^2}, \tag{4.22}$$

где $\dfrac{\partial U}{\partial a_i} = \dfrac{\partial A(a_1 \ldots a_n)}{\partial a_i}$ — частная производная ДП при номинальных значениях $a_i = a_{i0}$; $L = |a_{\text{Б}} - a_{\text{М}}|/2$ — половина поля рассеивания параметра a; $a_{\text{Б}}$ и $a_{\text{М}}$ — его наибольшее и наименьшее значения; K_i — коэффициент относительного рассеивания $K = \sigma/L\lambda_{\text{э}}$; σ — среднеквадратическое отклонение; $\lambda_{\text{э}}$ — относительное среднеквадратическое отклонение для «эталонного» распределения (обычно $\lambda_{\text{э}} = 1/3$, что соответствует гауссовскому распределению с предельным отклонением $L = 3\sigma$).

Координата середины поля рассеивания параметра U относительно его номинального значения U_0 определяется выражением

$$Y_{U\,\text{c}} = \sum^n \left(\frac{\partial U}{\partial x}\right)(Y_{i\,\text{c}} + \alpha_i L_i), \tag{4.23}$$

где $\alpha_i = (m_U - \bar{U}_{\text{c}})/L_U = [(m_U - U_0) - (\bar{U}_{\text{c}} U_0)]/L_U$; m_U — математическое ожидание параметра U; $U_с$ — середина поля рассеивания; $U_с=(U_Б+U_М)/2$.

Приведенные выражения справедливы при следующих ограничениях: параметры a_i независимы, а их законы распределения и количество $i=\overline{1, n}$ таковы, что U оказывается распределенным по гауссовскому закону. Отклонения значений параметра U являются линейными функциями значений a_i. Коэффициенты влияния $\partial U/\partial a_i$ остаются постоянными в пределах поля рассеивания L_i.

Реально, если $U=f(a_1 \dots a_n)$, то его предельная величина отклонения $(\delta U)_{пр}=d[\ln f(a_1, \dots, a_n)]$ или $(\delta U)_{пр}=\alpha_1\delta a_1+\alpha_2\delta a_2+\dots$ $\dots+\alpha_n\delta a_n=\alpha_1 da_1/a_1+\alpha_2 da_2/a_2+\dots+\alpha_n da_n/a_n$, где δa_i — относительные ошибки аргументов; α_i — коэффициенты, являющиеся показателями отдельных аргументов.

Если заданы ошибки аргументов, т. е. составляющие da_j/a_j, то можно найти предельную ошибку. Обратная задача о нахождении отклонений аргументов по известным отклонениям функции является неопределенной.

Для исключения неопределенности обычно принимают $\alpha_1\delta a_1=$ $=\alpha_2\delta a_2=\dots\alpha_n\delta a_n=(\delta U)_{пр}/n$, откуда относительная ошибка аргумента

$$\delta a_j=\pm(\delta U)_{пр}/na_j.$$

В качестве примера рассмотрим установление допусков на основные параметры РЛС, определяющие энергетический потенциал.

Первым параметром РЛС, определяемым техническими условиями, является максимальная дальность действия. Зададимся допуском на величину D_{max}

$$\Delta D_{max}=\pm 0{,}1 D_{max_0}.$$

Основное уравнение радиолокации, связывающее D_{max} с остальными параметрами РЛС, удобно записать в форме

$$D_{max}^4=k\frac{P_{ср}}{P_{прм\,min}}\frac{1}{F_и \partial_и}\eta^2 G^2\lambda^2,$$

где k — коэффициент пропорциональности; $P_{ср}$ — средняя излучаемая мощность; $\tau_и$ — длительность излучаемых импульсов; $F_и$ — частота их повторения; η — КПД тракта прием — передача; G — коэффициент направленного действия антенны; λ — длина волны.

По изложенной методике выразим предельное отклонение через остальные параметры

$$(\delta D_{max})_{пр}=\frac{dD_{max}}{D_{max}}=d\left[\frac{1}{4}(\ln P_{ср}\eta^2 G^2\lambda^2-\ln P_{прм}F_и\tau_и)\right].$$

Если пренебречь отклонением от номинального значения величин G и λ, выражение для δD_{max} записывается через относительные отклонения от номинального значения технических параметров, определяющих энергетический потенциал:

$$(\delta D_{max})_{пр}=\frac{1}{4}\frac{dP_{ср}}{P_{ср}}+\frac{1}{4}\frac{dP_{прм}}{P_{прм}}+\frac{1}{2}\frac{d\eta}{\eta}+\frac{1}{4}\frac{d\tau_и}{\tau_и}+\frac{1}{4}\frac{dF_и}{F_и};$$

$F_и$ и $\tau_и$ в процессе эксплуатации изменяются незначительно. Тогда

$$(\delta D_{max})_{пр} = \frac{dP_{ср}}{4P_{ср}} + \frac{dP_{прм}}{4P_{прм}} + \frac{d\eta}{2\eta} + \frac{d\tau_и}{\tau_и} + \frac{d\gamma}{d\gamma},$$

где γ — относительное отклонение от номинального значения ширины основного лепестка спектра сигнала за счет изменения формы импульса и частоты генерации.

Если считать, что все члены последнего выражения оказывают одинаковое влияние на величину функции, то значения допустимых отклонений от НТП, т. е. допуски на технические параметры, будут определяться следующими выражениями:

$$\frac{dP_{ср}}{P_{ср}} = \pm(\delta D_{max})_{пр}, \quad \frac{dP_{прм}}{P_{прм}} = \pm(\delta D_{max})_{пр},$$

$$\frac{d\eta}{\eta} = \pm 0{,}5\,(\delta D_{max})_{пр}, \quad \frac{d\gamma}{\gamma} = \pm(\delta D_{max})_{пр}.$$

В реальных условиях, так как отклонение всех параметров в одну сторону маловероятно, относительные ошибки составляющих можно допустить в 1,5 ... 2 раза больше полученных, в соответствии с чем и установить допуски.

Для задания допусков на значения внутренних параметров электронных схем может использоваться метод определения коэффициента влияния.

Если аналитическое выражение выходного параметра может быть представлено рациональной дробной функцией вида $U = Q/H$, где $Q = Q(a_1, a_2, ..., a_n)$; $H = H(a_1, a_2, ..., a_n)$, то коэффициент влияния i-го параметра определяется по формуле

$$A_i = \left(H \frac{\partial Q}{\partial a_i} - Q \frac{\partial H}{\partial a_i} \right) a_i\, H/H^2 Q. \tag{4.24}$$

Предположим, что показатель степени параметра a_i в числителе выражения для U равен m, а в знаменателе n. Производя дифференцирование и необходимые преобразования, получаем

$$A_i = mQ(a_i)/Q - nH(a_i)/H, \tag{4.25}$$

где $Q(a_i)$ и $H(a_i)$ — те части многочленов Q и H числителя и знаменателя, в которые входит параметр a_i.

Таким образом, для получения аналитического выражения коэффициента влияния по i-му параметру a_i необходимо произвести следующие формальные операции:

1) получить исходную аналитическую зависимость $U = Q/H$;

2) взять ту часть числителя Q, члены которого содержат параметр a_i, и каждый из них умножить на величину m — показатель степени;

3) разделить полученное выражение на весь числитель;

4) вычесть из результата деления полученный аналогичным преобразованием знаменатель — H.

Если аналитические выражения целей представляют дробные линейные функции, то

$$A_i = Q(a_i)/Q - H(a_i)/H. \qquad (4.26)$$

Если параметр a_i не входит в знаменатель, то $A_i = mQ(a_i)/Q$ или $A_i = Q(a_i)/Q$.

Если параметр a_i не входит в числитель, то

$$A_i = -nH(a_i)/H \quad \text{и} \quad A_i = -H(a_i)/H. \qquad (4.27)$$

Для иллюстрации рассмотренного метода определим коэффициенты влияния погрешностей параметров схемы приемного тракта на его реальную чувствительность:

$$E_{\text{прм}} = 10^{-10} \frac{q}{\Delta f_{\text{с.прм}}} \sqrt{R_{\text{А}} F^3_{\text{м.прм}} N_{\text{ш.вх}}},$$

где q — отношение сигнал-шум на выходе приемника; $\Delta f_{\text{с.прм}}$ — девиация частоты принимаемого сигнала; $R_{\text{А}}$ — активное сопротивление эквивалента антенны; $F_{\text{м.прм}}$ — верхнее значение полосы пропускания низкочастотного тракта: $N_{\text{ш.вх}}$ — коэффициент шума входной цепи приемника;

$$A_{qi} = 10^{-10} q \sqrt{R_{\text{А}} F^3_{\text{м.прм}} N_{\text{ш.вх}}} / 10^{-10} q \sqrt{R_{\text{А}} F_{\text{м.прм}} N_{\text{ш.вх}}} = 1,$$

$$A_{F_{\text{м.прм}}} = 10^{-10} q \frac{3}{2} \sqrt{R_{\text{А}} F^3_{\text{м.прм}} N_{\text{ш.вх}}} / 10^{-10} q \sqrt{R_{\text{А}} F^3_{\text{м.прм}} N_{\text{ш.вх}}} = \frac{3}{2}.$$

Соответственно $A_{F_{\text{м. прм}}} = 3/2$, $A_{N_{\text{ш. вх}}} = 1/2$.

Приведенный пример показывает, что метод коэффициента влияния позволяет исключить промежуточное преобразование, что снижает трудоемкость расчетно-аналитических вычислений.

4.5. ПРОГНОЗИРОВАНИЕ СОСТОЯНИЯ РЭС И ВЫБОР ПАРАМЕТРОВ ПРОГНОЗИРУЮЩЕГО КОНТРОЛЯ

Измерение совокупности ДП, определяющих работоспособность, позволяет судить об этом состоянии на данный момент. Как долго продлится это состояние, не выйдет ли РЭС из строя в последующий определенный временной интервал — ответ на этот вопрос дает прогнозирование ТС РЭС по данным диагностирования. Прогнозирование состояния РЭС, таким образом, может рассматриваться как одна из частных задач диагностики и контроля. В простейшем случае, определив техническое состояние и не имея никаких данных о предыдущем состоянии, мы всегда можем предположить, что в системе проявляется экспоненциальный закон надежности и вероятность безотказной работы на последующий временно́й интервал T определяется выражением

$$P = \exp(-T/T_0).$$

Наличие дополнительной информации о состоянии РЭС, например о производных совокупности ДП $U_{\text{р}}(U_1 \dots U_n)$, $\dot{U}(\dot{U}_1 \dots \dot{U}_n)$ по времени, о предварительном изменении ДП за наблюдаемый интервал, позволяет получить возможность судить о будущем состоянии на основе более глубоких закономерностей, чем экспоненциальный закон надежности.

Количественный прогноз состояния РЭС в силу случайного характера процессов, в них протекающих, и условий работы всегда подчиняется случайным закономерностям. Но прогнозирующие оценки имеют всегда детерминированную и случайную составляющие, что и определяет совокупность ДП в будущем

$$U(t+T_{\text{пр}}) = U_{\text{дет}}(t+T_{\text{пр}}) + U_{\text{сл}}(t+T_{\text{пр}}),$$

где $T_{\text{пр}}$ — период прогнозирования.

Для количественных оценок стадий и этапов жизненного цикла РЭС прогнозирование состояния и выбор совокупности прогнозирующих параметров играют большую роль. Особенно важным представляется прогнозирование при внедрении в эксплуатацию стратегии ТО РЭС по состоянию. Чем полнее наша информация и достовернее прогноз, тем эффективнее применение этой стратегии.

На основе проведения предварительного прогнозирования должны решаться такие задачи, как: определение периодичности проведения диагностирования; определение оптимальной частной совокупности ДП для различных периодов диагностирования; определение неснижаемого резерва запасных частей, блоков, узлов РЭС (ЗИП); корректировка и даже оптимизация алгоритмов поиска места отказа, например, по критерию «время — безотказность»; организация наиболее рациональных режимов хранения РЭС; сокращение времени проведения различного типа испытаний сложных систем; правильное планирование выпуска изделий техники, а также РЭС для диагностики и контроля; определение влияния различных факторов и условий работы РЭС, а также деградационных процессов на стадиях создания систем; совершенствование стратегий ТО и др.

Несмотря на разнообразие задач, решаемых путем прогноза, алгоритм прогнозирования технического состояния может быть представлен определенной устойчивой последовательностью операций. В общем виде эта последовательность содержит: определение прошлого состояния РЭС — $S(t-T_{\text{из}})$ — техническая генетика ($T_{\text{из}}$ — интервал изучения); определение предыдущего состояния РЭС — $S(t-T_{\text{набл}})$ за определенный интервал $T_{\text{набл}} \ll T_{\text{из}}$; техническое диагностирование и контроль $S(t_0)$ в данный момент t_0; обработку результатов по данным $S(t-T_{\text{из}})$, $S(t-T_{\text{набл}})$, $S(t_0)$, определение закономерности изменения состояния; прогнозирующий расчет и определение $S(t+T_{\text{пр}})$ на прогнозируемом временном интервале. При проведении прогнозирования обязательным представляется определение вида технического состояния, т. е. контроль. Поэтому часто прогнозирование называют прогнозирующим контролем (ПК). Этот термин будет использован в последующем.

Методы обработки результатов прогнозирования, выбор совокупности прогнозирующих параметров, определений траекторий их будущих изменений весьма разнообразны, различны по идее и структуре. Операции прогнозирования можно разделить на две большие группы: операции интерполяции по обработке известных данных и операции экстраполяции — по определению будущих траекторий изменения процессов, т. е. собственно прогноз.

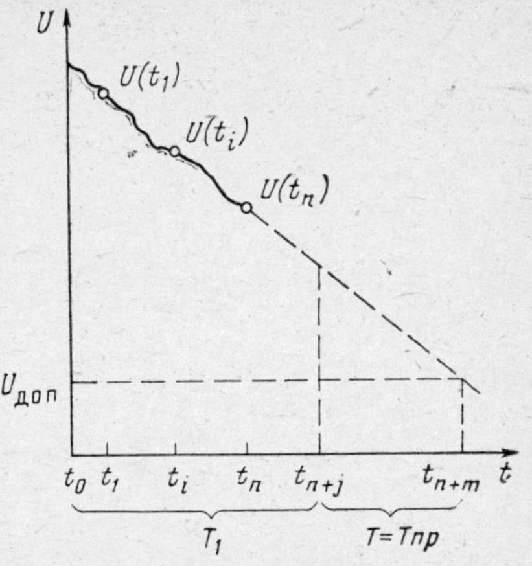

Рис. 4.6. Аналитическое прогнозирование величины диагностического па-параметра $U(t)$

Результаты прогнозирования наиболее часто представляют в двух видах:

1) в той же размерности, что и диагностируемые параметры, т. е. целью прогнозирования является вычисление величины контролируемого параметра в будущем. Это так называемое аналитическое прогнозирование;

2) в виде определения вероятности выхода (невыхода) характеристик диагностируемого параметра за границы допуска во временно́й интервал. Эта группа методов называется вероятностным прогнозированием.

Оба принципа следует отнести к математическому прогнозированию, ибо в обоих случаях результат прогноза осуществляется на базе математической обработки результатов диагностики и контроля.

Помимо рассмотренных принципов на практике встречаются методы аппаратурного прогнозирования.

В общем виде аналитическое прогнозирование реализуется следующим образом: параметр, характеризующий техническое состояние РЭУ, меняется во времени, причем это изменение является монотонной функцией $U(t)$ (рис. 4.6). Значение параметра $U(t)$ известны на временно́м интервале T_1. В результате прогноза по известным значениям $U(t_1) \dots U(t_n)$ необходимо найти значения $U(t_{n+1}) \dots U(t_{n+m})$ и определить временной интервал работоспособного состояния изделия в будущем $T_{пр}$. Решение этой задачи может базироваться на одном из методов численного анализа: функцию $U(t)$ заменяют функцией $A(t)$ таким образом, что на интервале T_1 выполняются условия:

$$U(t_1) = A(t_1),$$
$$U(t_2) = A(t_2),$$
$$\dots\dots\dots$$
$$U(t_{n-1}) = A(t_{n-1}),$$

а на интервале $T_2 = T_{\text{пр}}$

$$U(t_n) - A_n(t_n) < \varepsilon_0,$$
$$U(t_{n+1}) - A(t_{n+1}) < \varepsilon_1,$$
$$\cdots\cdots\cdots\cdots$$
$$U(t_{n+m}) - A(t_{n+m}) < \varepsilon_m,$$

где $U(t_{n+1}) \ldots U(t_{n+m})$ — неизвестные значения функции, а ε_i — наперед заданные положительные числа.

Функция $A(t)$ чаще всего должна представлять собой алгебраический многочлен. При аналитическом прогнозировании используются прежде всего методы численного анализа — такие как аппарат рядов и приближенных функций.

В процессе анализа решаются задачи:

1) интерполирования — нахождение значений функции $\overline{U(t)}$ для промежуточных значений аргумента $t_i < t < t_{i+1}$, где $i = \overline{0, n}$. При этом мы оперируем функцией $A(t)$, которая называется интерполирующей и отыскивается в виде алгебраического многочлена;

2) экстраполирования, заключающаяся в определении значений функции $U(t)$ в области $T_2 = T_{\text{пр}}$, т. е. вне области известных значений аргумента. При этом многочлен $A(t)$ степени n, удовлетворяющий условию $A(t_i) = U(t_i)$, должен удовлетворять и неравенству

$$|U(t_{n+j}) - A(t_{n+j})| < \varepsilon_j.$$

Многочлен этот называют экстраполяционным. Он может быть получен путем преобразования интерполяционного многочлена.

Но между этими многочленами имеются существенные различия, которые необходимо отчетливо представлять. Для интерполяционного многочлена справедливо, что чем больше степень полинома μ, тем более точно воспроизводится функция $U(t)$ с помощью функции $A(t)$. Для экстраполяции, цель которой — прогнозирование деградационных процессов, желательно, чтобы $\mu \ll n$, так как в противном случае составляющие полинома t^n, t^{n-1}, ... в области T_2 дадут слишком большое приращение $A(t)$; следовательно, характер изменения деградационных процессов может быть описан полиномом с малыми степенями. Специфичность и многообразие деградационных процессов требуют также использования в качестве экстраполяционных выражений полиномов различных степеней в сочетании с адаптационными коэффициентами.

Общий вид экстраполирующего многочлена для этого случая приобретает вид

$$A_{\text{пр}}(t) = \sum_{k=1}^{\mu} a_k \varphi_k(t),$$

где $a_k = f[U(t_i)]$ —неизвестные коэффициенты, $\varphi_k(t)$ — функция простейшего вида от текущего значения аргумента t, например $\varphi_0(t) = 1$, $\varphi_1(t) = t$, $\varphi_2(t) = t^2, \ldots, \varphi_\mu(t) = t^\mu$.

Коэффициенты в выражении для $A_{\text{пр}}(t)$ определяются из условия

$$\sum^{n}[U(t_i)-A(t_i)]^2 \to \min.$$

На практике в качестве экстраполяционных полиномов могут быть использованы интерполяционные полиномы после их модификации.

Полином Лагранжа

$$A(t)=\sum_{i=1}^{\mu} L_i\, U(t_i),$$

где L_i — коэффициенты Лагранжа, значения которых табулированы *.

Формула Ньютона $A(t)=U(t_n)+\Delta U_{n-1}N_1+\Delta^2 U_{n-2}N_2+\ldots$, где N_k — табулированные коэффициенты Ньютона *; $\Delta^k U_{n-k}$ — конечные разности k-го порядка.

Ряд Тейлора

$$A(t)=U(t_n)+\dot{U}(t_n)\,\theta_1+\ddot{U}(t_n)\,\theta_2+\ldots+(d^k U(t)/dt^k)\,\theta_k,$$

где $\theta_k=m^k/k!$ — коэффициенты Тейлора *.

Вероятностные методы прогнозирования базируются на использовании математического аппарата теории случайных функций. Основной результат вероятностного прогноза — это определение вероятности сохранения работоспособного состояния или наступления неработоспособного состояния — отказа.

Поскольку условия жизни РЭС, определяющие деградационные процессы в нем, многофакторны, то изменение параметров подчиняется случайным закономерностям, и их совокупность представляет собой совокупность случайных величин.

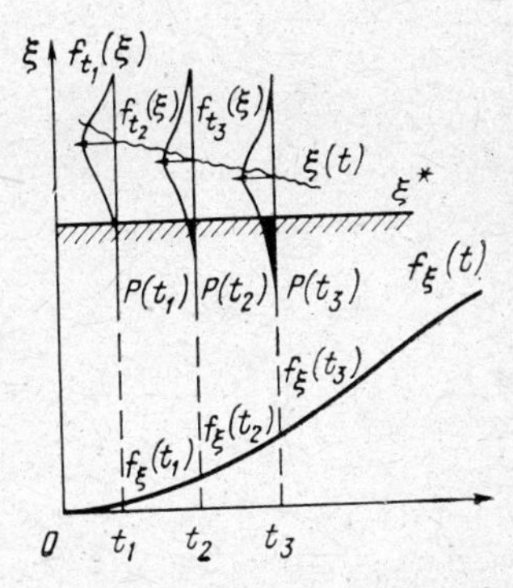

Рис. 4.7. Вероятное прогнозирование сохранения работоспособности РЭС

Функция распределения случайной величины U: $F_t(U)=P[U(t)<U]$. Если для контролируемого параметра $U(t)$ функция $F_t(U)$ известна, то можно определить вероятность попадания значений функции в любой заданный интервал оси U рис. 4.7. Прогнозируя изменение значений $F_t(U)$, можно определить вероятность выхода параметра за допустимый предел $U_{\text{гр}}$.

Плотность распределения вероятностей значений функции $U(t)$, как известно, имеет вид

$$W_t(U)=F_t'(U).$$

---

* Блинов Н. И., Гаскаров Д. В., Мозгалевский А. В. Автоматический контроль систем управления. — Л.: Энергия, 1968.

Искомая вероятность выхода $\xi(t)$ за предел ξ^* определяется выражением

$$P[\xi(t)<\xi^*]=\int\limits_{-\infty}^{\xi^*} f_t(\xi)\,d\xi.$$

Если $f_t(\xi)$ подчиняется нормальному закону, то

$$W_t(U)=\frac{1}{\sqrt{2\pi}\sigma_t(U)}\exp\{-[U(t)-\overline{U}(t)]^2/2\sigma_t^2(U)\},$$

то ее статистические характеристики $\overline{U}(t)$ — математическое ожидание и $\sigma_t(U)$ — ее среднеквадратическое отклонение определяют количественные значения процесса прогнозирования.

Соответственно:

$$\overline{U}(t)=\sum_{i=1}^{n}U_iP_i,$$

$$\sigma_t(U)=\left\{\sum_{i=1}^{n}[(U_i-\overline{U})^2P_i]\right\}^{1/2}.$$

Таким образом, в определенном классе задач прогнозирование плотности распределения вероятностей $W_t(U)$ сводится к прогнозированию изменения величин $\overline{U}(t)$ и $\sigma_t(U)$.

Путь решения задачи усложняется, но принципиально не изменяется, если вместо одномерной плотности распределения вероятностей рассматривается многомерная плотность.

Выбор прогнозирующих измеряемых параметров, наблюдение за которыми дает возможность реализовать прогноз, является одной из основных задач диагностики и прогнозирующего контроля.

Практически в каждом отдельном случае задачу выбора прогнозирующего параметра следует решать индивидуальным путем. Одним из рациональных путей является метод, учитывающий производные параметры. Если состояние многопараметрического изделия РЭС описывается вектором

$$\mathbf{U}(t)=[U_1(t),\ U_2(t),\ \dots,\ U_n(t)],$$

то, оценив величины $U_i(t)$, $\dot{U}_i(t)$, $\ddot{U}(t)$, можно определить, изменением каких параметров следует пренебречь по сравнению с другими. Для этого вводится понятие нормы i-го параметра

$$\|U_i\|=|U_i(t)|+|\dot{U}_i(t)|+|\ddot{U}_i(t)|+\dots$$

Обозначаем $r(t)=\max\|U_i(t)\|$; $1<i<n$, и задаем $\delta(t)<1$. Те параметры, для которых выполняется условие $[\|U_i(t)\|/r(t)]<\delta(t)$, заменяются нулями. Таким образом, полная совокупность из n параметров заменяется ограниченной совокупностью k параметров. Если $\mathbf{U}(t)$ обладает свойством монотонности, т. е. если $\|U_i\|>$ $>\|U_j\|$ для всех $i>k$, то вектор $\mathbf{U}(t)$ может быть заменен вектором

$$\mathbf{U}(t)=[U_1(t),\ \ U_2(t),\dots,\ U_k(t),\ 0,\ 0\dots].$$

Если вектор $\mathbf{U}(t)$ свойством монотонности не обладает, то параметры можно упорядочить по величине отношения $\|U_i\|/r(t)$. Прогнозирующие параметры могут быть выбраны также на базе информационного подхода.

Количество информации, которую несет параметр U_j о состоянии системы,

$$I_j(U_j, \Sigma) = H_\Sigma - H_j(\Sigma/U_j), \quad \text{где} \quad H_\Sigma = \sum_{j=1}^{k} H_j(U)$$

— энтропия состояния диагностируемого изделия РЭС, а $H(\Sigma/U_j)$ — условная энтропия состояния изделия после контроля параметра U_j. Выбор параметров для прогноза следует начинать с того, который несет максимальное количество информации $I_{j\,max}$.

В свою очередь, энтропия j-го параметра

$$H_j(U) = -\sum_{i=1}^{n} P_i \log_2 P_i,$$

где P_i — вероятность попадания параметра U_j в i-й интервал диапазона его изменения.

Параметры можно выбирать и по критерию минимума величины $H_j(U)$. Если принять, что распределение $W(U_j)$ подчиняется нормальному закону, то энтропия отдельного параметра

$$H_j(U) = \log_2 \sqrt{2\pi e D_U},$$

где D_U — дисперсия распределения параметра U.

Параметры по степени информативности можно ранжировать по величине дисперсии распределения каждого параметра. Этот метод следует применять при вероятностном прогнозировании, когда вычисляются и анализируются величины дисперсий компонентов прогнозируемого процесса.

Прогнозирующие параметры в ряде практических случаев можно выбирать, основываясь на инженерной логике: например, температура поверхности отдельных узлов РЭС весьма чувствительна к увеличению мощности рассеяиния, а косвенно о температуре можно судить, измеряя сопротивление обмоток трансформатора.

Ток холостого хода трансформатора является параметром, чувствительным к отклонению от нормального рабочего режима и к нагрузкам выходных цепей. К некоторым часто встречающимся дефектам чувствительными оказываются отношения прямого и обратного сопротивления диодов, ток базы транзисторов, ток сетки электронных ламп, ток утечки конденсаторов.

Покаскадный контроль усилителя с разомкнутым контуром АРУ позволяет выяснить момент приближающегося повреждения. Измерение коэффициента стоячей волны у выходного конца волноводной линии, ведущей к нагрузке, дает информацию о ряде типовых повреждений.

Работоспособность электронных ламп в импульсных схемах при пониженном напряжении накала является хорошим показателем уровня их эксплуатационной надежности.

Рассмотренные инженерно-логические методы в своей совокупности являются примерами аппаратурного прогнозирования.

ГЛАВА 5. ПОКАЗАТЕЛИ ДИАГНОСТИРОВАНИЯ. ВЫБОР И РАСЧЕТ

5.1. ОШИБКИ В ТРАКТЕ ДИАГНОСТИРОВАНИЯ

Диагностические параметры, их состав, закономерности изменения и допуски характеризуют только одну часть системы диагностирования и контроля — объект диагностирования. Техническое диагностирование, как процесс получения информации о техническом состоянии РЭС, зависит от состава средств диагностирования, их структуры, параметров, организации работы. Информация на выходе системы диагностирования $I_{вых}(S)$, на основе которой осуществляется управление состоянием, зависит как от свойств ОД (его приспособленностью к диагностированию, совокупностью ПД, их допусками) и возможностей средств ТКД (охвата ОД, точности измерения параметров и их производных, возможностями отслеживания изменения ДП) и т. д.

Возьмем такую характеристику, как полнота контроля, этот параметр определяется через коэффициент $K_{п.п}=\lambda_k/\lambda_0$ — отношение параметра потока отказов контролируемой части ОД к полному объему параметра потока отказов всей РЭС. Но понятие «контролируемая часть» может определяться не только возможностями объекта и даже не только возможностями средств, но и условиями контроля. Представим РЭС на борту современного летательного аппарата. Контроль ее технического состояния, проверка на соответствие НТП согласно технической документации осуществляются на борту и на земле, в лаборатории авиаремонтного предприятия.

Очевидно, что возможности и объем проверок в лаборатории значительно больше, чем на борту. Следовательно, полнота проверок, возможности ПМО и другие параметры РЭС будут изменяться в зависимости от условий диагностирования. Средства диагностики и контроля, используемые для проверки РЛС на борту, менее точны (точнее более грубые), как правило переносные (или перевозимые) относятся к группе полевых средств контроля и диагностирования. Лабораторные средства на авиаремонтном предприятии эксплуатируются в облегченных условиях, что обеспечивает их бо́льшую стабильность и меньшие погрешности. Аналогичным примером может служить ремонт бытовой электронной техники на дому и в ателье.

Основной физической характеристикой системы диагностики и контроля является достоверность информации о техническом состоянии РЭС. Достоверность отражает степень доверия потребителя к полученным результатам. Достоверность диагностической информации определяют: точность измерения ДП: глубина контроля; полнота контроля; безотказность и помехоустойчивость в работе всех элементов тракта; закономерности изменения ДП и допуски на них; методика измерения ДП; способы накопления, отображения и регистрации результатов диагностики и контроля: условия ТДК, место проведения диагностирования; требования нормативно-технической документации к объекту, средствам и системе диагностирования.

В соответствии с ранее принятой концепцией, если РЭУ характеризуется параметром $U(t)$, то этот параметр следует рассматривать как случайную величину с плотностью распределения $\omega(U_с)$. Работоспособным считаем ОД при условии $U_н < U_с(t) < U_в$, где область $U_н \dots U_в$ является допусковой областью.

После получения диагностической информации о состоянии ОД могут быть высказаны две взаимоисключающие гипотезы: H_1—ОД работоспособен или H_0—ОД неработоспособен [52].

Априорные вероятности пребывания ОД в состояниях работоспособности и отказа соответственно равны:

$$P(H_1) = \int_{U_н}^{U_в} \omega(U_с)\, dU_с; \quad P(H_0) = \int_{-\infty}^{U_н} \omega(U_с)\, dU_с + \int_{U_в}^{\infty} W(U_с)\, dU_с. \quad (5.1)$$

В ходе реального процесса диагностирования, как следствие воздействия шумов, помех $U_с(t)$ и других факторов, вместо величины $U_с(t)$ получаем величину

$$U(t) = U_с(t) + U_п(t).$$

В результате следует заменить допусковую область и принимать решения по критерию $U'_н < U(t) < U'_в$.

Эта замена приводит к возможности появления ошибочных решений: часть работоспособных объектов бракуется, а часть неработоспособных принимается в качестве работоспособных и допускается к функциональному использованию. На рис. 5.1 представлена схема, которая показывает возможности принятия решений в процессе ТДК. На схеме:

H_{11}-гипотеза — истинное и измеренное значение параметра $U_с$ в пределах допуска $U_н < U_с < U_в$; $U_н < U < U'_в$;

H_{10}-гипотеза — истинное значение параметра в пределах допуска $U_н < U_с < U_в$, измеренное — вне допуска $U > U'_в$ или $U'_н > U$;

H_{01}-гипотеза — истинное значение параметра вне пределов допуска $U_с > U_в$ или $U < U_н$, а измеренное — в пределах допуска $U'_н < U < U'_в$;

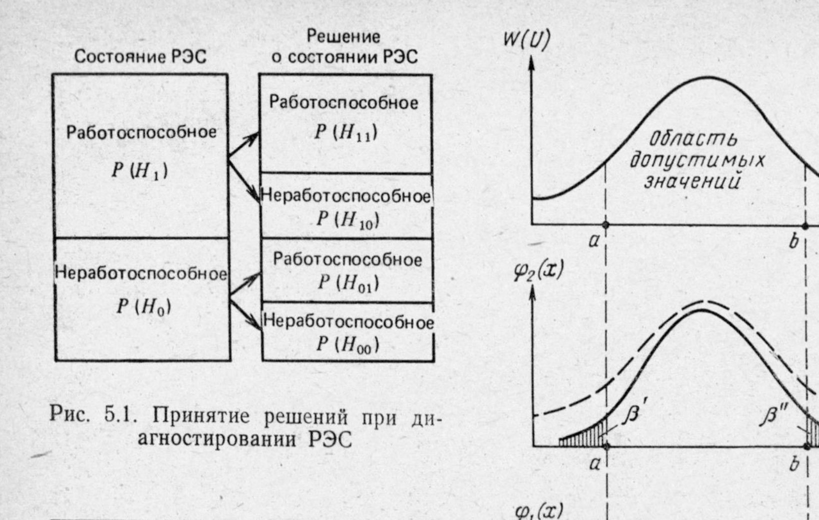

Рис. 5.1. Принятие решений при диагностировании РЭС

Рис. 5.2. Распределение показателей качества объектов диагностирования

H_{00}-гипотеза — истинное и измеренное значения параметра вне пределов допуска.

Гипотезы H_{11} и H_{00} представляют нам правильные, а гипотезы H_{01} и H_{10} — ошибочные решения. Правильные решения могут быть непосредственно использованы как критерий достоверности, ошибочные как мера недостоверности

$$Д = P(H_{11}) + P(H_{00}) = 1 - P(H_{10}) - P(H_{01}).$$

Степень доверия к полученным результатам «ОД — работоспособен» может быть представлена выражением

$$Д_{раб} = \frac{P(H_{11})}{P(H_{11}) + P(H_{01})}, \tag{5.2}$$

а к результатам «объект неработоспособен» соответственно

$$Д_{нераб} = \frac{P(H_{00})}{P(H_{00}) + P(H_{10})}. \tag{5.3}$$

Зная вероятности появления событий H_{11}; H_{00}; H_{10}; H_{01} можно произвести соответствующие вычисления достоверности решений, принимаемых в процессе диагностирования.

Для вычисления вероятностей $P(H_{11})$; $P(H_{00})$; $P(H_{10})$; $P(H_{01})$ представим распределение показателя качества ОД в виде трех составных частей: $1 - \varphi_1(U)$ — показатель качества ниже области допуска, 2—$\varphi_2(U)$ — показатель качества в допуске, 3—$\varphi_3(U)$ — показатель качества выше допуска (рис. 5.2).

При диагностировании контролируется показатель качества РЭУ(ДП) $u(t)$, который должен находиться в допустимых пределах $u_н<u<u_в$.

Плотность распределения ДП—$w_1(u)$, а плотность распределения погрешностей в оценке показателя — $w_2(y)$. Считаем эти законы распределения независимыми, а систематические погрешности отсутствующими. В этом случае возникают три ситуации:

1. Объект технического диагностирования признается неработоспособным из-за того, что измеренное значение параметра u ниже допуска.

2. Объект технического диагностирования признается работоспособным.

3. Объект технического диагностирования признается неработоспособным, так как $u>u_в$.

Для первой ситуации закон распределения

$$\varphi_1(u)=w_1(u)\int\limits_{-\infty}^{a-u} w_2(y)\,dy;$$

соответственно для второй и третьей

$$\varphi_2(u)=w_1(u)\int\limits_{a-u}^{b-u} w_2(y)\,dy,$$

$$\varphi_3(u)=w_1(u)\int\limits_{b-u}^{\infty} w_2(y)\,dy,$$

где $a=u_н$, $b=u_в$.

Учитывая, что

$$\int\limits_{-\infty}^{\infty}\varphi_1(u)\,du+\int\limits_{-\infty}^{\infty}\varphi_2(u)\,du+\int\limits_{-\infty}^{\infty}\varphi_3(u)\,du=1,$$

приведем формулы расчета вероятностей реализаций гипотез:

$$P(H_{11}),\quad P(H_{10}),\quad P(H_{01}),\quad P(H_{00}).$$

$$P(H_{11})=\int\limits_{U_н}^{U_в}\varphi_2(U)\,dU=\int\limits_{U_н}^{U_в}W_1(U)\left[\int\limits_{U_н-U}^{U_в-U}W_2(y)\,dy\right]dU; \tag{5.4}$$

$$P(H_{00})=\int\limits_{-\infty}^{U_н}\varphi_1(U)\,dU+\int\limits_{U_0}^{\infty}\varphi_1(U)\,dU+\int\limits_{U_в}^{\infty}\varphi_3(U)\,dU+$$

$$+\int\limits_{-\infty}^{U_н}\varphi_3(U)\,dU=\int\limits_{-\infty}^{U_н}W_1(U)\left[\int\limits_{-\infty}^{U_н-U}W_2(y)\,dy+\int\limits_{U_в-x}^{\infty}W_2(y)\,dy\right]dy+$$

$$+\int\limits_{U_в}^{\infty}W_1(U)\left[\int\limits_{U_в-x}^{\infty}W_2(y)\,dy+\int\limits_{-\infty}^{U_н-U}W_2(y)\,dy\right]dU; \tag{5.5}$$

$$P(H_{10})=\int_{U_н}^{U_в}\varphi_1(U)\,dU+\int_{U_н}^{U_в}\varphi_3(U)\,dU=\int_{U_н}^{U_в}W_1(U)\left[\int_{-\infty}^{U_в-U}W_2(y)\,dy\right]dU+$$

$$+\int_{U_н}^{U_в}W_1(U)\left[\int_{U_в-U}^{\infty}W_2(y)\,dy\right]dU; \qquad (5.6)$$

$$P(H_{01})=\int_{-\infty}^{U_н-U}\varphi_2(U)\,dU+\int_{U_в-U}^{\infty}\varphi_2(U)\,dU=$$

$$=\int_{-\infty}^{U_н-U}W_1(U)\left[\int_{U_в-x}^{U_в-U}W_2(y)\,dy\right]dU+\int_{U_в-x}^{\infty}W_1(U)\left[\int_{U_н-U}^{U_в-U}W_2(y)\,dy\right]dU. \qquad (5.7)$$

Априорные вероятности принятия решений о работоспособности или неработоспособности состояния объекта соответственно определяются выражениями:

$$P_{(раб)}=\int_{-\infty}^{\infty}\varphi_2(x)\,dx;$$

$$P_{(нераб)}=\int_{-\infty}^{\infty}\varphi_1(x)\,dx+\int_{-\infty}^{\infty}\varphi_3(x)\,dx.$$

Ошибки определения параметра в процессе контроля называются при гипотезе H_{10} — ошибка 1-го рода и обозначаются символом α, а при гипотезе H_{01} — ошибка 2-го рода с обозначением β.

Ошибки 1-го и 2-го рода могут возникать в РЭС не только в результате погрешностей измерений, как было показано выше, но и как следствие других факторов, главными из которых являются: недостаточная полнота контроля, замена совокупности зависимых ДП совокупностью независимых, ошибка в задании областей допусков.

Если состояние РЭС определяется совокупностью ДП — $U(n)$, то условие работоспособности записывается $U(n)\in S_Р(n)$. На практике n-мерный вектор ДП заменяется m-мерным вектором $U(m)$, где $m<n$. Условие работоспособности принимает вид $U(m)\in S_Р(m)$; в результате возникает методическая ошибка контроля второго рода

$$\beta=P\{U(m)\in S_Р(m)/U(n)\,\overline{\in}\,S_Р(n).$$

Определение допусковой области $S_Р(m)$ предполагает наличие сложных взаимозависимостей $U(m)$ всех ДП. Аналитическое решение этой задачи по установлению или оптимизации допусковой области весьма сложно. Поэтому на практике допускают, что ДП — независимы, на каждый из них назначают свой допуск, и тогда допусковая область $S_Р(m)$ заменяется другой областью $A_Р(m)$. Многомерная задача превращается в m одномерных задач, но при этом появляются неучитываемые ошибки 1-го и 2-го рода, которые можно записать в следующем виде:

$$\alpha_{доп} = P\{U(m) \overline{\in} A_{Р}(m)/U(m) \in S_{Р}(m)\}, \qquad (5.8)$$

$$\beta_{доп} = P\{U(m) \in A_{Р}(m)/U(m) \overline{\in} S_{Р}(m)\}. \qquad (5.9)$$

Совокупные величины ошибок 1-го и 2-го рода с учетом фактора неполноты контроля записываются следующим образом:

$$\alpha_{n} = P\{U(m) \overline{\in} A_{Р}(m)/U(n) \in S_{Р}(n)\},$$

$$\beta_{n} = P\{U(m) \in A_{Р}(m)/U(n) \overline{\in} S_{Р}(n)\}.$$

Наконец, если учесть, что измерение значения ДП происходит с погрешностями за счет действия помех и шумов $U_{п}(t)$, то итоговые выражения для ошибок измерения совокупности независимых ДП принимают вид

$$\alpha = P\{U(m) \overline{\in} A_{Р}(m)/U_{c}(n) \in S_{Р}(n)\}, \qquad (5.10)$$

$$\beta = P\{U(m) \in A_{Р}(m)/U_{c}(n) \overline{\in} S_{Р}(n)\}. \qquad (5.11)$$

Рассматривая ситуации диагностирования в условиях ограничения допусков, совокупности ДП, наличия погрешностей измерений, мы предполагали, что средства диагностирования являются работоспособными. Однако на практике это допущение представляется нереальным, и тогда ситуационная задача усложняется. Предположим, что СрДК может находиться в трех состояниях: $S^{c}{}_{1}$ — средство работоспособно; $S^{c}{}_{2}$ — средство ТД неработоспособно, но при этом всегда показывает, что ОД работоспособен; $S^{c}{}_{3}$ — средство ТД неработоспособно, но всегда показывает, что ОД неработоспособен независимо от его состояния.

Ситуации, соответствующие дополнительным условиям, сведены в табл. 5.1. Приведенные соотношения ограничиваются показателями системы, связанными с определением работоспособного

Таблица 5.1. **Ситуации состояний объекта и средств диагностирования**

ОД	Средство	Решение	Наименование ситуации	Комментарий
Р	Р	Р	Правильное диагностирование	
Р	Р	$\bar{Р}$	Ошибка 1-го рода	Большие погрешности
Р	$\bar{Р}$	Р		Средство всегда показывает $\bar{Р}$
Р	$\bar{Р}$	$\bar{Р}$	Ошибка 1-го рода	Средство всегда показывает $\bar{Р}$
$\bar{Р}$	Р	$\bar{Р}$	Правильное диагностирование	
$\bar{Р}$	Р	Р	Ошибка 2-го рода	Большие погрешности измерений
$\bar{Р}$	$\bar{Р}$	$\bar{Р}$		Средство всегда показывает Р
$\bar{Р}$	$\bar{Р}$	Р	Ошибка 2-го рода	Средство всегда показывает Р

или неработоспособного состояния РЭУ по одному или нескольким (но независимым) диагностическим параметрам. В случае поиска места отказа общий подход к ситуации не меняется, но число состояний $S(m)$ теперь определяется глубиной ПМО и соответственно количеством элементов m на заданном уровне поиска.

Ошибка диагностирования при ПМО может заключаться не только в том, что работоспособный элемент принят за неработоспособный (или наоборот), но и в том, что неработоспособный элемент i принят за работоспособный, а работоспособный элемент j — за неработоспособный. Число оцениваемых ситуаций, как и число возможных ошибок, в этом случае увеличивается.

5.2. ПОКАЗАТЕЛИ ДИАГНОСТИРОВАНИЯ

Понятие «показатель диагностирования» относится к категории комплексных показателей качества системы диагностирования и контроля, характеризующий несколько ее свойств, и может считаться определяющим показателем качества. Показатели диагностирования определяются при проектировании, испытании и эксплуатации СТД и должны включаться в техническое задание на изделия РЭУиС.

Показатели диагностирования следует нормировать из условия обеспечения максимальной эффективности РЭС и использовать при сравнении различных вариантов систем диагностирования.

Рекомендуется следующий состав показателей диагностирования:

1. Вероятность ошибки диагностирования вида (i, j) $\underset{i \neq j}{P}{}_{i,j}$ — вероятность совместного наступления двух событий: ОД находится в техническом состоянии i, а в результате диагностирования считается находящимся в состоянии j. (При $i=j$ показатель является вероятностью правильного определения технического состояния i ОД).

2. Апостериорная вероятность ошибки диагностирования вида (i, j) — $\underset{i \neq j}{P}{}^{\text{А}}_{ij}$ — вероятность нахождения ОД в состоянии i при условии, что полученный результат ОД находится в состоянии j (при $i=j$ $P^{\text{А}}_{ij}$ является апостериорной вероятностью правильного определения технического состояния).

3. Вероятность правильного диагностирования $Д$ — полная вероятность того, что система диагностирования определяет то техническое состояние, в котором действительно находится ОД.

4. Средняя оперативная продолжительность диагностирования $\tau_{Д}$ — математическое ожидание оперативной продолжительности однократного диагностирования.

5. Средняя стоимость диагностирования $C_{Д}$ — математическое ожидание стоимости однократного диагностирования.

6. Средняя оперативная трудоемкость диагностирования $W_{Д}$ — математическое ожидание оперативной трудоемкости проведения однократного диагностирования.

7. Глубина поиска дефекта L — характеристика поиска дефекта, задаваемая указанием составной части ОД или ее участка, с точностью до которых определяется место дефекта.

Каждый показатель диагностирования рассчитывается по соответствующим формулам на основании априорных или статистических данных.

Вероятность ошибки диагностирования вида (i, j)

$$P_{i,j}=P_i^0 \sum_{l=1}^{k} P_l^с P_{j,i,l}^у = \sum_{l=1}^{k} P_l^с P_{j,l}^а P_{i,j,l}^в, \qquad (5.12)$$

где k — число состояний средства диагностирования; $P^о{}_i$ — априорная вероятность нахождения ОД в состоянии i; $P^с{}_l$ — априорная вероятность нахождения СрДК в состоянии l; $P^у{}_{j,i,l}$ — условная вероятность того, что в результате диагностирования ОД признан находящимся в состоянии j при условии, что он находится в состоянии i, а СрДК — в состоянии l; $P^а{}_{j,l}$ — условная вероятность получения результата: «ОД в состоянии j» при условии, что СрДК в состоянии l; $P^в{}_{i,j,l}$ — условная вероятность нахождения ОД в состоянии i при условии, что получен результат «ОД в состоянии j», а СрДК находится в состоянии l.

Если известны статистические данные испытаний СДК, то оценка вероятности ошибки

$$P_{i,j}^*=P_i^0 \sum_{l=1}^{k} P_l^с r_{j,i,l}/N_{i,l}, \qquad (5.13)$$

где $N_{i,l}$ — общее число испытаний системы диагностирования; $r_{j,i,l}$ — число испытаний, при которых система диагностирования зафиксировала состояние j; вероятности $P^о{}_i$ и $P^с{}_l$ определяются методами теории надежности.

Если состояние ОД определяется совокупностью n независимых ДП и СрДК различает 2^n состояний ОД, то

$$P_{i,j}=\sum_{l=1}^{k} P_l^с \prod_{\nu=1}^{n} f_{i,j,\nu,l}, \qquad (5.14)$$

где $f_{i,j,\nu,l}$ — функция, в различных ситуациях имеющая различные значения:

1. Если в состоянии i и j ОД параметр ν находится в допуске и СрДК в состоянии l, то

$$f_{i,j,\nu,l}=P_\nu-\alpha_{\nu,l},$$

где P_ν — априорная вероятность нахождения ДП в поле допуска; $\alpha_{\nu,l}$ — вероятность совместного наступления двух событий: ДП — в поле допуска, а считается находящимся вне поля допуска при условии, что средство диагностирования находится в состоянии l

2. Если в состоянии i ОД параметр ν находится в поле допуска, а в состоянии j параметр вне поля допуска при условии, что СрДК в состоянии l, то

$$f_{i,j,\nu,l}=\alpha_{\nu,l}.$$

3. Если в состоянии i ОД параметр ν находится вне поля допуска, а в состоянии j — параметр ν — в поле допуска при условии, что СрДК в состоянии l, то $f_{i,j,\nu,l}=\beta_{\nu,l}$, где $\beta_{\nu,l}$ — вероятность совместного наступления двух событий: ДП ν находится вне поля допуска, а его считают находящимся в поле допуска при условии, что средство диагностирования — в состоянии l.

4. Если в состояниях i и j ОД параметр ν находится вне поля допуска при условии, что СрДК в состоянии l, то

$$f_{i,j,\nu,l}=1-P_{\nu}-\beta_{\nu,l}.$$

Для СДК, предназначенных для проверки работоспособности по альтернативному признаку, т. е. при двух различных состояниях $(m=2)$, следует устанавливать индексацию:

$i=1\,(j=1)$ — работоспособное состояние;

$i=2\,(j=2)$ — неработоспособное состояние.

Тогда $P_{1,2}$ — вероятность ошибки диагностирования вида (1, 2) — вероятность совместного наступления двух событий: ОД находится в работоспособном состоянии, а в результате диагностирования принимается находящимся в неработоспособном состоянии. $P_{2,1}$ — соответственно вероятность ошибки диагностирования вида (2.1) — вероятность совместного наступления двух событий: ОД — в неработоспособном состоянии, а считается находящимся в работоспособном состоянии.

Вероятности ошибок диагностирования

$$P_{1,2}=P_1^{\text{о}}\sum_{l=1}^{k}P_l^{\text{c}}P_{2,1,l}^{\text{у}}=\sum^{k}P_l^{\text{c}}P_{2,l}^{\text{а}}P_{1,2,l}^{\text{в}}\,; \tag{5.15}$$

$$P_{2,1}=P_2^{\text{о}}\sum_{l=1}^{k}P_l^{\text{c}}P_{1,2,l}^{\text{у}}=\sum_{l=1}^{k}P_l^{\text{c}}P_{1,l}^{\text{а}}P_{2,1,l}^{\text{в}}, \tag{5.16}$$

где составляющие определяются предыдущими уравнениями, а индексация 1,2 соответствует работоспособному и неработоспособному состояниям.

В случае определения состояния ОД совокупностью n независимых ДП $(\nu=\overline{1,\,n})$ вероятности ошибок вида (1, 2) и (2, 1) принимают следующий вид:

$$P_{1,2}=\sum_{l=1}^{k}P_l^{\text{c}}\left[\prod_{\nu=1}^{n}P_{\nu}-\prod_{\nu=1}^{n}(P_{\nu}-\alpha_{\nu,\,l})\right]; \tag{5.17}$$

$$P_{2,1}=\sum_{l=1}^{k}P_l^{\text{c}}\left[\prod_{\nu=1}^{n}(P_{\nu}-\alpha_{\nu,l}+\beta_{\nu,l})-\prod_{\nu=1}^{n}(P_{\nu}-\alpha_{\nu,l})\right]. \tag{5.18}$$

В § 5.1 было отмечено, что средства диагностирования можно представить находящимся в одном из трех состояний: $l=1$, $l=2$, $l=3$; $l=1$ — работоспособное при правильной индексации; $l=2$ — неработоспособное при индексации «ОД работоспособен». $l=$

$=3$ — неработоспособное при индексации «ОД неработоспособен». С учетом этого вероятности ошибок диагностирования

$$P_{1,2}=P_1^c\left[\prod_{\nu=1}^{n}P_\nu-\prod_{\nu=1}^{n}(P_\nu-\alpha_{\nu,l})\right]+P_3^c\prod_{\nu=1}^{n}P_\nu;$$

$$P_{2,1}=P_1^c\left[\prod_{\nu=1}^{n}(P_\nu-\alpha_{\nu,l}+\beta_{\nu,l})-\prod_{\nu=1}^{n}(P_\nu-\alpha_{\nu,1})\right]+P_2^c\left(1-\prod_{\nu=1}^{n}P_\nu\right).$$

Для приближенных расчетов с учетом специфики ТО РЭС можно пренебречь возможностью отказов средств диагностирования $P^c{}_1=1$, $P^c{}_2=P^c{}_3=0$. Тогда формулы для ошибок диагностирования упрощаются:

$$P_{1,2}=\prod_{\nu=1}^{n}P_\nu-\prod_{\nu=1}^{n}(P_\nu-\alpha_{\nu,1});$$

$$P_{2,1}=\prod_{\nu=1}^{n}(P_\nu-\alpha_{\nu,1}+\beta_{\nu,1})-\prod_{\nu=1}^{n}(P_\nu-\alpha_{\nu,1}).$$

Апостериорные вероятности ошибок диагностирования вида (i, j) вычисляют по формулам:

$$P_{i,j}^A=\frac{P_{i,j}}{\sum\limits_{i=1}^{m}P_{i,j}};\quad P_{1,2}^A=\frac{P_{1,2}}{P_{1,2}+P_{2,2}};\quad P_{2,1}^A=\frac{P_{2,1}}{P_{2,1}+P_{1,1}}.$$

Вероятность правильного диагностирования

$$D=\sum_{i=1}^{m}P_{i,i}=1-\sum_{i=1}^{m}\sum_{\substack{j=1\\ i\neq j}}^{m}P_{i,j}. \qquad (5.19)$$

В случае, когда проверяется только работоспособность ОД, величина $D=1-P_{1,2}-P_{2,1}$; при определении S_P совокупностью n параметров:

$$D=\sum_{l=1}^{k}P_l^c\sum_{\nu=1}^{n}(1-\alpha_{\nu,1}-\beta_{\nu,1}). \qquad (5.20)$$

Для варианта, когда средства диагностирования в одном из трех состояний

$$D=P_1^c\prod_{\nu=1}^{n}(1-\alpha_{\nu,1}-\beta_{\nu,1})+P_2^c\prod_{\nu=1}^{n}P_\nu+P_c^3\prod_{\nu=1}^{n}(1-P_\nu).$$

При $P^c{}_1=1$ полная вероятность правильного диагностирования

$$D=\prod_{\nu=1}^{n}(1-\alpha_{\nu,1}-\beta_{\nu,1}).$$

Другие параметры диагностирования $\tau_Д$, $C_Д$, $W_Д$ рассчитывают по методике, аналогичной расчету ошибок диагностирования.

Средняя оперативная продолжительность диагностирования

$$\tau_Д = \sum_{i=1}^{m} \tau_i P_i^о = \sum_{i=1}^{m} P_i^о \sum_{l=1}^{k} \tau_{i,l} P_l^с, \quad (5.21)$$

где τ_i — средняя оперативная продолжительность диагностирования объекта в состоянии i; $\tau_{i,l}$ — оперативная продолжительность ОД в состоянии i при условии, что средство диагностирования в состоянии l. В состав τ_i входят как продолжительность выполнения вспомогательных операций, так и основных операций диагностирования.

При оценке этого показателя по статистическим данным испытаний РЭС расчетная формула имеет следующий вид:

$$\tau_Д^* = \frac{1}{N} \sum_{g=1}^{N} \sum_{i=1}^{m} \tau_{i,g} P_i^о, \quad (5.22)$$

где $\tau_{i,g}$ — средняя оперативная продолжительность диагностирования ОД в состоянии i при g-м испытании.

Средняя стоимость диагностирования

$$C_Д = \sum_{i=1}^{m} C_i P_i^о = \sum_{i=1}^{m} P_i^о \sum_{l=1}^{k} C_{i,l} P_l^с, \quad (5.23)$$

где C_i — средняя стоимость диагностирования объекта в состоянии i.

Средняя оперативная трудоемкость диагностирования

$$W_Д = \sum_{i=1}^{m} W_{Д\,i} P_i^о = \sum_{i=1}^{m} P_i^о \sum_{l=1}^{k} W_{Д,i,l} P_l^с, \quad (5.24)$$

а по статистическим данным испытаний (или эксплуатации)

$$W_Д = \frac{1}{N} \sum_{g=1}^{N} \sum_{i=1}^{m} S_{Д,i,g}^* P_i^о. \quad (5.25)$$

Глубина поиска дефекта характеризуется величиной коэффициента $K_{ГП} = F/R$, где F — число однозначно различимых состояний составных частей (блоков, узлов, элементов) РЭС на принятом уровне деления, с точностью до которых определяется место дефекта; R — общее число составных частей РЭС на принятом уровне усиления, с точностью до которых требуется определять место дефекта. Расчет $K_{ГП}$ обычно ведут по ФДМ или по матрице состояний.

5.3. АНАЛИТИЧЕСКИЙ И ГРАФОАНАЛИТИЧЕСКИЙ РАСЧЕТ ПОКАЗАТЕЛЕЙ ДИАГНОСТИРОВАНИЯ

Расчет показателей диагностирования занимает важное место в общей оценке эффективности диагностирования РЭУ и С. Основой этого расчета является вычисление вероятностей пребывания РЭС в соответствующих состояниях и вероятностей реализации принятых гипотез. Эти расчеты при знании соответствующих законов распределения могут быть выполнены по формулам параграфа 5.2.

Если считать, что $w(U_\nu)$ и $\varphi(U_\nu)$ распределены по закону Гаусса, то искомые значения вероятностей α_ν и β_ν — ошибок определения состояния ν-го параметра 1-го и 2-го рода для расчета $P_{1,2}$ и $P_{2,1}$ РЭС могут быть представлены в следующем виде:

для диагностического параметра с двусторонним допуском, $P_\nu = 0{,}5 + \Phi(U_\nu)$ — для ДП с односторонним допуском, где $\Phi(U) \frac{1}{\sqrt{2\pi}} \int\limits_0^U e^{-t^2/2} dt$ — нормированная функция Лапласа

$$\alpha_{\nu,1} = \frac{1}{\sqrt{2\pi}} \int\limits_{-x_\nu}^{+x_\nu} e^{\frac{-y^2}{2}} \left[\int\limits_{-\infty}^{\frac{-x_\nu - y}{z_\nu}} e^{-\frac{t^2}{2}} dt + \int\limits_{\frac{-x_\nu - y}{z_\nu}}^{+\infty} e^{-\frac{t^2}{2}} dt \right] dy, \quad (5.26)$$

$$\beta_{\nu,1} = \frac{1}{\sqrt{2\pi}} \left\{ \int\limits_{-\infty}^{-x_\nu} e^{\frac{-y^2}{2}} \left[\int\limits_{\frac{-x_\nu - y}{z_\nu}}^{\frac{+x_\nu - y}{z_\nu}} e^{-\frac{t^2}{2}} dt \right] dy + \int\limits_{+x_\nu}^{+\infty} \left[\int\limits_{\frac{-x_\nu - y}{z_\nu}}^{\frac{+x_\nu - y}{z_\nu}} e^{-\frac{t^2}{2}} dt \right] dy \right\}, \quad (5.27$$

где x_ν и z_ν — нормированные величины, которые определяются величиной допуска ДП, среднеквадратической погрешностью измерений ДП $\sigma_и$, средним значением ДП, среднеквадратическим отклонением ДП $\sigma_п$.

Нормированные величины вычисляют по следующим формулам:

для ДП с двусторонним допуском $|\Delta_\nu| — x_\nu = |\Delta_\nu| / \sigma_{п,\nu}$;

для ДП с односторонним допуском $\delta_\nu x_\nu = |\delta_\nu — U_{o\nu}| / \sigma_{п,\nu}$, где $U_{o\nu}$ — среднее значение ν-го параметра;

$$z_\nu = \sigma_{и,\nu} / \sigma_{п,\nu}.$$

Стандартные программы для функции Лапласа позволяют провести необходимые расчеты на ЦВМ и получить в результате количественные оценки систем диагностирования.

Из формул для расчета вероятностей ошибок диагностирования следует, что эти ошибки являются функциями параметров контролируемых сигналов и средств диагностики и контроля. Задавая величины вероятностей ошибок диагностирования $P_{1,2}$ и $P_{2,1}$ исходя из тактических соображений функционального использования РЭС, можно определить по приведенным формулам точностные характеристики средств измерения, а также несколько изменять допуски на ДП.

Расчетные формулы для α и β предполагали, что параметры РЭС и точностные характеристики СрДК распределены по закону Гаусса. Однако возможны случаи, когда можно считать, что эти величины распределены по законам равной вероятности. При

Таблица 5.2

Частные случаи	Соотношение δ, h и d	$P_{н.з}=\alpha+\beta$		Соотношение η_U и η
		α	β	
а	$\delta\geqslant h$ $d\leqslant\delta-h$	0	0	$\eta\geqslant\sqrt{3}$ $\eta_U\leqslant\eta-\sqrt{3}$
б	$\delta\geqslant h$ $d\geqslant\delta-h$	$\frac{[d-(\delta-h)]^2}{4hd}$	0	$\eta\geqslant\sqrt{3}$ $\eta_U>\eta-\sqrt{3}$
в	$\delta<h$ $d>h-\delta$	$\frac{d}{4h}$	$\frac{[2d-(h-\delta)]}{4hd}\times$ $\times(h-\delta)$	$\eta<\sqrt{3}$ $\eta_U>\sqrt{3}-\eta$
г	$\delta<h$ $d<h-\delta$	$\frac{d}{4h}$	$\frac{d}{4h}$	$\eta<\sqrt{3}$ $\eta_U\leqslant\sqrt{3}-\eta$

этом формулы для расчета вероятностей ошибок диагностирования упрощаются, хотя (и это естественно) остаются в зависимости от величины допусков, ухода параметров ОД и погрешностей измерений. Формулы для расчета величин α и β сведены в табл. 5.2.

В табл. 5.2 использованы следующие обозначения:

$h=\sigma_U\sqrt{3}$, где σ_U — среднеквадратическое отклонение ДП;

$a=\sigma_и\sqrt{3}$, где $\sigma_и$ — среднеквадратическая погрешность измерительного прибора;

(Соответственно $W(U)=1/2h$ — плотность распределения параметра, а

$W(\xi)=1/2d$ — плотность распределения погрешности средств измерения);

$\eta_U=d/\sigma_и$ (или $\eta^*_U=d/h$) — относительная параметрическая погрешность измерения;

$\eta_\delta=d/\delta$ — относительная допусковая погрешность измерения (используется при построении номограмм);

$\eta=\delta/\sigma_и$ (или $\eta^*=\delta/h$) — относительная величина допуска.

Приведенные параметры связаны соотношением $\eta_U=\eta\eta_\delta$.

Несмотря на то что расчет показателей диагностирования по формулам табл. 5.2 относительно несложен, однако задачу по рациональному распределению δ, h, d при заданных α и β приходится решать методом последовательных приближений. Кроме того, представленные зависимости справедливы при ограничениях: $d\leqslant 2\delta\leqslant U_в-U_н$; $m_U=\bar{U}_с=0$; $U_н=-\delta$; $U_в=\delta$.

На практике возникает необходимость расчетов в более сложных ситуациях. Тогда для расчета необходимо использовать графоаналитические методы по номограммам [59] рис. 5.3, 5.4, 5.5.

$P_{н.з}=\alpha+\beta$		Соотношение η^*_U и η^*	$P_{н.з}=\alpha+\beta$	
α	β		α	β
0	0	$\eta^*_U \geqslant 1$ $\eta^*_U \leqslant \eta^*-1$	0	0
$\frac{[\eta_U-(\eta-\sqrt{3})]^2}{4\eta^*_U}$	0	$\eta^* \geqslant 1$ $\eta^*_U > \eta^*-1$	$\frac{[\eta^*_U-(\eta^*-1)]^2}{4\eta^*_U}$	0
$\frac{\eta_U}{4\sqrt{3}}$	$\frac{[2\eta_U-(\sqrt{3}-\eta)]}{4\sqrt{3}\,\eta_U} \times$ $\times(\sqrt{3}-\eta)$	$\eta^* < 1$ $\eta^*_U > 1-\eta^*$	$\frac{\eta^*_U}{4}$	$\frac{[2\eta^*_U-(1-\eta^*)]}{4\eta^*_U} \times$ $\times(1-\eta^*)$
$\frac{\eta_U}{4\sqrt{3}}$	$\frac{\eta_U}{4\sqrt{3}}$	$\eta^* < 1$ $\eta^*_U < 1-\eta^*$	$\frac{\eta^*_U}{4}$	$\frac{\eta^*_U}{4}$

Вариант такой номограммы приведен на рис. 5.3; координатами для ее построения согласно табл. 5.2 должны являться $\alpha(\beta)$, δ, $d(\sigma_\xi)$, $h(\sigma_U)$, четыре переменные в двухкоординатной сетке могут быть изображены путем нормирования двух переменных по третьей.

По оси ординат откладывается значение вероятности неверного заключения $P_{н.з}=\alpha+\beta$, по оси абсцисс относительная параметрическая погрешность измерения η_U.

На номограмме показан пример получения $P_{н.з}$ по данным $h=9{,}6$ В, $d=3{,}6$ В, симметричный допуск 9 В. Для вычисления $P_{н.з}$ определяют величины:

$$\eta_U = d/\sigma_U = d \Big/ \left(\frac{h}{\sqrt{3}}\right) = 3{,}6\sqrt{3}/9{,}6 = 0{,}65;$$

$$\eta = d/\delta = 3{,}6 : 9 = 0{,}4.$$

По номограмме находим

$$P_{н.з} = 0{,}11.$$

Для симметричных законов распределения и условия $|d| \leqslant \leqslant 2\delta = U_в - U_н$ вероятность $P_{н.з}$ при односторонних допусках численно равна половине ранее вычисленной вероятности при двустороннем допуске, т. е.

$$P_{нзн} = 1/2 P_{нз} = P_{нзв},$$

откуда следует, что и для этого случая расчеты можно проводить по приведенной номограмме, но вместо величины δ необходимо в расчетах пользоваться величиной

$$\delta_н = U_н - U_0, \quad \delta_в = U_в - U_0.$$

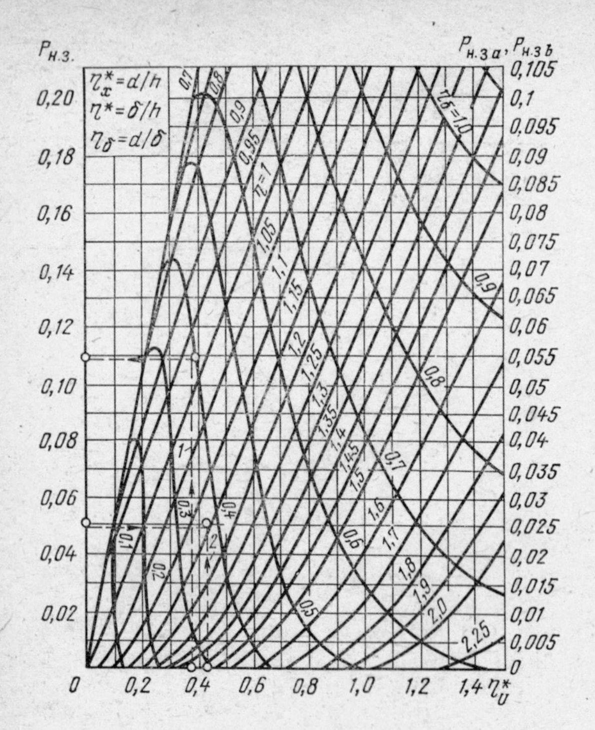

Рис. 5.3. Номограмма функции $P_{н.з}=\alpha+\beta=h(\eta^*_U,\ \eta^*,\ \eta_\delta)$ при распределениях значений ДП и погрешностей средств измерения по законам равной вероятности

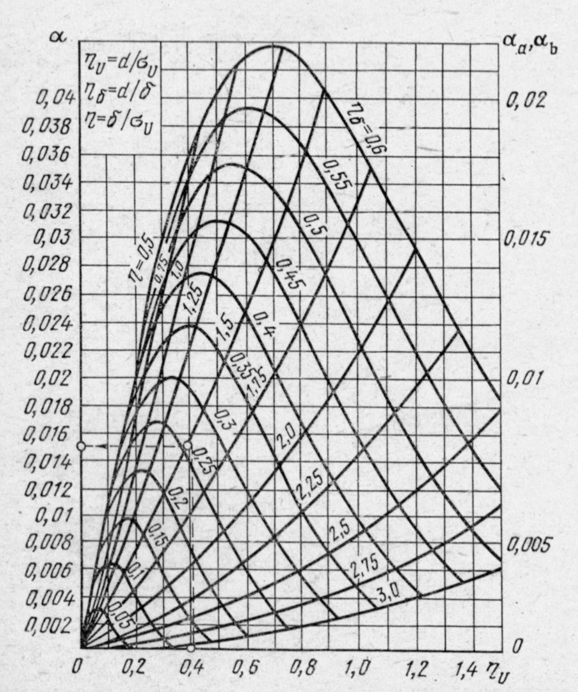

Рис. 5.4. Номограмма расчета функции вероятности ошибки 1-го рода $\alpha=h(\eta_U,\ \eta,\ \eta_\delta)$ при распределении значений ДП и погрешностей средств измерения по закону Гаусса штриховой линией приведено решение примера с данными $\sigma_u=5$ мА, $d=3\sigma_\xi=2$ мА, $m_U=0$, $\delta=7,5$ мА)

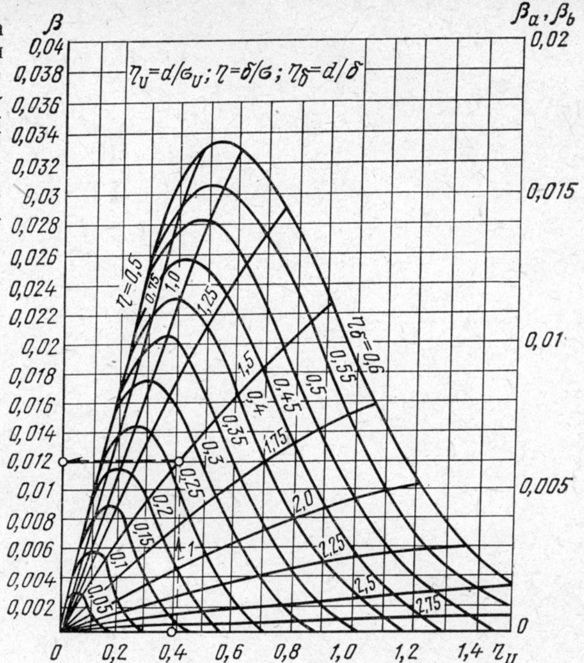

Рис. 5.5. Номограмма функции вероятности ошибки 2-го рода $\beta = h(\eta_U, \eta, \eta_\delta)$ при распределении значений ДП и погрешности измерений по закону Гаусса (штриховой линией приведено решение примера с данными рис. 5.4)

Если $U_0 = \bar{U}$, то вместо δ необходимо брать $\tilde{\gamma}_{мн} - \delta_н$ и $\delta_в - \tilde{\gamma}_{мн}$, где $\gamma_{мн} = \bar{U} - U_0$.

Тогда выражения для нормированного допуска с нижней границей

$$\eta = \frac{\delta_н - \tilde{\gamma}_{мн}}{\sigma_U}; \quad \eta^* = \frac{\delta_н - \tilde{\gamma}_{мн}}{h}; \quad \eta_\delta = \frac{d}{\delta_н - \tilde{\gamma}_{мн}};$$

для допусков с верхней границей

$$\eta = \frac{\delta_в - \tilde{\gamma}_{мн}}{\sigma_U}; \quad \eta^* = \frac{\delta_в - \tilde{\gamma}_{мн}}{h}; \quad \eta_\delta = \frac{d}{\delta_в - \tilde{\gamma}_{мн}};$$

ограничения для данных соотношений: $U_в \geqslant \bar{U}$; $U_н \leqslant \bar{U}$.

Рассмотрим пример выбора по номограмме (рис. 5.3) максимально допустимой величины ошибки $\sigma_и$, чтобы $P_{н.з.н} \leqslant 0{,}05$. Условия U и ξ распределены по закону равной вероятности со следующими данными: $\bar{U} = 33$ В, $\sigma_U = 3$В, $U_0 = 30$ В. Находим нормированные погрешности $\delta_н = -3$ В

$$\eta = -(\delta_н - \gamma_{м.н})/\sigma_и = -[\delta_н - (\bar{U} - U_0)]/\sigma_и = (-3 - -33 + 30)/-3 = 2.$$

По номограмме находим, что уравнение $P_{н.з} = 0{,}05$ (шкала с правой стороны) и $\eta = 2$ соответствует значение $\eta_и = 1{,}3$. Из соотношения $d = \eta_и \sigma_и = 3{,}6$ В.

Разные законы распределения величин $W(U)$ и $w(\xi)$ приводят к различным видам номограмм зависимостей (см. рис. 5.4 ... 5.6)

$$P_{н.з} = f(\delta_н, \delta_в, \sigma_и, \sigma_п, \sigma_U \text{ и др.}).$$

5.4. ДОСТОВЕРНОСТЬ ДИАГНОСТИРОВАНИЯ И ЕЕ РАСЧЕТ

Достоверность диагностирования и контроля — численная величина, характеризующая правильность результатов, полученных на выходе СДК о состоянии ОД.

Как было показано выше, полная вероятность правильного диагностирования D оказывается в зависимости от допусков на ДП, их стабильности ($\sigma_п$), точности измерений ($\sigma_и$) и состояния средств диагностирования ($P^c{}_l$). Однако этой информации бывает не всегда достаточно, чтобы судить о состоянии объекта и допустить его к функциональному использованию. Наиболее полной характеристикой СДК в части эффективности принимаемых решений является достоверность диагностирования D или точнее достоверность полученной диагностической информации. Чем полнее и точнее эта информация, тем больше наша уверенность в том, что ОД работоспособен и правильно допущен к функциональному использованию или ОД неработоспособен и должен пройти этап восстановления.

Информационный подход к понятию «достоверность» хорошо раскрывает ее содержание.

Количественно достоверность может быть представлена состоящей из произведения двух составляющих: методической достоверности $D_М$ и инструментальной достоверности $D_И$.

Методическая достоверность — составляющая достоверности диагностики и контроля, определяемая совокупностью контролируемых параметров, полнотой контроля, методикой контроля и принятыми критериями оценки технического состояния. Соответственно инструментальная достоверность определяется стохастическими свойствами контура контроля ДП, т. е. параметрами СрДК

$$D = D_М D_И.$$

Основная составляющая $D_М$ — полнота контроля $n_к$ может быть рассмотрена по формуле

$$n_к = \sum_{i \in M_П}^{n_к} I_{ni} \bigg/ \left(\sum_{i=1}^{n} I_{ni}\right) = \sum_{j=1}^{n_к} H_{0j} \bigg/ \sum_{i=1}^{n} H_{0i},$$

где n — общее число ДП, определяющих техническое состояние РЭС; $n_к$ — число контролируемых параметров; $I_{П i}$ — информативность i-го параметра или проверки i-го параметра; $M_П$ — множество контролируемых параметров;

$$H_{0j} = I_{ni} = -\prod P_i \log_2 \prod_{i \in M_П} P_i - (1 - \prod P_i) \log(1 - \prod P_i).$$

Инструментальная достоверность контроля $D_и$ может быть представлена через апостериорные вероятности работоспособного (неработоспособного) состояния. Подчеркнем следующее обстоятельство: ранее было показано, что информация в i-й проверке относительно работоспособного состояния

$$I_{U_i \to S_p} = \log [P(S_p/U_i)]/[p(S_p)].$$

Поскольку для каждого отдельного случая $P(S_p) = \text{const}$ изменение информации $I_{U_i \to S_p} = \text{var} = kP(S_p/U_i)$. В соответствии с этим вероятность того, что ОД, признанный работоспособным, действительно работоспособен:

$$P_p = \frac{P(S_p)\,P(U/S_p)}{P(S_p)\,P(U/S_p) + [1 - P(S_p)]\,P(U/0)}; \qquad (5.28)$$

$$P_{н.р} = \frac{[1 - P(S_p)]\,P(0/0)}{[1 - P(S_p)]\,P(0/0) + P(S_p)\,P(0/S_p)}, \qquad (5.29)$$

где $P(S_p)$ — вероятность пребывания ОД в работоспособном состоянии; S_p, $P(0)$ — вероятность пребывания ОД в неработоспособном состоянии;

$P(U/S_p)$ — условная вероятность того, что работоспособный объект признается работоспособным;

$P(U/0)$ — условная вероятность того, что отказавший ОД признается работоспособным;

$P(0/S_p)$ — условная вероятность признания работоспособного ОД отказавшим;

$P(0/0)$ — условная вероятность того, что отказавший ОД признан неработоспособным.

Обозначим $P_о$ — вероятность работоспособного состояния ОД во время операции контроля, $q_{обн}$ — вероятность появления в ОД обнаруживаемых отказов, $q_{но}$ — вероятность появления в ОД необнаруживаемых отказов. Естественно, что $P_о + q_{обн} + q_{но} = 1$.

Средства диагностики и контроля (СрДК) могут в общем случае находиться в одном из следующих состояний:

1) средства диагностирования СрДК работоспособны с вероятностью $P_{ск}$;

2) в средствах возник сразу же обнаруживаемый отказ $q_{ск\,обн}$;

3) в средствах с вероятностью $P^c{}_2$ возник отказ, при котором объект признается работоспособным при любом состоянии;

4) $P^c{}_3$ — в СрДК возник отказ, при котором ОД признается всегда в неработоспособном состоянии;

5) в средствах возник отказ, при котором работоспособный объект признается неработоспособным, и наоборот.

$$P_1^c + P_2^c + P_3^c + q_{обн}^c + q_{р/нр}^c = 1.$$

Используя принятые выше обозначения, запишем выражения для

$$P(U/S_p) = P_1^c(1 - P_{п.о}) + P_2^c, \qquad P(0) = q_{обн} + q_{н.о},$$

$$P(U/0)=P_1^c(1-P_{\text{п.о}})\frac{q_{\text{необн}}}{q_{\text{обн}}+q_{\text{необн}}}+P_2^c+$$

$$+q_{\text{р/н.р}}\frac{q_{\text{обн}}}{q_{\text{обн}}+q_{\text{необн}}}+P_1^c P_{\text{н.о}}\frac{q_{\text{обн}}}{q_{\text{обн}}+q_{\text{необн}}}.$$

Отсюда формула для вероятностей

$$P_{\text{р}}=\frac{P(S_{\text{р}})\,[\,P_1^c(1-P_{\text{л.о}})+P_2^c]}{P_1^c\,[\,P_{\text{н.о}}\,q_{\text{обн}}+(1-P_{\text{л.о}})(1-q_{\text{обн}})]+P_3^c+q_{\text{обн}}\,q_{\text{р/нр}}}. \quad (5.30)$$

Соответственно, для вероятности

$$P_{\text{нр}}=\frac{P_1^c\,[(1-P_{\text{н.о}})\,q_{\text{обн}}+P_{\text{л.о}}\,q_{\text{необн}}]+P_3^c\,(q_{\text{обн}}+q_{\text{необн}})+q_{\text{р/нр}}\,q_{\text{необн}}}{P_1^c\,[(1-P_{\text{н.о}})\,q_{\text{обн}}+(1-q_{\text{обн}})\,P_{\text{л.о}}]+P_3^c+q_{\text{р/нр}}-q_{\text{р/нр}}\,q_{\text{обн}}}. \quad (5.31)$$

Зная или задаваясь соответствующими вероятностями, по вышеприведенным формулам можно вычислить достоверность контроля. В данных формулах $P_{\text{л.о}}=P_{1,2}$ при $P^c{}_1=1$, а $P_{\text{н.о}}=P_{2,1}$, которые рассчитывают по формулам (5.17), (5.18).

Из приведенных формул следует, что причинами низкой достоверности контроля являются: недостаточная полнота, погрешности измерительных средств, приводящие к ошибкам контроля, возможные отказы СрДК.

Для высоконадежных СрДК наиболее опасными являются ошибки контрольно-измерительной аппаратуры, при которых пропускается (не обнаруживается) отказ. Для самих средств контроля наиболее опасными являются отказы, при которых работоспособные ОД признаются неработоспособными и наоборот. Поэтому величину $q_{\text{р/нр}}$ следует уменьшать, а, по возможности, вообще не допускать возникновения ошибок такого вида.

Достоверность диагностирования можно рассчитывать также на основе апостериорных вероятностей ошибок вида (i,j)—$P^{\text{A}}{}_{i,j}$ и полной вероятности правильного диагностирования (§ 5.3).

Достоверность определения работоспособного состояния

$$D_{\text{р}}=P_{1,1}/(P_{1,1}+P_{2,1})-P_{\text{н.к}},$$

где $P_{\text{нк}}$ — вероятность отказа в неконтролируемой части изделия.

Соответственно вероятность неработоспособного состояния

$$D_{\text{н.р}}=P_{2,2}/(P_{2,2}+P_{2,1})-P_{\text{н.к}}. \quad (5.32)$$

С учетом приводимого ранее коэффициента полноты проверок выражения для достоверности работоспособного и неработоспособного состояния принимают вид:

$$D_{\text{р}}=K_{\text{п.п}}P_{1,1}/(P_{1,1}+P_{2,1}), \quad (5.33)$$

$$D_{\text{н.р}}=K_{\text{п.п}}P_{2,2}/(P_{2,2}+P_{1,2}). \quad (5.34)$$

Одним из показателей того является вероятность допуска к применению неработоспособного устройства — вероятность ошиб ки 2-го рода. Для этого случая достоверность принятия решения «допущен» принимает вид

$$D_{2,1}=(1-P_{\text{н.к}}-P_{2,1})/(P_{1,2}+P_{1,1}).$$

Отметим, что в прикладных задачах ошибка вида (2.1) неравнозначна ошибке вида (1.2), которая выявляется, как правило, в процессе повторного ТО или повторного контроля, т. е.

$$D=\sum^{m}P_{1,2,d},$$

где $P_{1,2,d}$ — вероятность ошибки диагностирования вида (1.2) в процессе одного диагностирования из m.

Расчет достоверностей ТО по результатам диагностики и контроля позволяет полнее представить временные затраты при диагностике, восстановлении, контроле. По аналогии с $\tau_{\text{Д}}$ введем показатель $\tau_{\text{ТО}}$ — среднюю оперативную продолжительность ТО, включающее $\tau_{\text{Д}}$ — среднее оперативное время диагностирования и $\tau_{\text{В}}$ — среднее время восстановления. Принимая для упрощения условие, что $P_{\text{с}}(S_1)=1$, выражение для среднего времени ТО запишем в следующем виде:

$$\tau_{\text{ТО}}=P_0(S_1)\tau_1+P_0(S_2)\tau_2+\tau_2\prod_{k=1}^{3}P_{k,1,2}-\tau_1 P_{2,1}+\gamma D_{2,1}, \quad (5.35)$$

где $\prod\limits_{k=1}^{3} P_{k,1,2}$ — уменьшающая вероятность (по аналогии с нарастающей) ошибки вида (1, 2); γ — дополнительное выражение, учитывающее временные затраты при отказе РЭС в процессе применения; $\tau_i=\tau_{\text{Д}}+\tau_{\text{В}}$, $\tau_{\text{В}}=P_0(S_2)\tau_{\text{В}2}(S_1)\tau_2$; $\tau_{\text{В}2}$ — время регулировки или восстановления обслуживаемого изделия; $P(S_1)\tau_2$ — время, затрачиваемое на поиск неподтверждающегося отказа.

Для расчета трудоемкости $W_{\text{ТО}}$ и стоимости $C_{\text{ТО}}$ могут использоваться аналогичные выражения, в которых τ заменяется соответственно на W и C.

В настоящее время при эксплуатации сложных РЭС широкое применение находит стратегия ТО по состоянию [80, 82], согласно которой перечень операций по ТО определяется фактическим состоянием изделия перед его началом. При реализации этой стратегии в РЭС, установленных на подвижных объектах, может быть достигнута существенная экономия затрат за счет исключения ряда работ, в том числе монтажно-демонтажных работ (МДР), и уменьшения потока вносимых отказов.

Для этой стратегии $\tau_{\text{ТО}}$ (и соответственно $W_{\text{ТО}}$ и $C_{\text{ТО}}$)

$$\tau_{\text{ТО}}=P_0(S_1)\tau_1+P_{1,2}\tau_2+P_{1,2}\tau_{\text{м.д.р}}-$$
$$-P_{0\,\text{м.д.р}}(S_1)[P_0(S_1)\tau_1-P_{2,1}\tau_2+\gamma D_{1,2}].$$

Расчеты показателей ТО по вышеприведенным формулам позволяют проводить предварительные оценки эксплуатационной технологичности РЭС при его проектировании и в процессе эксплуатации.

5.5. ПЕРИОДИЧНОСТЬ ДИАГНОСТИРОВАНИЯ РЭС

Расчет рациональной периодичности проведения работ по определению технического состояния РЭС всегда привлекал внимание специалистов по технической эксплуатации. Известны простейшие формулы для этого расчета, а также методологические основы подхода к решению этого вопроса [77]. Предварительно отметим, что для повышения достоверности информации о техническом состоянии РЭС, т. е. увеличения нашей информированности, контроль состояния должен применяться достаточно часто. В идеале он должен быть непрерывным. Однако, учитывая, что режимы диагностирования и контроля в сложных системах требуют выведения РЭС из функционального использования, значительных затрат, времени на диагностирование и контроль, определенной квалификации инженерно-технического персонала, с экономической точки зрения контроль рационально проводить по возможности реже. Казалось бы, что при такой ситуации должен иметь место оптимум зависимости эффективности диагностирования от периодичности контроля $T_к$. На самом деле экстремальные выражения для $T_к$ появляются только в случае, когда результатом диагностирования является восстановление РЭУиС, т. е. затраченное на диагностику время $\tau_д$ является составной частью времени выполнения операции по изменению вероятности безотказной работы путем регулировок, профилактических замен и других операций.

Если вероятность безотказной работы РЭС подчиняется экспоненциальному закону, а время для проведения диагностирования с восстановлением $\tau_д + \tau_в = \tau_к$, то график зависимости $H(t)$ будет иметь вид, представленный на рис. 5.6, кривая *1*, в случае возникновения отказа — кривая *2*.

Средняя готовность при периодическом графике

$$A(T_к) = \frac{1}{T_к} \int_0^{T_к} \exp\{-\lambda_0 t\}\, dt = \frac{1}{\lambda_0 T_к} [1 - \exp\{-\lambda_0 (T_к - \tau_к)\}]. \quad (5.36)$$

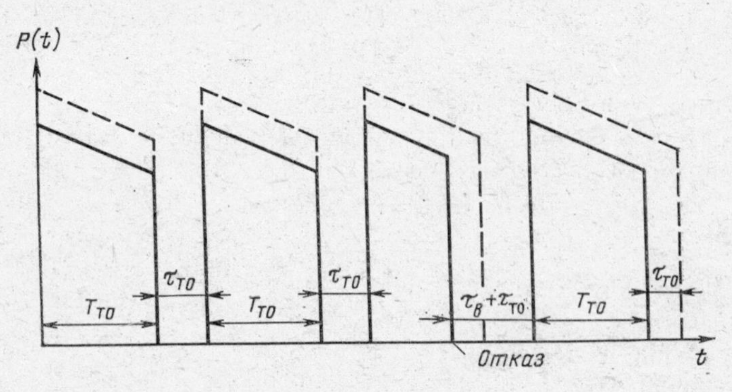

Рис. 5.6. Изменение вероятности безотказной работы РЭС при диагностировании и восстановлении

При заданной готовности $A(T_к)$—$T_{к\,opt}$ является корнем трансцендентного уравнения вида:

$$C_1 T_к + C_2 \exp\{-\lambda_0 T_к\} = 1,$$

где $C_1 = A(T_{к\,зад})\lambda_0$, $C_2 = \exp\{\lambda_0 \tau_к\}$.

Период $T_{к\,opt} \sim \partial A(T_к/\partial T_к) = 0$, откуда находим, что $T_{к\,opt} \approx \approx \sqrt{2\tau_к T_0}$, $T_0 = 1/\lambda_0$.

В случае резервированного объекта с нагруженным резервом вероятность безотказной работы $R(t) = 2\exp\{-\lambda_0 t\} - \exp\{-2\lambda_0 t\}$.

Заданная готовность РЭС [82]:

$$A(T_к) = \frac{3}{2\lambda_0 T_0} + \frac{1}{2\lambda_0 T_к} \exp\{-2\lambda_0 (T_к - \tau_к)\} -$$

$$- \frac{1 - \exp\{\lambda_0 \tau_к\}}{\lambda_0 T_к} \exp\{-\lambda_0 T_к\}. \qquad (5.37)$$

Из этого уравнения можно определить период контроля работоспособного состояния дублированного объекта, чтобы обеспечить заданное значение средней готовности.

Если закон распределения $P(t)$ неизвестен, то в общем виде задачу определения $T_{к\,opt}$ можно сформулировать следующим образом, каждой конкретной СДК соответствует реализация $\tilde{r}_A(t_0+t)$ случайного процесса, представляющая зависимость аппаратурной погрешности измерений от времени. Эта составляющая входит составной частью в полную погрешность процесса $r(t)$. Случайный процесс $r(t)$ будем описывать одномерным распределением $w[r(t)]$ полной погрешности r для множества реальных систем с начальным временем работы t_0.

На этапе эксплуатации ограничения роста погрешностей во времени можно сформулировать в виде требования:

$$P[r(t) > \Delta;\quad t \in (t_0,\ t_0 + T)] \leqslant \varepsilon.$$

Задача уменьшения погрешности РЭС на этапе эксплуатации заключается в выборе метода контроля и регулировки, а также числа и расстановки моментов проведения этих операций. Если методы контроля и регулировки выбраны, то качественная сторона процесса предстанет наглядно (рис. 5.7). Кривые плотностей вероятностей

$$w[r(t_0)],\quad w[r(t_1)],\quad w[r(t_2)], \ldots,\ w[r(t_k)]$$

случайного процесса $r(t)$ соответствуют различным моментам времени t_0, t_1, ..., t_k.

Вероятность превышения полной погрешностью системы допустимого значения Δ определяется выражением

$$P[r(t) > \Delta] = \int_{\Delta}^{\infty} P[r(t)]\, dr.$$

Кривая $P[r(t) > \Delta]$ имеет тенденцию с течением времени возрастать. Для того чтобы РЭС была в норме, необходимо в оп-

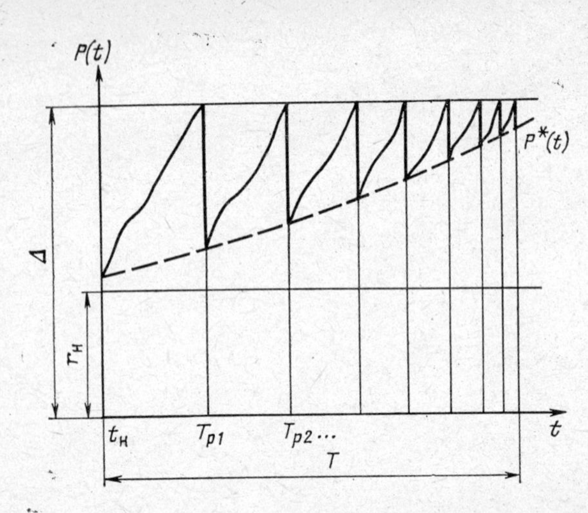

Рис. 5.7. К выбору периодичности диагностирования РЭС

ределенный момент времени подвергать ее повторной регулировке, после которой кривая плотности вероятности $w[r(T_{\text{р}}-0)]$ вырождается в кривую $w[r(T^*_{\text{р}})]$ (время регулировки не учитываем). Таким образом, можно считать, что функция изменяется скачком, от величины $P(T_{\text{р}1}-0)$ до величины $P(T_{\text{р}1}+0)$, зависящим от качества регулировки. Подчеркнем, что при оптимальной регулировке параметры РЭС в общем случае не могут быть приведены в начальное состояние из-за ухода нерегулируемых параметров. Если функция $P(t)$ задана, а ее определение описано в § 4.5, то можно получить выражения для межповерочных интервалов $T_{\text{р}i+1}-T_{\text{р}i}$.

Момент $T_{\text{р}1}$ первой регулировки находим из уравнения:

$$\Delta t = T_{\text{р}1}: P(t_0+\Delta t)=\varepsilon,$$

решив его относительно Δt. В момент $T_{\text{р}1}$ функция $P(t)$ изменилась от значения ε до значения P^*_1. Момент $T_{\text{р}2}$ второй регулировки находим аналогично

$$\Delta t = T_{\text{р}2}: P(T_{\text{р}1}+\Delta t)=\varepsilon,$$

в результате $P^*_2=P[T_{\text{р}1}+(T_{\text{р}2}+0)]$ т. е. зная момент i-й регулировки, можно определить момент следующей $(i+1)$ регулировки из рекуррентного соотношения:

$$\Delta t = T_{\text{р}i+}: P(T_{\text{р}i}+\Delta t)=\varepsilon \quad \text{при} \quad T_{\text{р}i}=\sum_{k=1}^{i} T_{\text{р}k}.$$

Для того чтобы пользоваться этими соотношениями, надо знать функцию $P(t)$, представив ее достаточно правдоподобной моделью процесса $r(t)$. В качестве такой модели удобно использовать выражение $r(t)=a(t)r_{\smile}(t)+b(t)$; $t\in(t_0, t_0+T)$, где $a(t)$ $b(t)$ — неотрицательные, возрастающие детерминированные функции; $r_{\smile}(t)$ — стационарный случайный процесс с нулевым матема тическим ожиданием и плотностью распределения вероятности $w(r)$. Для этого случая

$$w[r(t)]=\frac{1}{a(t)}w\left[\frac{r_{\smile}-b(t)}{a(t)}\right].$$

Причем если интегральный закон записывается в виде

$$\Phi(\Delta,\ t)=\int_{0}^{\Delta}w(r_{\smile})\,dr_{\smile},$$

то

$$P(t)=\int_{\Delta}^{\infty}P[r(t)]\,dr=1-\Phi\left[\frac{\Delta-b(t)}{a(t)}\right], \qquad (5.38)$$

а погрешность по типу $R(t)=\int_{0}^{\infty}rp[r(t)]\,dr<\Delta_R$

$$R(t)=b(t).$$

При этом функция $R(t)$ неслучайна, ее вид напоминает функцию $P(t)$. Выражение, устанавливающее связь между $P(t)$ и $R(t)$, принимает вид

$$P(t)=P[r(t)>\Delta]=R(t)/\Delta.$$

В заключение отметим, что, поскольку с течением времени функция $P^*(t)$ возрастает, длительность межрегулировочных интервалов уменьшается. Общая стоимость регулировочных работ будет возрастать и, начиная с определенного момента, эксплуатация РЭС может стать нерентабельной.

Одним из подходов к оптимизации периодичности диагностирования РЭС является метод, основанный критерием максимума коэффициента технического использования — $\max\{K_{т.и}\}$. Целесообразность использования этого критерия заключается в том, что $K_{т.и}$ — один из комплексных показателей системы высшего иерархического уровня — системы управления безотказностью, а ОД — РЭС в большинстве случаев применения работают в режимах ожидания функционального использования, начало и конец которого распределены случайным образом. Коэффициент готовности таких систем $K_г\to1$. Очевидно, что режим диагностирования РЭС должен помогать управлять показателями ее качества и ни в коем случае не снижает таковые. Тестовое диагностирование, с одной стороны, выводит РЭС из режима применения, с другой стороны, позволяет обнаруживать дефекты или скрытые отказы, выявление и устранение которых по результатам диагностирования повышает вероятность пребывания РЭС в состоянии исправности. Для решения поставленной задачи — оптимизация $T_д$ следует использовать модели вероятностных процессов, описанные в гл. 3. Составляя модель, целесообразно учитывать такие состояния, как исправное, работоспособное (развивается дефект), функционирования (скрытый отказ), нефункционирование, диагности-

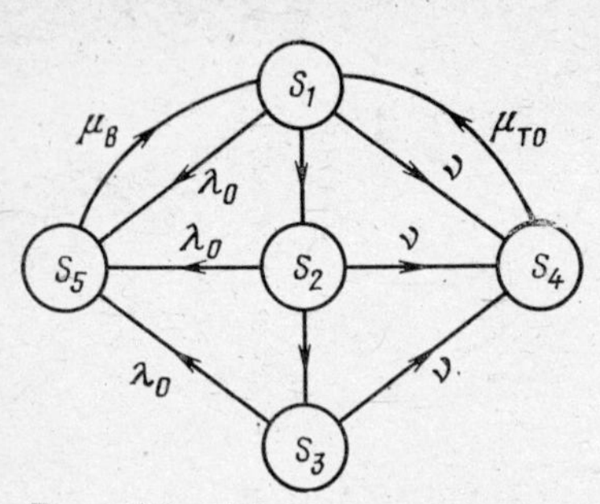

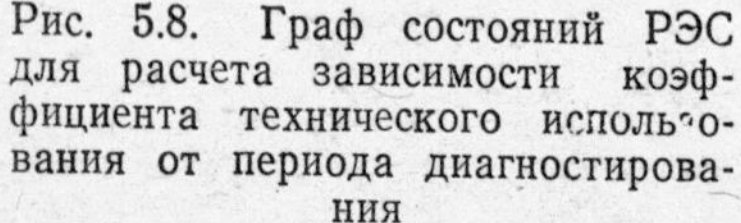

Рис. 5.8. Граф состояний РЭС для расчета зависимости коэффициента технического использования от периода диагностирования

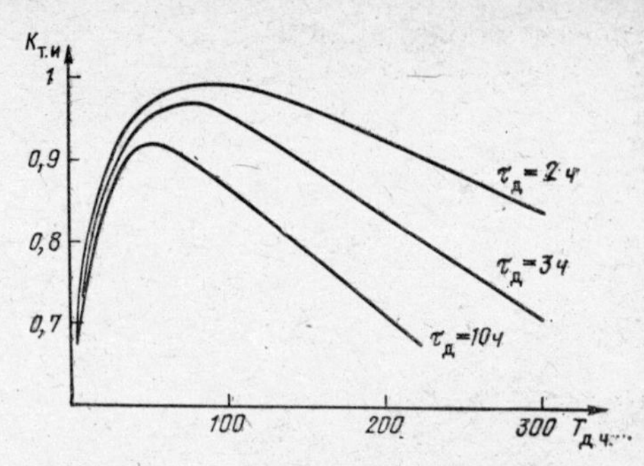

Рис. 5.9. Зависимость коэффициента технического использования РЭС от периодичности диагностирования и среднего времени диагностирования

рование РЭС в первых трех состояниях с последующим восстановлением исправности и восстановлением исправного состояния в случае возникновения отказа.

На рис. 5.8 приведен ориентированный граф состояний, представляющий следующие ситуации: S_1 — ОД готов к использованию и находится в исправном состоянии; S_2—ОД готов к использованию, в нем возник дефект, РЭС в работоспособном состоянии; S_3 — ОД в неработоспособном, но функционирующем состоянии (скрытый отказ); S_4 — ОД в режиме диагностирования и восстановления; S_5 — ОД восстанавливается после отказа с интенсивностью.

Задача решается следующим образом: составляется система дифференциальных уравнений Колмогорова — Чепмена (процесс изменения состояний полагаем марковским и стационарным), которая трансформируется в систему алгебраических уравнений.

Коэффициент технического использования находится как сумма вероятностей $p(S_1)+p(S_2)=K_{т.и}$.

После решения системы уравнений для графа (рис. 5.8) получаем выражение

$$K_{т.и}=\frac{\gamma\mu(\lambda_0+\nu+2\lambda_1)(\lambda_0+\nu)}{(\gamma\mu+\gamma\nu+\lambda_0\mu)[(\lambda_0+\nu)(\lambda_0+\nu+2\lambda_1))+\lambda_1^2}, \qquad (5.39)$$

где $\gamma=\mu_в=1/\tau_в$; $\mu=\mu_{то}=1/\tau_д$; λ_0, λ_1 — параметры потока перехода РЭС в различные состояния, $\nu=1/T_д$.

Оптимум выражения $K_{т.и}=f(T_д)$ может быть получен либо аналитическим путем $\{d[K_{т.и}(T_k)]/dT_k\}\to 0$, либо путем расчета зависимости $K_{т.и}$ от $T_д$ на ЦВМ (микроЭВМ), что предпочтительнее. В результате этих расчетов вычисляются зависимости, представленные на рис. 5.9, по которым можно не только определять оптимальные значения $T_д$, но прослеживать влияние других параметров, например $\tau_в$, $\tau_д$ на $K_{т.и}$.

Рассмотренная модель представляет состояния диагностирования и восстановления исправности как единые, между тем в ре-

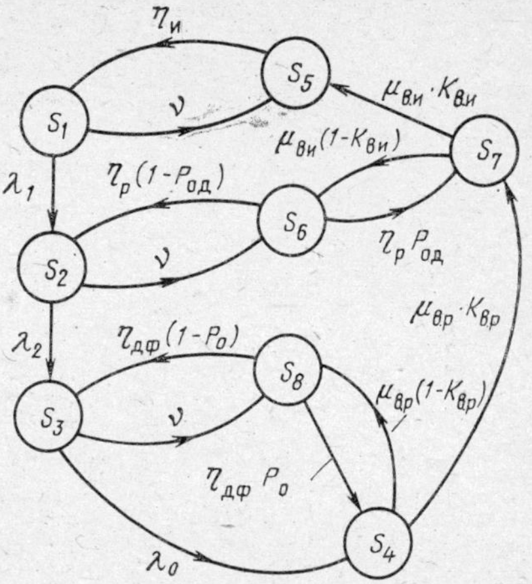

Рис. 5.10. Граф состояний РЭС для исследования зависимости коэффициента технического использования от показателей диагностирования

альной ситуации выбора оптимального значения $T_Д$ должны учитываться такие показатели, как достоверность диагностирования D в различных ситуациях и длительность диагностирования $\tau_Д$. На рис. 5.10 приведен граф состояний РЭС, в котором отображены следующие ситуации:

S_1 — ОД исправен и готов к функциональному использованию;

S_2 — ОД работоспособен, готов к функциональному использованию, но в нем есть дефект;

S_3 — ОД готов к функциональному использованию, но в нем скрытый отказ;

S_4 — ОД отказал, в нем восстанавливается работоспособное состояние;

S_5 — диагностируется исправный ОД и с интенсивностью $\eta_n = 1/\tau_{д.и}$ возвращается в состояние готовности;

S_6 — диагностируется работоспособный ОД, с вероятностью $P_{од}$ в нем обнаруживается дефект и устраняется в состоянии;

S_7 — восстановление исправности с интенсивностью $\mu_{в.и} = 1/\tau_{в.и}$;

S_8 — диагностируется функционирующий объект, с вероятностью $P_о$ в нем обнаруживается отказ, после чего РЭС переводится в состояние восстановления работоспособности с интенсивностью $\mu_{в.р}$. Качество восстановления исправного состояния определяется коэффициентом $K_{в.и}$, а работоспособного, $K_{в.р}$, которые могут быть связаны с показателями контролепригодности ОД.

Учитывая, что на практике показатели достоверности диагностирования велики, вероятности $P_{од}$, $P_о$ и коэффициенты $K_{в.р}$ и $K_{в.и}$ близки к 0, 9, то оптимальное значение $T_Д$ оказывается близким к указанному выше, а форма зависимости $K_{т.и} = f(T_Д)$ — аналогичной рис. 5.9.

Необходимо отметить, что введенные вероятности $P_о$ и $P_{ор}$ и коэффициенты качества восстановления зависят от вероятностных характеристик ДП и заданных допусков на их нижнее и верхнее значения. Жесткий допуск на ДП может привести к тому, что значение $T_{д\,opt}$ сдвинутся влево (см. рис. 5.9), частота проверок возрастет и появится большое количество неоправданных операций в связи с возникновением ложных отказов.

ГЛАВА 6. СРЕДСТВА ТЕХНИЧЕСКОЙ ДИАГНОСТИКИ И КОНТРОЛЯ РЭС

6.1. ОСНОВНЫЕ ХАРАКТЕРИСТИКИ СрДК

Средства технической диагностики и контроля (СрДК) являются основной составной частью систем (СТД), определяют эксплуатационно-технические характеристики этих систем и представляют всю необходимую информацию потребителям о техническом состоянии диагностируемых РЭС. Они относятся к обширному классу информационно-измерительных систем (ИИС). В диагностировании они играют роль оконечных устройств, являясь источником информации для потребителя и одновременно приемником и устройством обработки диагностической информации. Выступая в роли оконечных устройств СТД, ИИС своими параметрами, по существу, определяют все выходные параметры системы. Если ОД позволяет реализовать определенную глубину поиска места дефекта, а СрДК для этого не приспособлены, то эта операция не может быть осуществлена на требуемом уровне. Следовательно, главным требованиям к СрДК выдвигается необходимость обеспечения соответствия возможностей и параметров СрДК возможностям и параметрам ОД. При наличии полного соответствия СТД реализует потенциальные характеристики диагностирования.

Кроме того, современные ИИС для диагностики и контроля РЭУиС сами по себе являются сложными радиоэлектронными устройствами и системами, характеризуемыми совокупностями параметров функционального использования, техническими, эксплуатационными и системными параметрами. С этой точки зрения СрДК могут рассматриваться как объекты диагностирования и объекты метрологического обеспечения.

Являясь неотъемлемой частью СТД, средства определяют контролепригодность. ОД, которая является свойством изделия, характеризующим его приспособленность к проведению диагностики и контроля заданными средствами. Отсюда следует, что при синтезе в СТД той или иной РЭС, СрДК должны или задаваться заранее или проектироваться совместно с ОД. Иначе возникают определенные трудности эксплуатации РЭС, и принцип соответствия РЭС оказывается нереализуемым.

Классификация СрДК может быть приведена по различным характеристикам. Один из возможных вариантов классификации приведен на рис. 6.1 [12]. Классифицируя СрДК как составную часть РЭС, их можно подразделить на средства:

универсального применения (ЦВМ) и средства специализированного применения (стенд диагностирования бортовой РЛС);

встроенного контроля и средства с внешним контролем (объект и средства отделены друг от друга и являются самостоятельными устройствами);

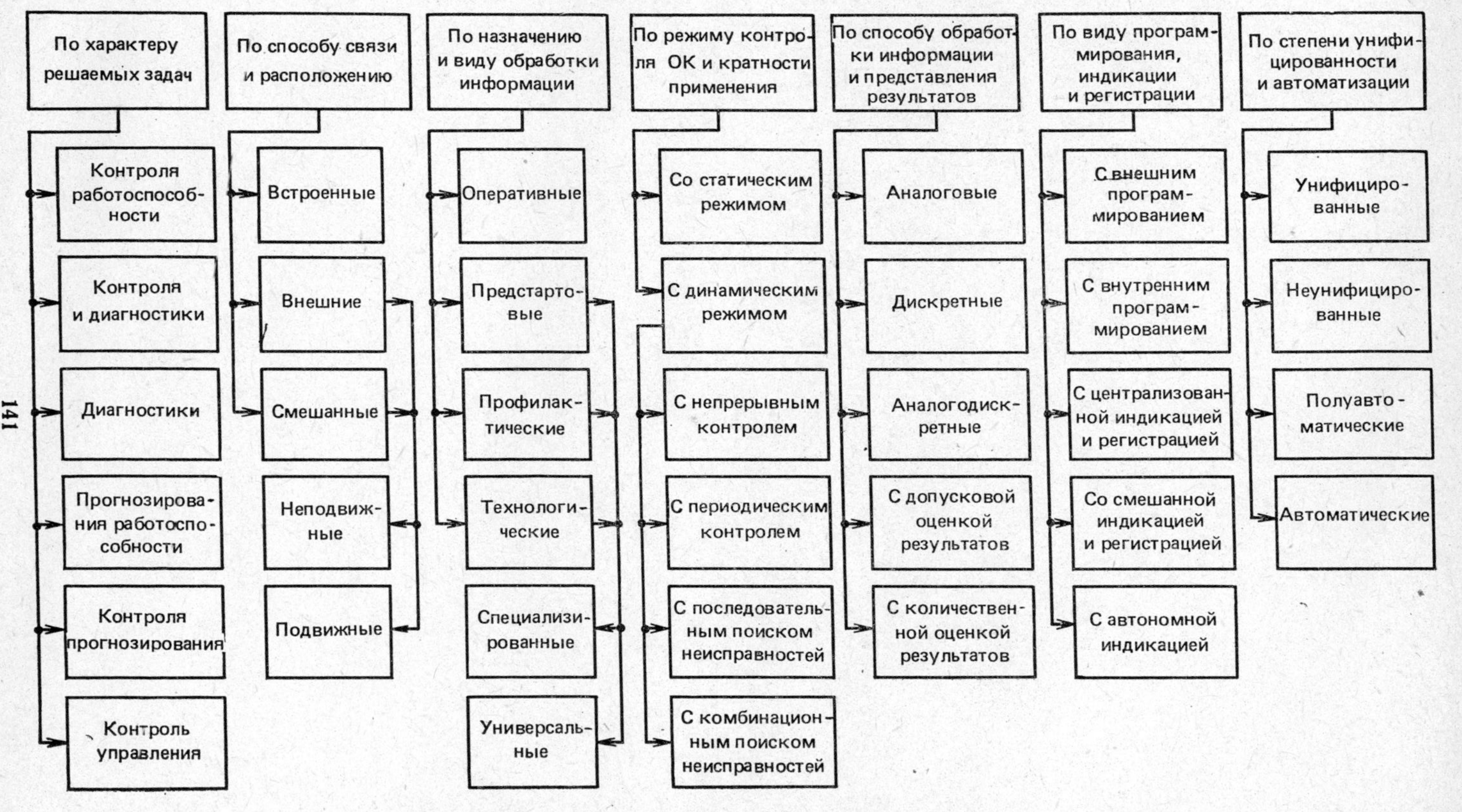

Рис. 6.1. Классификация средств диагностики и контроля

автоматические (свыше 90% операций выполняется автоматически), автоматизированные (40 ... 90% выполняются автоматически); ручные.

Классификация СТД позволяет дать описание назначения средств контроля, способов контроля и связи с объектом способов съема и обработки информации и т. д.

Наиболее широкое распространение имеют СТД, оценивающие техническое состояние объекта в момент контроля, однако в последнее время получают развитие и СДК с прогнозированием работоспособности.

Из рис. 6.1 видно, что по характеру решаемых задач различают ряд групп автоматических систем контроля. Первую группу составляют средства, решающие задачу контроля работоспособности объекта. Ко второй группе относят СрДК, последовательно осуществляющие контроль работоспособности, поиск и локализацию неисправностей. К третьей — средства, обеспечивающие только поиск и локализацию неисправностей. Такие системы используются в процессе ремонта аппаратуры и при некоторых видах профилактических и регламентных работ. К четвертой — СрДК, прогнозирующие состояние работоспособности ОД. Данные системы используются для определения времени безотказной работы ОК и организации оптимальных программ поиска неисправностей.

По способу связи с объектом контроля СрДК подразделяют на встроенные, внешние и смешанные. Для встроенных автоматических систем контроля характерно электрическое и конструктивное объединение ОД и средств контроля; они применяются при проверке общей работоспособности ОД с индикацией или записью результатов. Такие системы обеспечивают функциональный контроль основных устройств, определяющих работоспособность РЭС.

Внешние СрДК не имеют ни конструктивных, ни контактно-электрических связей с ОД, информация о состоянии которого поступает в СДК за счет электромагнитных, световых или тепловых излучений. Внешние СрДК автономны и применяются во время подготовки ОД. Основным преимуществом внешних СрДК является возможность использования их для различных объектов.

Смешанные СрДК имеют встроенные в объект датчики-преобразователи, обеспечивающие получение информации о его состоянии, и конструктивно обособленные от ОД анализирующие устройства.

Из рис. 6.1, который является только одним из вариантов системы классификации СрДК, также следует вывод о значительном разнообразии этих средств в части их применения, исполнения и сопряжения. Необходимо подчеркнуть, что каждая из приведенных классификационных групп, а тем более класс СТД в каждой из них, не представляют собой однозначных формирований, а принадлежат к так называемым нечетким множествам [37].

Многообразие технических решений при построении СрДК непрерывно возрастает по мере разработки новых систем. В этих условиях большое значение приобретают вопросы выбора совокупности критериев, характеристик и параметров, по которым можно оценивать и сопоставлять различные СрДК и в каждом конкретном случае выбирать наиболее рациональный вариант построения системы. Основными из этих характеристик следует считать те, которые определяют степень совершенства СрДК при решении задач: контроля работоспособности, поиска места отказа, прогнозирования состояния, прогнозирования надежности. Эти задачи решаются в тесном взаимодействии ОД и СрДК. Поэтому эффективность выполнения объектом поставленной задачи зависит в равной степени как от параметров средств, так и от параметров объекта диагностики и контроля. Выбирая те или иные параметры ОД и СрДК, необходимо всегда иметь в виду и оценивать их взаимосвязи и помнить, что СТД, в свою очередь, есть часть системы высшего иерархического уровня.

Как средства ТЭ РЭС можно классифицировать СрДК на:

информационно-измерительные приборы общего применения: вольтметры, амперметры, ваттметры, электронные осциллографы, генераторы стандартных сигналов (ГСС, импульсные и др.);

имитаторы и измерители параметров систем; например радиолокационные измерительные приборы (типа РИП, так называемые радар-тестеры);

имитаторы сигналов отдельных типов РЭС;

комплексные приборы для проверки работоспособного состояния или функционирования РЭУиС определенного типа;

комплексные стенды диагностирования, контроля регулировки и восстановления РЭУиС;

диагностические комплексы для настройки сложных кибернетических систем;

автоматические и автоматизированные устройства и системы контроля на базе микропроцессоров и ЦВМ.

Основными параметрами СрДК следует считать: точность измерения РЭУиС, количественно определяемая погрешностью измерений ($\sigma_и$), точность воспроизведения имитируемых сигналов, информационная производительность, инструментальная достоверность, разрешающая способность, степень автоматизации. Все перечисленные параметры относятся к ПФИ СрДК. Технические параметры СрДК — это те же ТП, которые рассматривались для РЭУиС в § 1.5.

Средства диагностирования являются также объектами ТЭ и объектами диагностирования. Для чего в них могут быть предусмотрены режимы самоконтроля, реализуемые как с помощью встроенных, так и с помощью внешних средств контроля и диагностики.

Точность средств измерений можно оценить мерой точности $\varepsilon = 1/\sigma_и \sqrt{2}$, где $\sigma_и$ — среднеквадратическая погрешность. Основную долю погрешностей измерений вносят первичные преобразователи и элементы измерительного тракта.

В общем случае

$$\sigma_и = \sqrt{\sigma_п^2 + \sigma_н^2 + \sigma_к^2 + \sigma_{и.п}^2},$$

где $\sigma_п$ — среднеквадратическая погрешность преобразователей; $\sigma_н$ — среднеквадратическая погрешность нормализаторов; $\sigma_к$ — среднеквадратическая погрешность коммутаторов; $\sigma_{и.п}$ — среднеквадратическая погрешность собственно измерительного прибора.

Точность воспроизведения имитационных сигналов также можно характеризовать погрешностями электрических (технических) и функциональных параметров.

Производительность СрДК задается средней оперативной продолжительностью диагностирования или количеством объектов РЭУиС, диагностируемых за заданный временной интервал T

$$N_Д = T/\tau_{Д\,i}.$$

Производительность СрДК зависит от емкости входов, а также времени готовности средств к диагностированию. Под емкостью входов понимают максимальное количество диагностических показателей, которые могут определяться (измеряться и обрабатываться) в процессе диагностирования.

Инструментальная достоверность СрДК по физическому смыслу и составу ничем не отличается от достоверности СТД и определяет таковую.

Разрешающая способность СрДК характеризует составляющую выходной информации, определяющую возможности раздельного воспроизведения данных от двух различных источников, будь то сигналы одного блока или сигналы о состоянии двух различных блоков РЭС. Наконец, степень автоматизации показывает количество автоматизированных (или автоматических) операций относительно их общего числа

$$C_Д = N_{ав}/N.$$

В качестве показателей СрДК могут также выступать $K_{т.и}$ СрДК и его различные модификации.

6.2. ИЗМЕРИТЕЛЬНЫЕ ПРИБОРЫ ОБЩЕГО ПРИМЕНЕНИЯ

В настоящее время в практике эксплуатации РЭУиС получили широкое применение цифровые измерительные приборы (ЦИП) различного назначения: вольтметры, частотомеры и др. В этих приборах полностью реализуются достижения современной радиоэлектроники; одним из важных достоинств ЦИП является наличие у них выхода в двоичном коде, позволяющего непосредственно сопрягать ЦИП с ЦВМ в качестве внешнего информационного датчика.

Измерение напряжения осуществляется циклами. Устройством синхронизации является генератор тактовых импульсов.

Одним из основных блоков цифрового вольтметра является электронный счетчик, состоящий из ряда счетных декад, каждая из которых составляется из четырех двоичных ячеек спусковых устройств (триггеров). Цепочка из четырех двоичных ячеек представляет собой схему пересчета на 16 (т. е. каждые 16 отрицательных импульсов, поданных на вход схемы, вызывают один отрицательный импульс на выходе). Чтобы вести счет в десятичной системе счисления, применяются специальные схемы соединения двоичных ячеек внутри каждой декады.

В качестве цифрового индикатора используются световые табло, состоящие из колонок неоновых лампочек или лампочек накаливания, цифровые газоразрядные лампы типа ИН и другие устройства.

Погрешность цифрового вольтметра с время-импульсным преобразованием зависит от степени линейности пилообразного напряжения, стабильности частоты повторения счетных импульсов и чувствительности сравнивающих устройств. Погрешность современных цифровых вольтметров при измерении постоянного напряжения составляет $\pm (0,02 \dots 0,1)\,\%$.

Принципы построения испытательных приборов общего назначения, применяемых в диагностических системах, можно представить на базе радиолокационного измерительного прибора типа РИП, структурная схема которого приведена на рис. 6.2.

Генерация СВЧ-колебаний осуществляется на отражательном клистроне К-27, смонтированном в генераторной камере. Колебания клистрона модулируются импульсами типа «меандр». Прибор имеет четыре режима работы; переход из одного режима в другой осуществляется с помощью волноводных переключателей ВП-1 и ВП-2. В первом режиме — генерации стандартных сигналов контролируется начальный уровень мощности и значения частоты. Колебания из генераторной камеры через аттенюатор поступают в термисторную камеру, которая вместе с термисторным мостом и стрелочным индикатором является измерителем мощности. По пути к термисторной камере часть СВЧ-энергии ответвляется и подается на резонансный волномер. Перестраивая волномер по минимуму показаний стрелочного индикатора, определяют частоту генерируемых колебаний. При измерении частоты модулированных колебаний используется индикатор осциллографического типа, на вертикальные пластины ЭЛТ подается осциллографическая метка. Во втором режиме работы прибора ГК4-19А СВЧ-энергия подается на выход прибора через предельный аттенюатор, обеспечивающий регулировки мощности в диапазоне 2,5 ... 100 дБ.

В третьем режиме измеряют мощность и частоту внешних колебаний.

Четвертый режим — режим анализа спектра.

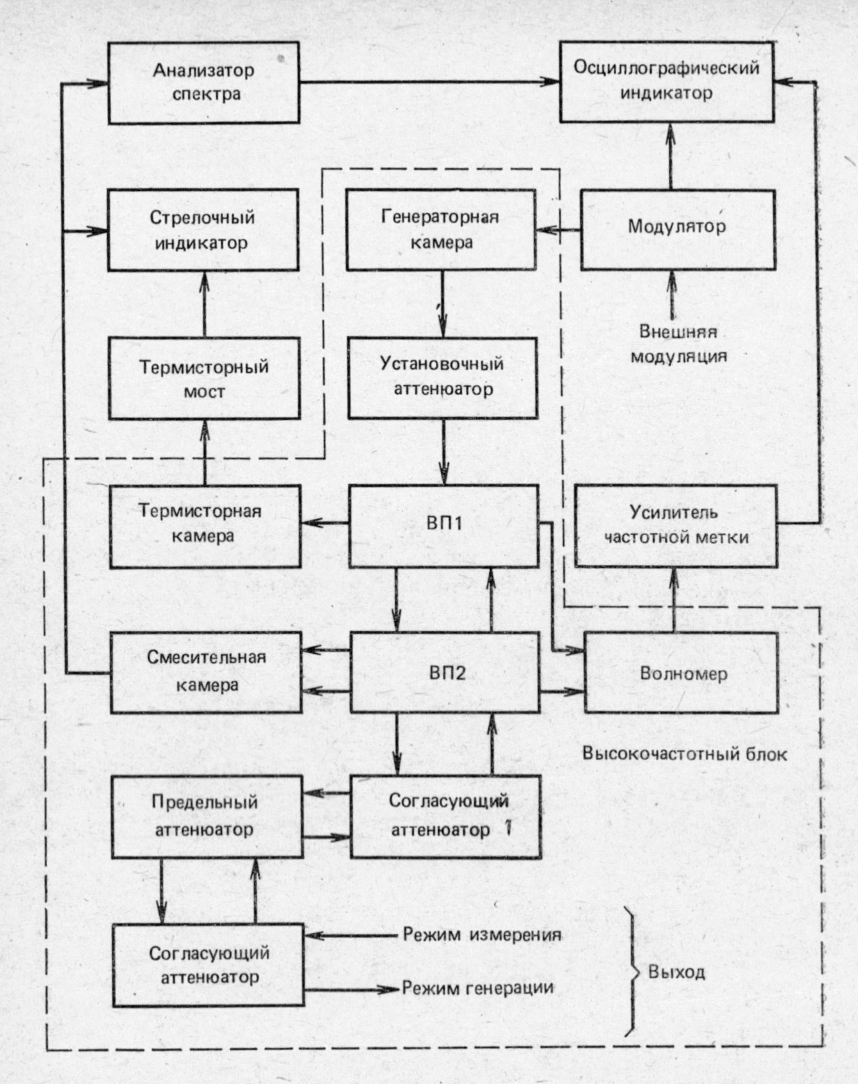

Рис. 6.2. Структурная схема РИП

Чувствительность приемного тракта измеряют в режиме ГСС. Прибор ГК4-19А синхронизируется контролируемой РЛС. СВЧ-энергия с его выхода поступает в приемный тракт РЛС, параметры сигнала выбираются близкими параметрам сигнала РЛС. Выходной сигнал прибора контролируют по экрану РЛС, устанавливая его уровень таким, чтобы он примерно соответствовал среднему уровню шумов, т. е. предельной чувствительности, выраженной в децибелах относительно 1 мВт.

Проверку полосы пропускания (частотной характеристики) приемника РЛС выполняют по прибору ГК4-19А, работающему в режиме качающейся частоты. Частотно-модулированный сигнал с выхода прибора подается на вход приемника, а выходной сигнал детектора приемника, форма которого соответствует амплитудно-частотной характеристике, поступает на входной разъем прибора и через усилитель вертикального отклонения на осциллографический индикатор. На экране последнего наблюдается амплитудно-частотная характеристика приемника. Полосу пропускания измеряют с помощью частотной метки, которая формируется на выходе детектора волномера.

Этот прибор применяют также в качестве анализатора спектра радиосигналов. При этом ширину спектра можно измерять в пределах 2 ... 20 МГц. Чувствительность анализатора спектра не менее 30 дБ относительно 1 мВт.

6.3. ВСТРОЕННЫЕ СРЕДСТВА ДИАГНОСТИКИ И КОНТРОЛЯ

Встроенный контроль технического состояния РЭС все шире используется в практике эксплуатации. За последнее время его функциональное назначение претерпело существенные изменения. Простейшие ВСК — индикаторы функционирования определенных трактов, в основном трактов питания РЭС, — являются ровесниками РЭС. В настоящее время на ВСК помимо требований фиксации функционирования основных трактов накладываются значительно более важные функции: проверка работоспособности РЭС по основным техническим параметрам, решение контрольных задач, поиск и локализация отказавших блоков сложной РЭС с индикацией отказа и автоматическим переключением на резервный комплект РЭС или РЭУ.

Одна из возможных структур ВСК приведена на рис. 6.3,*а*, на котором представлены схема ОД, состоящая из блока БЛ1 ... Бл8, в которой сигналы на выходах Бл1, Бл2, ..., Бл8 являются диагностическими параметрами, определяющими работоспособность; набор логических датчиков ЛД1 ... ЛД8 и индикаторное устройство отображения. Контролируемый сигнал на выходе каждого блока U_{k1} преобразуется, нормализуется и поступает на первый вход соответствующего ЛД, на второй вход которого подается опорное напряжение $U_{оп}$. Если напряжение U_{k1} и $U_{оп}$ обладают высокими потенциалами, т. е. U_{k1} в норме, на выходе ЛД формируется потенциал Q на 1-м выходе (см. рис. 6.3,*б*), если этого нет — формируется потенциал $\overline{Q}$.

Когда ОД работоспособен, датчики блоков Бл3, Бл5, Бл8 выдают напряжения U_3, U_5, U_8 высокого потенциала на все входы схемы «И», и на ЛД1 поступает высокий потенциал. На входе ЛД1 формируется сигнал Q и светится индикаторная лампочка «РАБ». Другие сигнальные лампы при этом светиться не могут, так как вентили В 1, ..., В14 заперты.

Отказ любого из блоков РЭУ приводит к появлению на выходе одного из Бл3, Бл5, Бл8 низкого потенциала, в результате чего лампа «РАБ» гаснет, схема переходит в режим локализации

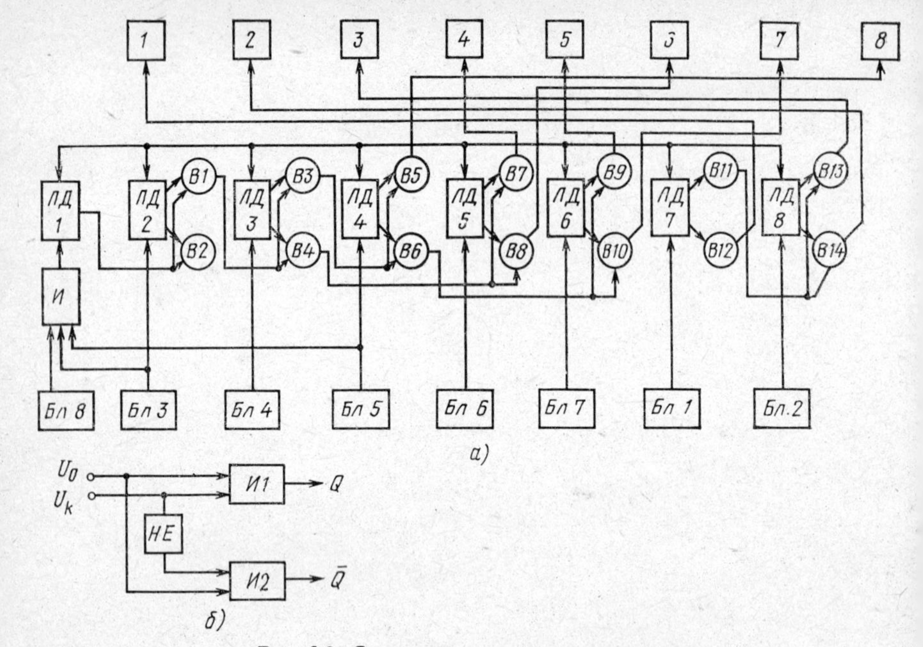

Рис. 6.3. Структура встроенного контроля

отказа и работает следующим образом. Допустим, что отказ произошел в Бл7, Бл3 при таком отказе выдает высокий потенциал, на выходе ЛД2 будет сигнал Q_2, который проходит через вентиль В1 и подготавливает вентили В3 и В4 к поступлению информации о результатах контроля выхода Бл4. Поскольку выход Бл4 также высокопотенциальный сигнал, Q_3 (выход ЛД3) проходит через В3 и отпирает В5 и В6, обеспечивая поступление информации о контроле Бл5. При отказе Бл7 датчик Бл5 будет иметь на выходе низкий потенциал, соответственно на выходе ЛД4 появляется сигнал, который подготавливает к отпиранию В9 и В10. Контроль выхода Бл7 также дает низкий потенциал (на выходе ЛД6) и появление сигнала $\bar{Q}_6$ обеспечивает свечение сигнальной лампы «Отказ 7». Ни одна из других ламп при этом включаться не будет.

В рассмотренной схеме реализован допусковый контроль типа «годен — негоден».

Одна из основных задач ВСК состоит в предоставлении оператору РЭС возможности при нормальном функционировании ОД проверить его параметрическую работоспособность и инструментальную точность измерительных трактов. Примером такой параметрической ВСК является схема встроенного контроля радиосистемы доплеровского измерителя скорости и угла сноса (ДИСС), устанавливаемого на воздушных судах [76].

Информационным параметром является доплеровская частота $F_{доп}$, которая выделяется из принимаемого сигнала.

Диагностирование состояния контрольно-измерительного тракта ДИСС состоит в том, что генерируется точное значение доплеровского сдвига частот. Частота контрольного сигнала вводится в измерительный тракт, и по показаниям оконечного прибора судят о том, работоспособен или неработоспособен измерительный тракт. Схема ВСК состоит из двух частей: имитатора контрольных частот и переключателя режимов (рис. 6.4). В имитаторе контрольного сигнала генерируются две контрольные частоты. В состав имитатора входят генераторы частоты F_1=3,5 кГц и F_2=5,5 кГц. Эти частоты поступают на электронный коммутатор. В режиме «Контроль» имитируемая частота Доплера подается на узел питания генератора СВЧ-сигнала (магнетрон). Генерируемые магнетронным передатчиком СВЧ-колебания оказываются модулированными по амплитуде низкой частоты имитатора. Часть энергии этих колебаний просачивается в приемный тракт. Таким образом, имитированный сигнал поступает на вход приемника, и в результате диагностирования оказывается возможным проверить работоспособность всего приемного тракта системы — преобразователей, усилителей, точность измерителя частоты и вычислителя путевой скорости и угла сноса. Проверка точности достигается тем, что на вход измерителя частоты с частотой коммутации поступают разные имитированные частоты F'_1=7 кГц и F'_2=6 кГц.

Описанная схема параметрической ВСК достаточно проста, но не позволяет проверить энергетический потенциал системы, так

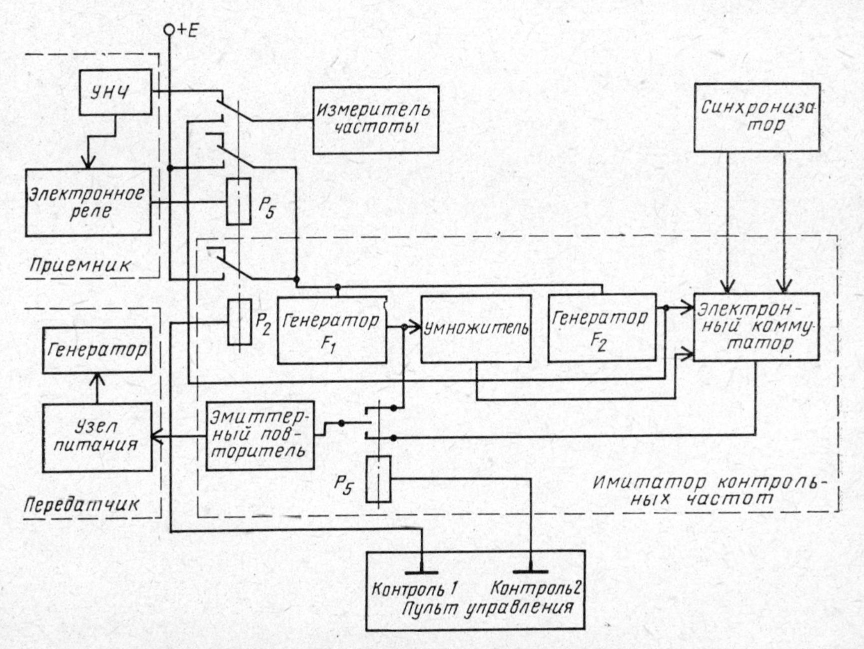

Рис. 6.4. Структура ВСДК доплеровского измерителя скорости и сноса самолета

как отсутствует контроль величины излучаемой мощности. Этот пробел может быть восполнен путем введения в тракт схемы измерения тока кристаллических смесителей, величина которого зависит от излучаемой мощности. Соответственно исправность модулятора проверяется путем измерения напряжения гетеродина.

Такой несложной комбинацией измерительных схем, встроенных в функциональные схемы РЭУ в составе РЭС, может достаточно эффективно и с высокой полнотой осуществляться контроль работоспособного состояния. Отметим, что структура данной ВСК определена функциональными и принципиальными схемами выделения информационных параметров. Для других типов РЭС эти схемы будут качественно иными, соответственно иными будут и схемы ВСК.

Примером системного ВСК, позволяющего диагностировать тракты приема и передачи РЛС, является схема контроля энергетического потенциала РЛС на основе визуальной индикации, представленная на рис. 6.5 [57]. Схема является типовой схемой РЛС.

При проверке энергетического потенциала используются схема АПЧ, весь приемный тракт от антенного переключателя до выхода видеоусилителя и электронно-лучевая трубка со схемой развертки. Качественно оценивается импульсная мощность передат-

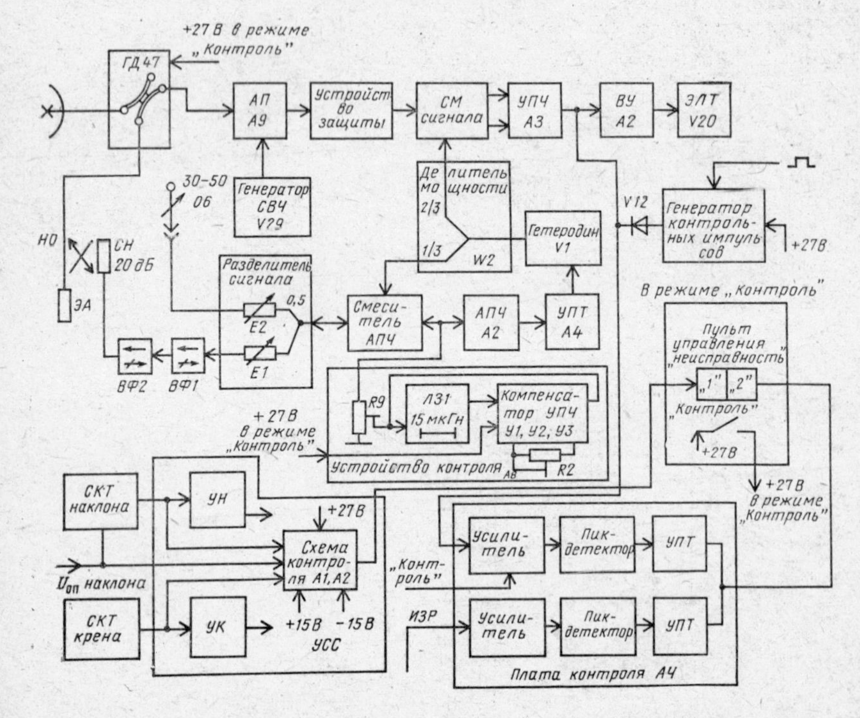

Рис. 6.5. Схема ВСДК на основе визуального индикатора

чика, чувствительность приемника, а также работоспособность схемы АПЧ.

Дополнительными устройствами (см. рис. 6.5), обеспечивающими указанную проверку, являются: волноводный коммутатор ГД47, направленный ответвитель НО с затуханием 20 дБ, эквивалент антенны ЭА, ферритовые вентили ВФ1 и ВФ2, плавный аттенюатор Е1 с затуханием 6 ... 155 дБ в разделителе сигнала А13 и устройство контроля.

В данной схеме во всех режимах работы радиолокатора (в том числе и в режиме «Контроль») зондирующий СВЧ-импульс через зонд связи с затуханием 30 ... 50 дБ и плавный аттенюатор Е2 разделителя сигналов А13 поступает на смеситель АПЧ. На другой вход смесителя АПЧ поступает сигнал гетеродина. Преобразованный сигнал через схему АПЧ А2 и УПТ А4 управляет частотой гетеродина.

В режиме «Контроль» срабатывает волноводный коммутатор ГД47 и вместо антенны к волноводному выходу приемопередающего блока подключает эквивалент антенны ЭА и направленный ответвитель НО. Кроме того, в режиме «Контроль» напряжение +27 подается на компенсирующий УПЧ и включается устройство контроля А8, состоящее из линии задержки ЛЗ1 на 15 мкс и упомянутого компенсирующего УПЧ.

Преобразованный сигнал с выхода смесителя АПЧ (радиоимпульс длительностью 2 мкс и частотой заполнения 30 МГц) через потенциометр R9 и линию задержки ЛЗ1 поступает на вход УПЧ приемного устройства. С выхода компенсирующего УВЧ радиоимпульс вновь подается на вход линии задержки. В замкнутом контуре с запаздывающей обратной связью «Линия задержки — компенсирующий УПЧ» будут циркулировать радиоимпульсы с частотой заполнения, равной $f_{пр}=f_м-f_г\cong30$ МГц, где $f_м$ и $f_г$ — частота магнетронного генератора и частота гетеродина соответственно. Период повторения циркулирующих импульсов определяется задержкой сигнала в линии ЛЗ1 и составляет 15 мкс. С помощью установочного потенциометра *R2* общий коэффициент передачи цепи «линия задержки — компенсирующий УПЧ» устанавливается меньше единицы (неполная компенсация). При этом амплитуда циркулирующих импульсов будет затухать — от импульса к импульсу по экспоненциальному закону. Число импульсов n, при котором амплитуда циркулирующего импульса упадет до значения U_0,

$$n=[\ln(U_0/U_1)]/\ln k,$$

где U_0 — заданное значение n-го импульса; U_1 — амплитуда 1-го импульса; k — коэффициент передачи кольца «линия задержки — УПЧ».

Циркулирующие импульсы через потенциометр R9 подаются на диоды смесителя АПЧ, изменяя их сопротивления, в результате чего гетеродинный сигнал в смесителе АПЧ модулируется по амплитуде циркулирующими импульсами. При этом образуются составляющие с частотами $f_г \pm m f_{пр}$, где $m=0$, 1, 2, ... Эти составляющие поступают на вход приемного устройства по следующей цепи: смеситель АПЧ, аттенюатор Е1 разделителя сигналов А13, ферритовые вентили ВФ1 и ВФ2, направленный ответвитель НО, волноводный коммутатор ГД47, антенный переключатель А9, устройство защиты А1, смеситель сигнала А2. Составляющая с частотой $f_г + f_{пр} = f_м$ преобразуется смесителем А2 в сигнал промежуточной частоты $f_{пр}$. Этот сигнал через УПЧ А3 и видеоусилитель А2 поступает на вход ЭЛТ V20.

Циркулирующие импульсы отображаются на экране ЭЛТ в виде дуг (полуколец). Первое полукольцо задержано относительно начала развертки на 15 мкс. Интервалы между соседними полукольцами будут также по 15 мкс, т. е. по 2,25 км.

Число импульсов, наблюдаемых на экране индикатора, определяется рядом факторов: скоростью уменьшения амплитуды циркулирующих импульсов, мощностью гетеродинного сигнала, чувствительностью приемника, импульсной мощностью передатчика и т. д. Параметры схемы подобраны таким образом, что наличие «гребенки» из пяти полуколец на экране индикатора свидетельствует об исправности приемопередающего блока и частично индикаторного блока. Понижение мощности передатчика или чувствительности приемника будет сопровождаться уменьшением числа полуколец на экране индикатора.

Линия задержки ЛЗ1 построена на акустических поверхностных волнах и представляет собой пьезокварцевый звукопровод У-среза размером 55×18×1,5 мм с нанесенными на нем методом фотолитографии входным и выходным электроакустическими преобразователями. Коэффициент передачи линии на частоте 30 МГц примерно равен 0,35. Полоса пропускания линии на уровне 0,5 около 1 МГц.

Компенсационный усилитель состоит из двух усилительных каскадов У1, У2.

Отсутствие циркулирующих импульсов на экране индикатора в режиме «Контроль» не позволяет сделать заключение о том, какой блок неисправен — приемопередающий или индикаторный. О неисправности приемопередающего блока можно судить по цифровому табло на пульте управления, которое управляется платой контроля А4. Работа платы контроля описывается ниже.

В приемопередающем блоке имеется плата контроля А4, которая вырабатывает сигнал отказа, передаваемый в пульт управления на цифровое табло «Неисправен», при отсутствии импульсов запуска развертки или последовательности (пачки) циркулирующих импульсов на выходе УПЧ приемного устройства в режиме «Контроль». Принцип сигнализации заключается в следующем.

Плата контроля А4 состоит из двух идентичных каналов. Каждый канал состоит из усилителей видеоимпульсов, пик-детекторов и усилителей постоянного тока (УПТ). На один канал (нижний по схеме) подаются импульсы запуска развертки (ИЗР) из узла запуска магнетрона, а на другой (верхний по схеме) — циркулирующие видеоимпульсы с выхода УПЧ в режиме «Контроль».

В рабочих режимах приемопередающего блока при включенном высоком напряжении ИЗР усиливаются, детектируются пик-детектором и постоянное напряжение поступает на УПТ. Если ИЗР поступают на вход и имеют амплитуду в заданных пределах, то на выходе платы А4 будет уровень логической единицы (от 4 до 5 В). При отсутствии ИЗР на выходе платы будет уровень логического нуля (0,3 В). Второй канал (верхний по схеме) в рабочих режимах заперт и не оказывает влияния на нижний по схеме канал.

В режиме «Контроль» открывается верхний по схеме канал, на вход которого поступают циркулирующие видеоимпульсы с выхода УПЧ. Работа этого канала аналогична работе описанного канала.

В режиме «Контроль» логический нуль на выходе платы может быть при отсутствии или недостаточной амплитуде ИЗР или циркулирующих импульсов или тех и других импульсов.

Выходное напряжение платы А4 подается на индицирующее устройство в пульте управления. Если действует логический нуль, то на табло «Неисправен» высвечивается цифра «2», свидетельствующая о неисправности приемопередающего блока.

Таким образом, отсутствие ИЗР индицируется на табло как в рабочих режимах радиолокатора, так и в режиме «Контроль». Отсутствие циркулирующих импульсов индицируется только в режиме «Контроль».

В табло «Неисправен» (в пульте управления) применяется светодиодный цифровой индикатор.

Наличие пяти полуколец на экране индикатора в режиме «Контроль» свидетельствует о нормальной работе приемопередающего блока, но не позволяет сделать заключение о нормальной работе «трехтонового» видеоусилителя и, в частности, схемы контурной индикации. Наиболее полная проверка видеоусилителя осуществляется с помощью генератора контрольных импульсов. Он смонтирован на плате видеоусилителя А2, расположенной в индикаторном блоке.

В режиме «Контроль» в генератор контрольных импульсов подается команда в виде напряжения +27 В. При этом под действием импульсов, поступающих из синхронизатора, генератор формирует контрольные импульсы примерно треугольной формы. Начало импульса задержано относительно начала развертки на 20 км, а длительность импульсов по основанию примерно равна 100 км. Эти импульсы через развязывающий диод *12* поступают на вход видеоусилителя. На экране индикатора на плавном масштабе появляется светлое полукольцо шириной 100 км на расстоянии 20 км от начала развертки. При правильной работе видеоусилителя и соответствующем положении потенциометров «Фон» и «Контраст» в полукольце должно быть два тона (два уровня яркости) — «серый» и «белый». При одновременном нажатии кнопок «Контроль» и «Контур» внутри полукольца появляется темный провал, свидетельствующий о работе схемы контурной индикации.

Генератор контрольных импульсов представляет собой классическую схему формирования пилообразного напряжения методом заряда конденсатора через резистор и его разряда через ключевой транзистор. В цепь разряда включено сопротивление с таким расчетом, чтобы постоянные времени заряда конденсатора и его разряда были примерно одинаковы. Во время действия импульса синхронизатора ключ закрыт и происходит заряд конденсатора, а после окончания импульса происходит разряд конденсатора.

Рассмотренные ВСК являются примерами решения частных задач диагностирования отдельных трактов РЭУиС. Однако в настоящее время ВСК постоянно совершенствуются и занимают все более прочное место в единой системе технического обслуживания и ремонта РЭС. Развитие ВСК имеет устойчивые тенденции и сформировавшиеся направления, по которым осуществляется их совершенствование.

Основными из этих направлений следует считать:

внедрение ВСК для контроля работоспособности (ибо большинство внедренных в практику средств предназначены для контроля функционирования); увеличение полноты контроля; повышение достоверности информации о состоянии; наличие памяти и сопряжение с внешними диагностическими комплексами; использование микропроцессоров; применение ЦВМ.

6.4. ИМИТАТОРЫ СИГНАЛОВ РЭС

Имитаторами называют устройства, предназначенные для воспроизведения стимулирующих или функциональных сигналов в схемах диагностики и контроля.

К категории имитаторов следует отнести генераторы стандартных сигналов (импульсных и непрерывных), которые широко используются в радиоизмерениях, в том числе рассмотренные выше радиолокационные измерительные приборы (РИП) и генератор доплеровских частот в ВСК ДИСС, а также подобные им технические устройства.

Однако в технической диагностике под термином «имитатор сигналов» обычно понимают радиоэлектронное устройство, формирующее входные сигналы для РЭС определенного типа, например отраженные сигналы РЛС или сигналы запроса от вторичного радиолокатора на маяк-ответчик. Большинство РЭС работает в режиме двусторонней связи или по сигналам с земли на борт или с борта на землю. Каждое из этих неавтономных радиоэлектронных изделий тем не менее может классифицироваться как отдельная РЭС. Единственным условием, замыкающим структуру, является запросный ответный сигнал, который, как правило, имеет сложный состав, один или несколько видов модуляции, может быть кодирован, и для его воссоздания на входе РЭС требуется сложное устройство. Кроме того, входной сигнал поступает из канала связи, в котором помимо полезных сигналов действуют шумы различного происхождения и непреднамеренные помехи, связанные с электромагнитной совместимостью.

Таким образом, для воспроизведения реального сигнала необходимо имитировать и определенные характеристики канала связи с шумами и помехами. В силу этого обстоятельства имитаторы сигналов, в отличие от рассмотренных ранее ГСС, являются сложными типами РЭС, для создания которых требуются значительные усилия конструкторской мысли и затрата определенных средств. Одной из важных особенностей имитаторов является то, что сигналы запроса РЭС, как правило, строго индивидуальны, они рассчитаны на данный тип системы не подходят для других систем. Поэтому требование сложности, вытекающее из функциональных задач, как бы дополняется требованием узкой специализации имитаторов. В редких случаях их проектируют как универсальные, но и тогда они рассчитаны только на модификации систем одного и того же вида. Общий принцип построения имитатора отраженных сигналов представлен структурной схемой на рис. 6.6,*а*. Типовыми устройствами имитатора следует считать синхронизатор, блок формирования детерминированного сигнала (единичных импульсов), блок формирования узкополосного шума флуктуаций, блок формирования параметров излучения (их огибающей направленных антенн) — генератор широкополосной помехи, подмодулятор, модулятор, СВЧ-генератор, устройство управления и программирования. Необходимо подчеркнуть, что не все имитаторы работают по «эфиру». Большая часть имитаторов для диагностики РЭС моделирует сигнал только на промежуточных или видеочастотах, форма которого представлена на рис. 6.6,*б*.

Для диагностирования трактов РЭС, в которых осуществляется обработка сигналов сложной структуры и выделение на их фоне полезных сигналов определенной конфигурации, применяются имитаторы, имеющие сложную структуру. Эти имитаторы могут состоять из двух частей: устройства математического моделирования отраженного сигнала и устройства физического моделирования отраженного сигнала на базе многочастотных и многофункциональных генераторов составляющих спектра детерминированной и случайной составляющей сигнала рис. 6.7.

Так, например, для имитации сигналов судовых некогерентных РЛС моделируемые сигналы должны представлять высокочастотные импульсы прямоугольной формы, уровень мощности которых флуктуирует по закону:

$$W(P) = \frac{1}{\sigma^2} \exp\left[\left(\frac{P + P_\alpha}{\sigma^2}\right) I_0 \left(\frac{2\sqrt{PP_\alpha}}{\sigma^2}\right)\right],$$

P_α — мощность детерминированной составляющей; σ^2 — средняя мощность суммарного сигнала.

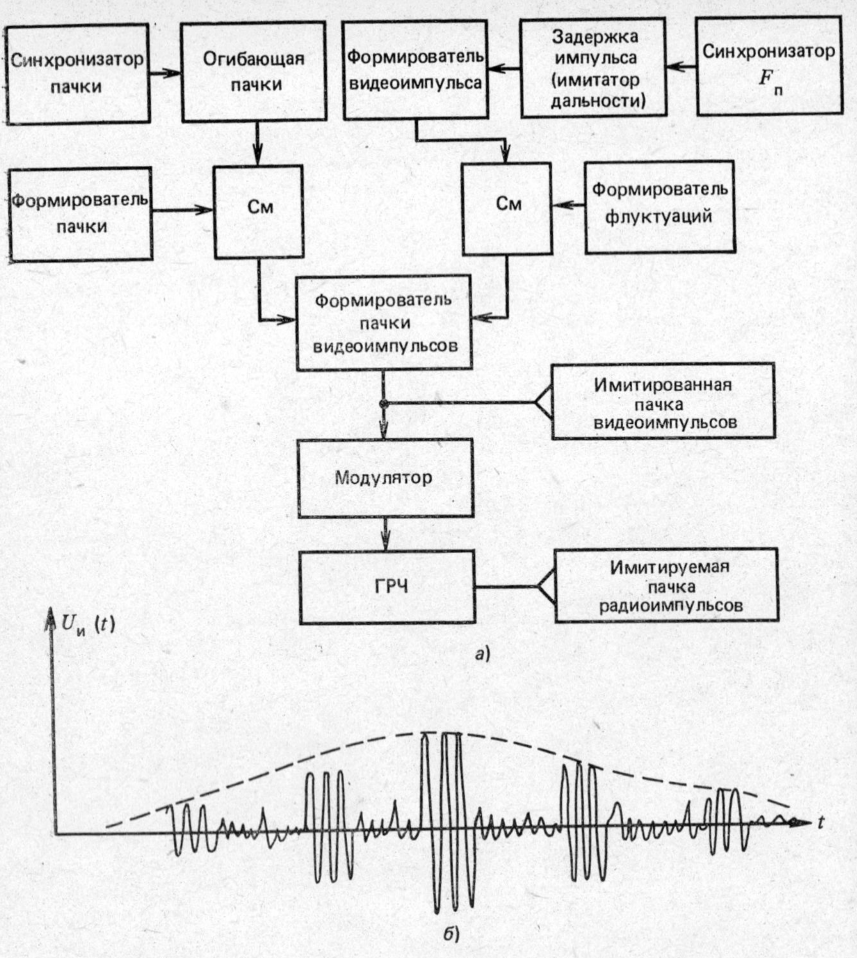

Рис. 6.6. Типовая структура имитатора и запросного сигнала

Спектр такого сигнала

$$S_P(\omega) = \exp\{-\omega^2/2\beta^2\},$$

где $\beta^2 \cong 0{,}2L^2C^2$; $C^2 = 0{,}5k^2\sigma^2{}_j\Omega^2{}_0$; Ω_0 — средняя частота колебаний; L — длина имитируемого объекта, сигнал которого воспроизводится в имитаторе.

Корреляционная функция сигнала вычисляется по формуле $B_p(\tau) = b^2{}_0(\tau)$, где $b_0(\tau)$ — нормированный коэффициент корреляции, который, например, для случая морского объекта, колеблющегося по закону $\gamma = \gamma(t)$ и состоящего из n элементарных отражателей, определяется формулой:

$$b_0(\tau) = \frac{1}{\sigma^2} \sum_{n=1}^{n} a_n^2 b_n(\tau),$$

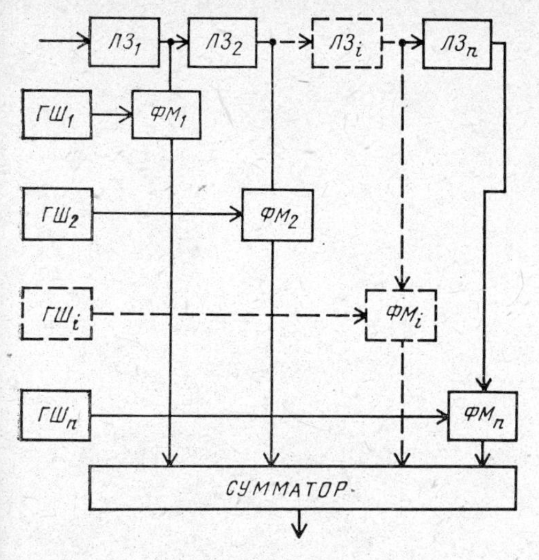

Рис. 6.7. Имитатор отраженных импульсных сигналов:
ГШ — генератор шума; ЛЗ — линия задержки; ФМ — фазовый модулятор

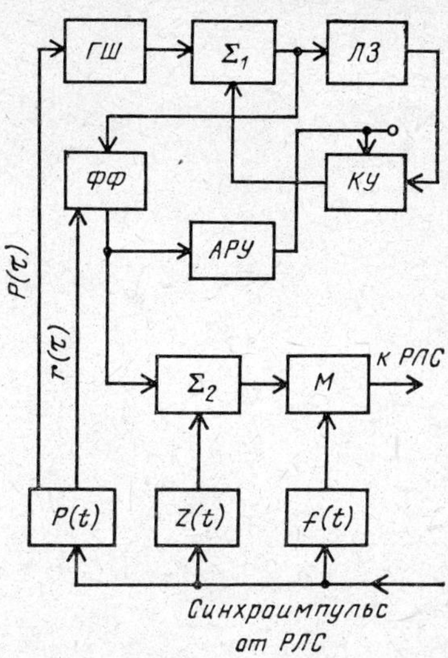

Рис. 6.8. Имитатор сигналов на основе фильтра с запаздывающей обратной связью:
ГШ — генератор шума; М — модулятор; ФФ — формирующий фильтр; КУ — компенсирующий усилитель; ЛЗ — линия задержки

где a_n — амплитуда сигнала n-го отражателя, а

$$b_n(\tau) = \cos[2K I_n \gamma(t) + I_n] \cos[2K I_n \gamma(t+\tau) + I_n]$$

и окончательно

$$b_0(\tau) = \frac{1}{2\sigma^2} \sum_{n=1}^{n} a_n^2 \exp\{-C^2 I_n^2 \tau^2\},$$

где y_n — координата n-го отражателя по оси y; σ — среднеквадратическое значение углов отклонения.

Сложные сигналы могут имитироваться в различных схемах и различными методами. Один из них представлен схемой рис. 6.8 и носит название имитатора на базе фильтра с запаздывающей обратной связью. Принцип работы этого имитатора заключается в том, что при подаче на вход линейного фильтра белого шума сигнал на выходе имеет энергетический спектр, совпадающий по форме с квадратом частотной характеристики, и нормальный закон распределения. Один и тот же энергетический спектр может быть дан на ряд различных по сложности формирующих фильтров, и, следовательно, получен спектр практически любой конфигурации.

Основная часть схемы рассматриваемого имитатора включает генератор шума ГШ, сумматор Σ, линию задержки ЛЗ, компенсирующий усилитель КУ, формирующий фильтр (ФФ) и АРУ. Шумовой сигнал с выхода ГШ подается на сумматор и одновременно на устройство с запаздывающей обратной связью, состоящее из ЛЗ и компенсирующего усилителя. Назначение КУ — компенсировать затухание в ЛЗ. Время задержки линии $T_з = T_п$, где $T_п$ — период повторения зондирующих импульсов РЛС.

В сумматоре сигнал после линии задержки смешивается с очередной порцией шума, и эта смесь поступает на вход ФФ. Система АРУ служит для поддержания постоянного уровня сигнала во всех точках схемы.

При коэффициенте обратной связи в цепи ЛЗ $\beta < 1$ вся система представляет линейный фильтр [26]. Корреляционная функция на выходе ФФ имеет вид $R_p(\tau) = \sigma^2 r_ф(\tau) \cos \omega_0 \tau$, где $R_p(\tau)$ — огибающая нормированной корреляционной функции, форма которой определяется частотной характеристикой ФФ, а ω_0 — центральная частота настройки фильтра.

Энергетический спектр сигнала на выходе ФФ

$$G(\omega) = |K_{ФФ}(j\omega) K_у(j\omega)|^2,$$

где $K_у(j\omega)$ — передаточная функция устройства с запаздывающей обратной связью:

$$K_у(j\omega) = \frac{K_{к.у}(j\omega)}{1 - K_{к.у}(j\omega)\,\alpha(j\omega)},$$

где $K_{к.у}(j\omega)$ — коэффициент передачи компенсирующего усилителя;

$\alpha(j\omega)$ — коэффициент передачи линии задержки.

Если считать, что $K_{к.у}(j\omega) = K$, а $\alpha(j\omega) = \exp(-j\omega T)$, то

$$|K_у(j\omega)| = \frac{K}{\sqrt{1 + K^2 + 2K \cos \omega T}},$$

характеристика фильтра имеет гребенчатый вид. Максимумы отдельных пиков расположены на частотах $\omega_k = 2\pi/T_п$, полоса пропускания пика на уровне 0,7

$$2\Delta F = \frac{2}{T} \arccos \frac{K^2 - 4K + 1}{2K}.$$

В общем случае частотная характеристика всего устройства будет определяться произведением частотной характеристики ФФ на $K_у(j\omega)$. Подбирая частотную характеристику ФФ, можно изменять форму и ширину огибающей спектра в соответствии с требованиями по воспроизведению имитируемого сигнала.

Одним из примеров построения имитатора для решения конкретных задач диагностирования маяков-ответчиков систем УВД является схема прибора КАСО-1 имитатора сигналов наземных РЛС. С помощью имитатора контролируют работоспособность супергетеродинного приемника и видеоусилителей ответчика, работу дешифратора ответчика на разных кодах, мощность передатчиков, ответные кодовые сигналы ответчиков, правильность кодирования цифровой информации, точность отработки блока преобразования ответчиков, схему подавления боковых лепестков. По

Рис. 6.9. Схема имитатора КАСО:

Ш — шифратор; КГ — контрольный генератор; Д — детектор; ВЧР — высокочастотный разъем; В — волномер; СИ — стрелочный индикатор; СКИ — схема контроля информации; РП — регистр памяти; ИВ — интегратор высоты

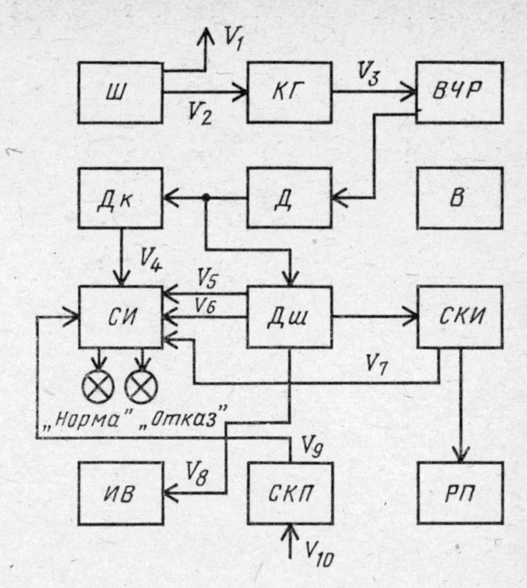

стрелочному прибору на передней панели выполняется индикация измерений несущей частоты передатчиков, проверка годности транзисторов видеодетекторов и питающих напряжений.

Основные эксплуатационно-технические параметры следующие: несущая частота запросных сигналов 837,5±0,5 МГц; мощность запросных сигналов в импульсе не менее 7 мкВт; нестабильность временны́х интервалов в запросных кодах не более ±0,2 мкс; погрешности допускового контроля импульсной мощности не хуже 50%; измерительная способность при контроле ответных кодов интервалов и информационных посылок ± (0,3 ... 1,2) мкс; погрешности измерений — электрического эквивалента датчиков высоты не более ±0,05%, несущих частот ответчиков не более ±500 кГц, интервала переменной высоты ±10%, питающих напряжений ±5%.

По принципу действия прибор имитирует запросные импульсы РЛС, которые поступают на вход ответчика, а с выхода снимаются, принимаются и контролируются ответные коды. Принятые от ответчика ВЧ сигналы в приборе детектируются, формируются по длительности и амплитуде, декодируются и оцениваются по составу и временно́му положению импульсов для определения правильности ответа.

Функциональные блоки прибора КАСО-1 следующие (рис. 6.9): шифратор, формирующий запросные видеоимпульсы; контрольный генератор, который модулируется импульсами шифратора и выдает импульсы запроса на ВЧ; смеситель ВЧ-сигналов, который получает от контрольного генератора импульсы запроса и передает их на ВЧ-разъем, подключаемый к объекту контроля. Ответные ВЧ-сигналы ответчика поступают на ВЧ разъем, далее на смеситель, волномер, служащий для измерений несущей частоты ответных импульсов, детектор и дискриминатор амплитуды (если амплитуда ответных импульсов превышает заданный уровень, то ответный сигнал имеет достаточную мощность). На дешифратор прибора поступают видеоимпульсы, которые декодируются и распределяются по соответствующим выходам. Если интервал координатного кода находится в пределах допуска, на одном из выходов дешифратора появляются широкие импульсы, широкие импульсы на другом выходе сигнализируют о наличии кодов ключа информации. Импульсы цифровой информации транслируются в схему контроля информации, в которой осуществляется контроль наличия неопределенности в разрядах и правильность расстановки импульсов во времени. В случае несоответствия временных интервалов задаваемым допускам на выходе схемы появляются импульсы, сигнализирующие об отказе ответчика. На схему индикации приходят сигналы от дискриминатора мощности, дешифратора, схемы контроля информации и контроля приемника и видеоусилителей. Одновременное появление сигналов на входах показывает, что мощность, координатный и ключевой коды находятся в допустимых пределах, информация закодирована правильно, приемник и видеоусилители функционируют нормально.

6.5. СТЕНДЫ ДЛЯ РЕГУЛИРОВКИ И ИСПЫТАНИЙ РЭУиС

Для регулировки и испытаний РЭС, устанавливаемых на подвижных объектах, а также диагностирования и восстановления РЭУ сложных РЭС в лабораториях и на ремонтных предприятиях по техническому обслуживанию РЭС широкое распространение получила стендовая аппаратура различного назначения, структуры и сложности.

Классификация стендов для РЭС весьма обширна и может быть примерно такой же, как и классификация СрДК. Из данного многообразия выделим группу лабораторных стендов, предназначенных для настройки (при изготовлении), регулировки (при восстановлении) и испытаний демонтированных РЭС или их отдельных устройств и блоков с целью их проверки на соответствие НТП или восстановления работоспособного состояния.

В соответствии с данным определением стенды СДК могут подразделяться на:

коммутационные, для настройки и регулировки РЭУиС;

для проверки РЭС на соответствие нормам технических параметров;

для ПМО и восстановления;

для динамических и климатических испытаний (для проверки работоспособного состояния в условиях динамических и климатических нагрузок). По степени автоматизации операций стенды целесообразно подразделять на ручные, автоматизированные и автоматические.

Лабораторные стенды могут рассматриваться как системы, так как состоят из взаимосвязанных отдельных радиоэлектронных устройств: измерительных приборов устройств электропитания и коммутации, панелей управления с устройствами отображения и переключения режимов.

Структурные, функциональные и принципиальные схемы стендов в основном определяются типами тех РЭС и РЭУ, для диагностирования которых они предназначены. Однако можно выде лить ряд основных узлов и устройств, входящих в состав большинства типов стендов.

Общая структурная схема типового лабораторного стенда, отражающая основные виды информационно-управляющих и энергетических связей, представлена на рис. 6.10. В соответствии со схемой элементы стендов можно разделить на три основные группы: имитаторы нагрузок и сигналов, блоки электропитания и коммутации и устройства для задания, получения и обработки информации.

Имитаторы применительно к лабораторным стендам являются не только датчиками сигналов, но и устройствами, имитирующими в процессе испытаний и контроля эксплуатационные факторы (воздействия), в том числе функциональные и дестабилизирующие.

К функциональным воздействиям относят сигналы различных типов, заменяющие отсутствующие сопрягаемые виды РЭС и электромагнитные поля. К дестабилизирующим факторам относят такие, на которые РЭС не должна реагировать в процессе функционирования или должна быть устойчива к этим воздействиям (виб-

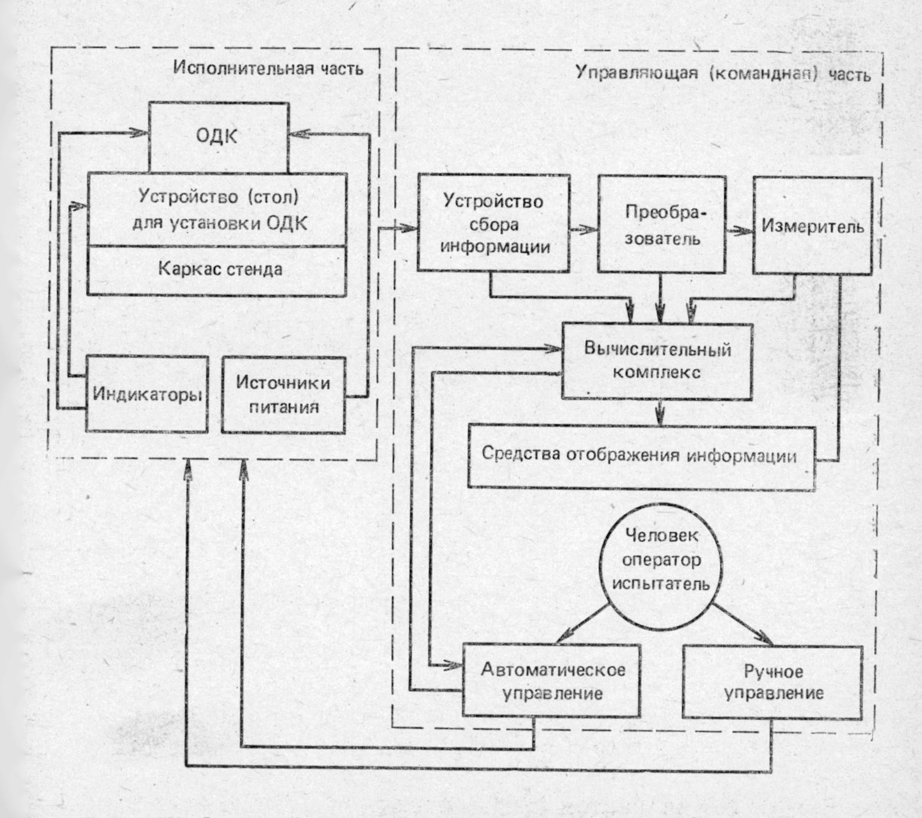

Рис. 6.10. Структура типового лабораторного диагностического стенда

рации, ударные нагрузки, температурные изменения, изменения влажности и другие климатические воздействия).

Устройства электропитания стендов включают в свой состав различные источники питающих напряжений, соответствующих мощностей для обеспечения энергий диагностируемых РЭС, имитаторов, измерительных приборов, средств восстановления и отображения информации. Источники питания выполняются как индивидуальными, так и централизованными и, в свою очередь, питаются от внешних сетей переменного тока, специальных преобразователей или специализированных сетей (например, 230 В, 400 Гц). Наряду с источниками питания в состав стендов входят поглотители мощности (эквиваленты антенных устройств РЭС и др.), обеспечивающие ее полное или частичное поглощение в процессе функционирования РЭС.

Устройства для формирования, получения и обработки информации включают в свой состав измерительные приборы, преобразователи, распределители, схемы сопоставления, обработки и анализа информации о техническом состоянии РЭС, устройства визуализации и регистрации информации, а также устройства коммутации с программным управлением, ручным, релейным, от микропроцессора, от ЦВМ.

Кроме перечисленных трех групп функциональных элементов в конструкцию стендов входят: сильные каркасы, устройства для установки диагностируемых РЭС и их закрепления.

Вариантами структур стендового оборудования для диагностирования многоблочных РЭС и их отдельных взаимозаменяемых устройств являются стенды с эталонными комплектами аппаратуры, а также стенды с универсальной блочной структурой.

Структурная схема стенда с эталонным комплектом РЭС приведена на рис. 6.11. Эталонный комплект РЭС и его отдельные блоки посредством коммутатора, так же как и блоки диагностируемой РЛС, могут подключаться к измерительному комплексу и имитаторам и использоваться в качестве датчиков сопоставительных данных с измеряемыми параметрами. При этом решение о работоспособном состоянии того или иного устройства принимается на основе сравнения количественных величин параметров эталонного и испытуемого комплектов РЭС. Стенд допускает возможность проверки любого отдельного блока диагностируемой РЛС в составе эталонного комплекта. При этом отдельные приборы эталонного комплекта выступают в качестве имитаторов сигналов для диагностируемого блока, причем воспроизводимых с высокой степенью достоверности. Диагностируемый блок входит в состав изделия также по цепям питания, что облегчает схемотехническое конструирование. Заметим, что диагностируемый блок может быть отключен от своей системы в ее комплекте, а может быть демонтирован и испытан в качестве отдельного блока в составе эталонной РЛС.

Еще одним вариантом использования стенда с эталонным комплектом является возможность включения в состав диагностируе-

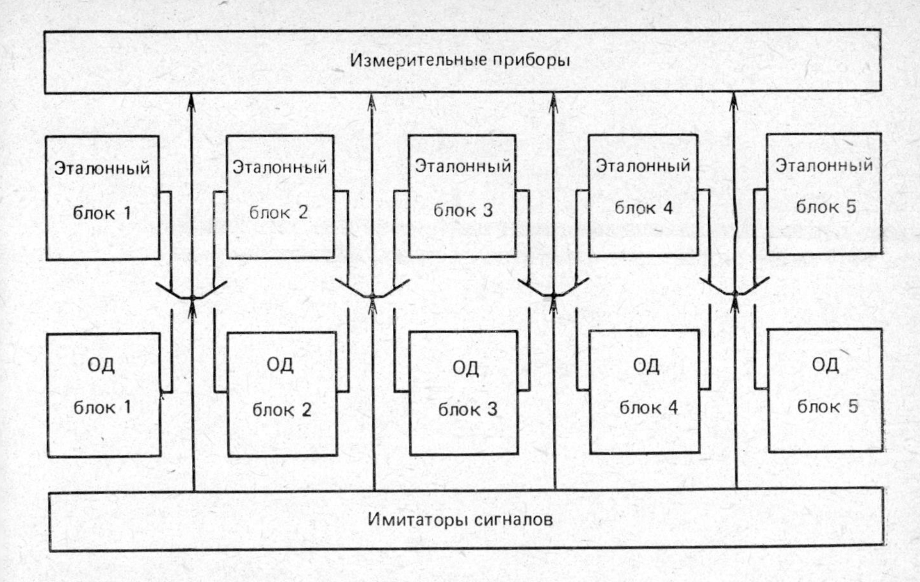

Рис. 6.11. Лабораторный стенд диагностирования РЭС с эталонным комплексом

мой РЛС эталонного блока взамен отказавшего для продолжения процесса проверки на соответствие НТП других блоков системы. Предположим, что в диагностируемой РЛС отказал индикатор, тогда в комплект подключается эталонный индикатор, проверка РЛС продолжается, а отказавший блок восстанавливается и потом проверяется в составе эталонного комплекта.

Особенностью рассматриваемого стенда является необходимость частого диагностирования состояния эталонного комплекта РЭС, который в данной системе выступает в качестве измерительного устройства. Точность воспроизведения и настройки его параметров определяет точность диагностирования РЭС и отдельных ее блоков в системе.

Еще одной особенностью стенда является относительная сложность коммутационной части и сложность подключения диагностируемого комплекта РЭС к стенду. Коммутационная часть стенда может быть источником дополнительных погрешностей при прохождении сигналов, особенно на радиочастотах, а также источником отказов, поэтому к характеристикам безотказности схемотехнической и конструктивной части стенда при проектировании и испытаниях должны быть предъявлены повышенные требования. Безотказность коммутационной части должна быть по крайней мере на порядок выше безотказности блоков диагностируемой РЭС.

За последнее время в ряде отраслей, эксплуатирующих электронную технику, получают распространение универсальные стенды для проверки комплектов РЭС, построенные на базе модульной конструкции. В качестве примера такого стенда рассмотрим стенд УСР, применяемый в гражданской авиации для диагностирования отдельных РЭС радионавигационного комплекса самолета ЯК-42. В состав этого комплекса входят связные радиостанции декаметровых и метровых диапазонов радиоволн, автоматический радиокомпас типа АРК, аппаратура радиопосадки, радиовысотомер типа РВ и другие системы.

Стенд для диагностирования РЭС комплекса (рис. 6.12) состоит из стола для размещения диагностируемого изделия, стационарной панели управления, комплекта сменных имитаторов и измерительных приборов и сменной панели коммутационно-измерительного модуля, индивидуально предназначенного для каждой отдельной РЭС. Для диагностирования радиовысотомера (РВ) перед его размещением на стенде в стенд устанавливается сменный модуль РВ со своей панелью, к которой и подсоединяется диагностируемый прибор (комплект). Через сменный модуль осуществляется подача питания в диагностируемую РЭС, коммутация цепей, подача стимулирующих сигналов (может осуществляться и непосредственно от имитаторов), а также поступление выходных сигналов на приборы лабораторно-измерительного комплекса. Подключение РЭС к сменным модулям и стенду осуществляется посредством тех же штепсельных разъемов, с помощью которых аппаратура включается в состав бортового комплекса. Достоинством стенда является возможность быстрого подключения к системе диагностирования, исключающая одновременно ошибки коммутации, это значительно облегчает возможность оперативного проведения проверок сложных РЭС на соответствие НТП. При возникновении необходимости диагностирования следующего устройства меняется модуль, к которому и подключается новая диагностируемая РЭС.

Коммутационные устройства, их схемотехническая реализация и безотказность играют в стендовой аппаратуре важную роль. В качестве таковых используются контактные и бесконтактные схем-

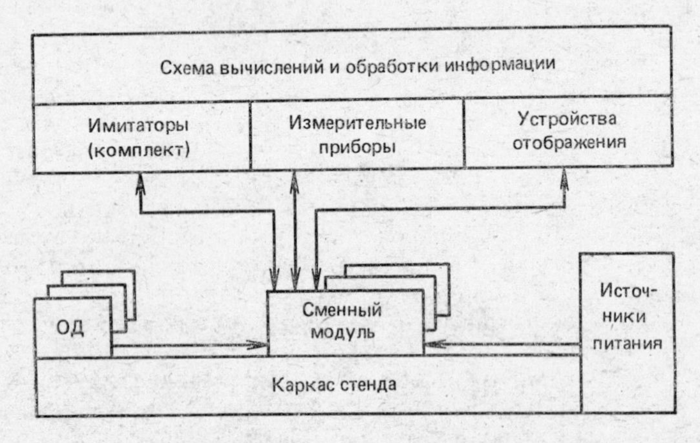

Рис. 6.12. Универсальный диагностический стенд

Рис. 6.13. Схема коммутационного устройства диагностического стенда

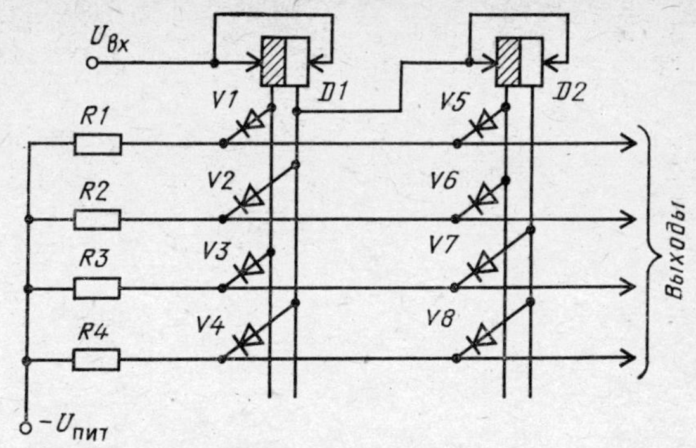

ные распределители, которые подразделяются на управляемые по одной цепи — однотактные, управляемые по двум цепям — двухтактные и управляемые по многим цепям — многотактные. Обычно эти распределители изготавливают в виде отдельных функционально замкнутых унифицированных устройств. На рис. 6.13 представлена схема бесконтактного однотактного распределителя на основе двоичных счетчиков. Такая схема позволяет получить сигнал на одном из четырех выходов при наличии на двух входах диодной матрицы сигналов в двоичном коде.

Управление коммутационными устройствами осуществляется в режиме ручного или автоматического переключения по алгоритмам, представленным при выборе совокупности параметров и последовательности их измерения, при проверке работоспособности РЭС или поиске места отказа в отдельных устройствах. Эти алгоритмы, оптимальные по определенным критериям (максимуму информации о работоспособном состоянии РЭС), положены в основу программ управления коммутационными устройствами стендов.

6.6. АВТОМАТИЗАЦИЯ СРЕДСТВ ДИАГНОСТИКИ И КОНТРОЛЯ

Автоматизация — это широкий комплекс организационных и экономических мероприятий, дающий возможность вести производственные процессы без непосредственного участия в них человека. В более узком смысле, автоматизация — это применение технических средств автоматики для контроля, регулирования и управления. Автоматизация — всеобщая тенденция совершенствования промышленного производства и завершающей стадии жизненного цикла изделия — его эксплуатации. С этой точки зрения и следует рассматривать автоматизацию СрДК, как одного из важных звеньев тракта управления состоянием РЭС.

Основными целями автоматизации являются повышение быстродействия СТД, снижение себестоимости, улучшение качества продукции и повышение надежности ее работы. Применительно к СТД автоматизация процесса позволяет получать следующие преимущества при применении автоматических систем: существенно понижать трудоемкость диагностирования; обеспечить высокую степень достоверности информации о техническом состоянии РЭС; использовать жесткие алгоритмы технического диагностирования, исключающие возможность вмешательства субъективных факторов; получать документы, определяющие техническое состояние РЭУиС; систематически накапливать информацию о техническом состоянии РЭС, его изменении; формировать информационное поле для прогнозирования; внедрять прогрессивные стратегии ТОиР на основе прогнозирования.

Общая структура автоматической (или автоматизированной) СТД (АСТД) совпадает с обобщенной схемой диагностики и контроля. Отличием и особенностью АСТД является то, что основные операции в ней осуществляются автоматически. К числу таковых следует отнести операции формирования ДП, коммутации, преобразования, нормализации, измерения фиксации числового значения измеренного параметра, сравнения с полем допусков, принятия решения о годности (негодности) параметра, запоминание, отображение и документирование, а также автоматический переход к измерению следующего ДП по заданной жесткой или гибкой программе и автоматическая подача соответствующего стимулирующего сигнала. В этом перечне главными операциями, характеризующими автоматизацию, являются:

автоматизация коммутации, различных переключений и переходов выходных сигналов, диагностируемых РЭС, и входных стимулирующих сигналов;

автоматизация процесса сопоставления измеренных значений ДП с полем допуска;

запоминание и документирование.

Остальные операции диагностирования и контроля автоматически выполняются даже в системе с ручным управлением.

Большим преимуществом и стимулятором процесса автоматизации диагностирования являются возможности использования в АСТД микропроцессоров и ЦВМ.

Структурная схема типового комплекса средств измерений и автоматизации (СИА) приведена на рис. 6.14 и включает в свой состав:

аппаратуру подключения к ОД (преобразователи, коммутаторы, первичные измеряемые параметры);

цифровые измерительные приборы (аналого-цифровые);

источники стимулирующих воздействий (цифро-аналоговые преобразователи);

интерфейсные средства (цифровые коммутаторы, аппаратура сопряжения, трансляторы, людемы);

аппаратуру обработки (ЭВМ, мини-ЭВМ, микро-ЭВМ, программируемые микропроцессоры, программно-логические устройства);

аппаратуру регистрации и индикации.

Большинство РЭУ, входящих в состав СИА, в том или ином виде встречались при рассмотрении различных СрДК. Интерфейсом называют стыкующую часть СИА (плата, блок), расположенную в схеме между различными устройствами, входящими в сис-

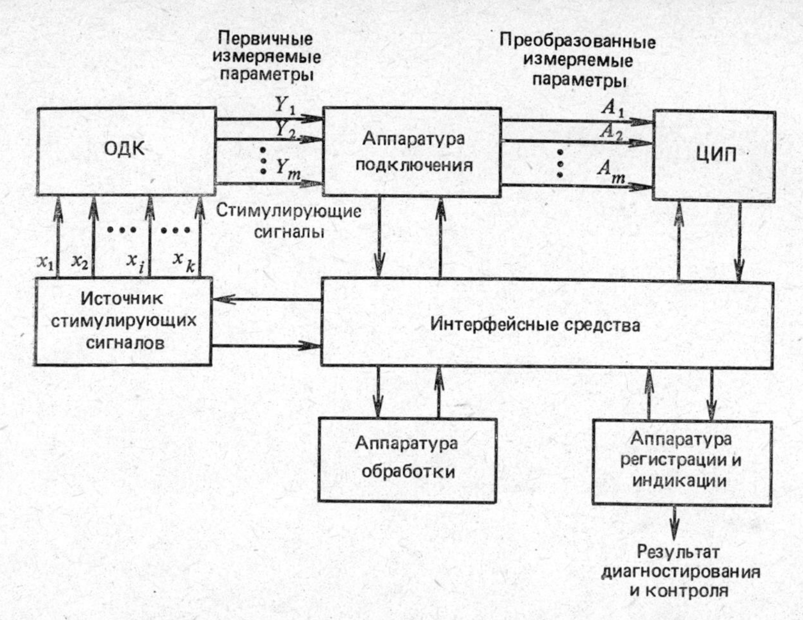

Рис. 6.14. Структурная схема комплекса средств измерений автоматизированного (СИА)

тему, через которую происходит обмен информацией. Совокупность механических, электрических, информационных и зависящих от устройства функциональных элементов, которые необходимы для взаимодействия отдельных РЭУ в СИА, составляет систему интерфейса. Линии сигналов, используемых в каналах общего пользования СИА, носят название «шина».

Один из вариантов структуры, в которой межприборные интерфейсные связи организованы по схеме звезды, приведен на рис. 6.15. Измерительные приборы, подключаемые к ОД, работают в режиме автоматических измерений. Центральным интерфейсным устройством является цифровой коммутатор (КЦ). С выхода ЦИП код измерений ДП U_i поступает на один из входов КЦ. Момент достоверности кода на входе определяется специальным синхроимпульсом от ЦИП. КЦ поочередно подключает ЦИП, принимает от них код ДП и передает этот код в аппаратуру обработки и управления (АОУ). Каждый ЦИП через время T_i (период измерения) обновляет информационный код на выходе. При n контролируемых ДП полный цикл одного измерения

$$t_{\text{изм}} = \sum_{i=1}^{n} T_i + t_{\text{обр}},$$

где $t_{\text{обр}}$ — время обработки информации.

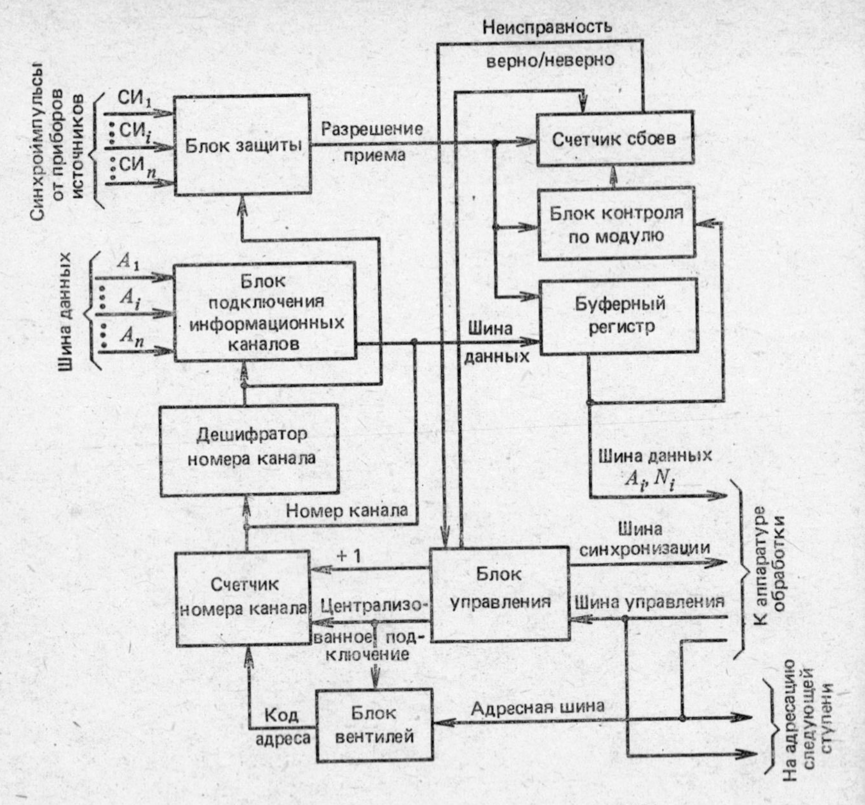

Рис. 6.15. Вариант структурной схемы многоканальных СИА с автоматическим режимом

Динамическая погрешность измерения по каждому из параметров определяется с учетом скорости изменения параметра dU_i/dt по формуле

$$\delta U_i = \frac{dU_i}{dt} t_{\text{изм}}.$$

Если КЦ обеспечивает подключение ЦИП с необходимой скоростью, то выполняется условие

$$\frac{dU_i}{dt} t_{\text{изм}} \leqslant \delta U_{i\ \text{доп}}.$$

Период минимальной смены информации от самого быстродействующего прибора, определяющий время ввода, вычисляется исходя из соотношения:

$$T_{\text{в}} > \tau_k [n(1+q_{\text{ср}})],$$

где τ_k — время сквозной передачи одного кода информации в коммутаторе, т. е. его быстродействие; n — количество каналов; $q_{\text{ср}} = (q_1+q_2+\ldots+q_n)/n$; q_i — вероятность сбоя в i-м канале.

Соответственно $t_{\text{изм доп}}$ может быть определено из соотношения:

$$\delta U_{\text{доп}} = t_{\text{изм доп}} (dU_i/dt)_{\max} \geqslant (dA_i/dt)_{\max} \tau_k n (1 + q_{\text{ср}}).$$

Конструктивная реализация соединений звездой практически не ограничивает длину линий связи для передачи информации по каждому каналу, хотя увеличение длины приводит к некоторому ограничению быстродействия. Перекрестные искажения при соединении звездой между соседними шинами данных минимальны. Электрические параметры выходных цепей ЦИП должны быть совместными (полярность, система кодирования, разрядность), и потенциал запроса выбирается таким, чтобы при отключенном приборе на входе соответствующего канала фиксировалось отсутствие запроса.

Из других устройств, характеризующих особенности СИА, представляет интерес схема документирования диагностической информации. Возможность объективного документирования — одно из важнейших преимуществ СИА, и его следует применять в любых АСТД.

К средствам документирования (СДок) предъявляются высокие требования по компактности и малой массе, бесшумности работы и сохранности носителя информации. Одновременно необходимо иметь в виду, что СДок — часть СрДК и соответственно часть СТД, поэтому требования к их безотказности должны быть высокими.

Наиболее перспективными для использования в СИА считаются различные модификации знакосинтезирующих печатающих устройств, воспроизводящих на носителе мозаичное изображение цифр, символов, букв.

По принципу воспроизведения изображения печатающие устройства делят на следующие группы:

устройства ударного действия, в которых регистрация точки происходит за счет удара по бумаге через красящую ленту;

электрохимические, в которых регистрация точки осуществляется путем изменения цвета специальной бумаги, пропитанной реактивом, чувствительным к электротоку;

электроискровые печатающие устройства, в которых регистрация точки осуществляется при формировании искры под точечным электродом;

электротермические, в которых при кратковременном нагреве точечного термопечатающего элемента происходит локальное почернение термочувствительной бумаги.

Среди способов организации печати в СДок широко применяются два: последовательная посимвольная печать, при которой строка печатается последовательно — символ за символом, и параллельная. При последовательной записи результирующее время формирования информации в одной строке

$$t_{\text{стр}} = \tau_{\text{стл}} N_{2\ \text{стр}} n_{\text{стр}},$$

где $\tau_{стл}$ — продолжительность печати одного столбца; $N_{2стр}$ — среднее количество столбцов строчек при воспроизведении одного символа; $n_{стр}$ — количество позиций символов в строке.

Применение последовательной печати считается недостаточно эффективным в связи с небольшой скоростью.

Для повышения быстродействия применяется схема с параллельными печатающими гребенками и точечными элементами, развернутыми вдоль строки. Положение символов в строке является строго определенным для каждой позиции n_i, что дает возможность коммутировать управление группами по N_2 точек. Продолжительность печати одной строки $t_{стр}=\tau_{стр}n_{стр}N_1$, где $\tau_{стр}$ — продолжительность воспроизведения строки одного символа, N_1 — количество строк в изображении символа, т. е. количество шагов перемещения бумаги при печати одной строки; $n_{стр}$ — количество позиций символов в строке.

При параллельной печати отсутствует перемещение головки печатающего устройства от символа к символу, ввиду чего инерционность переключения с символа на символ $\tau_{стр}$ меньше ($\tau_{стр} \ll \ll \tau_{стл}$) и быстродействие СДок оказывается высоким.

6.7. МЕТРОЛОГИЧЕСКОЕ ОБЕСПЕЧЕНИЕ СРЕДСТВ ДИАГНОСТИКИ И КОНТРОЛЯ

В эксплуатации сложных РЭС при выполнении ТОиР до 70% всех работ составляет измерение диагностических параметров и их проверка на соответствие НТП. Для обеспечения достоверности диагностической информации важное значение приобретает выбор допустимых погрешностей средств и методов измерений и поддержание их на требуемом уровне в продолжение ЖЦ РЭС.

Под метрологическим обеспечением принято понимать установление и применение научных и организационных основ измерений, технических средств, правил и норм, необходимых для достижения единства и требуемой точности измерений. Другими словами, метрологическое обеспечение определяется как комплекс организационно-технических мероприятий, направленных на обеспечение единства и достоверности измерений с целью поддержания готовности и эффективности применения РЭС.

Вопросы метрологического обеспечения рассматриваются и разрабатываются на всех стадиях ЖЦ, включая стадию проектирования. При этом проблема метрологического обеспечения РЭС и РЭК, на сегодняшний день, является весьма острой, так как радиотехнические измерения охватывают большие диапазоны частот, амплитуд напряжений, токов, мощностей (см. § 3.1). Для примера заметим, что ТО радиоэлектронного комплекса самолета Ту-154, в состав которого входит 12 типов РЭС, требует применения свыше 150 электрорадиоизмерительных приборов различных типов и назначения. Все эти приборы, применяемые при технической эксплуатации РЭС, должны быть метрологически обеспечены.

Метрологическое обеспечение РЭС состоит из двух основных этапов: метрологической экспертизы и проверок средств измерений в процессе их применения.

Метрологическая экспертиза является одним из основных организационно-технических мероприятий метрологического обеспечения, в результате которого дается оценка эффективности этого обеспечения как самих изделий РЭС, так и измерительной техники для диагностики и контроля. Проводится метрологическая экспертиза на всех стадиях ЖЦ и на всех этапах разработки РЭС, начиная с технического задания.

В процессе метрологической экспертизы обосновывается выбор совокупности ДП, средств, с помощью которых будет производиться их диагностирование, устанавливаются и обосновываются номинальные значения ДП и допуски на их изменения. Определяются документально такие понятия, как исправное состояние РЭС, работоспособное состояние РЭС, состояния функционирования, отказа, а также применительно к системе понятия дефекта. Определяя те или иные параметры для характеристики технического состояния РЭС, необходимо каждый раз оценивать возможности измерения их значений, задаваться требуемыми точностными характеристиками средств, рассчитывать их количественные характеристики и оценивать возможные технические реализации, т. е. заранее определять, во что схемотехнически и конструктивно выливается выполнение предъявленных требований. При этом в первую очередь следует прорабатывать возможность использования для СТД существующих средств измерения общего или специального применения. На такие параметры, как количество измерительных приборов, масса измерительных приборов, суммарный объем и суммарную трудоемкость технического диагностирования, должны устанавливаться ограничительные условия, выполнение которых рассматривается при проведении метрологической экспертизы.

В эксплуатационных документах на новые РЭС должны быть представлены методы и методики проведения проверок РЭС на работоспособность, рациональные алгоритмы поиска места отказа, таблицы признаков возможных дефектов и их проявлений. Одним из этапов метрологической экспертизы является проверка вновь создаваемого или модернизируемого изделия на соответствие требованиям государственных стандартов и отраслевых стандартов. Повышенное внимание при этом должно уделяться вопросам соответствия стандартам в области технической эксплуатации, технического обслуживания и ремонта, технической диагностики. При разработке техники, так уж повелось, что конструктор никогда не нарушит указания государственного стандарта в части требований к крепежным изделиям, соблюдения установленных размеров какого-либо блока, но при этом в технической документации сплошь и рядом отсутствует определение категории контролепригодности РЭС, которое (см. гл. 2) является следствием проведения значительного объема исследований по выбору, расчету и обоснованию целого ряда эксплуатационных параметров объекта, средств и системы диагностирования. Неотнесение РЭС к одной из категорий объекта диагностирования есть прямое нарушение государственного стандарта, должно преследоваться по закону и является прямым свидетельством некачественного проведения метрологической экспертизы на стадии разработки изделия.

Необходимо подчеркнуть, что в большинстве своем государственные стандарты характеризуют высокий уровень качества изделий, которые они регламентируют, и соответствие ГОСТ, таким образом, является в определенной степени гарантией реализации этого высокого уровня качества и эффективности.

В процессе эксплуатации СрДК для поддержания их метрологических характеристик в заданных пределах должна проводиться их метрологическая проверка. В результате проверки определяют погрешности средств измерения, в том числе в интервале различных влияющих величин, находят поправки к показаниям средств измерений, выполняют их градуировку, оценивают годность к функциональному использованию. Периодические проверки СрДК выполняют в соответствии с ежегодным план-графиком силами метрологической службы предприятия, отрасли или государственной метрологической службы. Измерительные установки, пульты, стенды, имитаторы, разрабатываемые в процессе совершенствования техники на стадии ее эксплуатации, подлежат обязательной метрологической аттестации, а нормативно-техническая документация на них — метрологической экспертизе.

Метрологическое обеспечение РЭС организует метрологическая служба, имеющая ступенчатую иерархическую структуру.

Каждая отрасль промышленности имеет в своем составе метрологическую службу, которая подчиняется ведомственным руководящим органам и метрологической службе Госстандарта. Отраслевая метрологическая служба организуется по типовой структуре, разрабатываемой Госстандартом. В составе отраслевой метрологической службы: управление или отдел министерства, головная организация метрологической службы отрасли (ВНИИ или НИИ), базовые организации метрологической службы, базовые поверочно-ремонтные метрологические лаборатории, метрологические лаборатории предприятий, должностные лица — главные и старшие метрологи, инженеры-метрологи и другие.

Основные задачи отраслевой метрологической службы:

обеспечение единства и требуемой точности измерений, испытаний, диагностирования и контроля на предприятиях отрасли;

методическое руководство, координация и проведение работ по метрологическому обеспечению функционального использования РЭС, технического обслуживания, ремонта, научно-исследовательских работ, разработок, выпуска готовых изделий и испытаний;

внедрение современных методов и средств измерений, контроля и испытаний на предприятиях отрасли;

внедрение государственных стандартов и разработка на их основе отраслевых стандартов в области обеспечения единства измерений, диагностики и контроля продукции отрасли и ее технологических процессов;

проведение метрологической экспертизы разрабатываемых на предприятиях отрасли проектов, сооружений, отраслевых и других стандартов, а также аттестации нестандартизуемых средств технического обслуживания и ремонта (стендов, имитаторов и других приборов).

В соответствии с перечисленными задачами метрологическая служба и ее представители на всех промышленных уровнях организуют работы по метрологическому обеспечению соответствующих участков, в том числе и технического диагностирования.

Эти работы требуют высокого уровня радиотехнической подготовки, хорошего знания эксплуатируемых РЭС до уровня принципиальных схем, методов их технического обслуживания, настройки, регулировки, проверки технического состояния, выявления дефектов, поиска места отказа и восстановления РЭС. Сложность радиоэлектронной аппаратуры сейчас такова, что для решения этих задач недостаточно таланта и поверхностных знаний, а требуется профессионализм, базирующийся на основах теории, и практический опыт эксплуатации, наличие определенных навыков. Это обстоятельство заставляет предъявлять к инженеру по эксплуатации РЭС повышенные требования, так как его работа часто связана с обеспечением безопасности функционального использования техники.

ГЛАВА 7. ДИАГНОСТИРОВАНИЕ РАДИОЭЛЕКТРОННЫХ УСТРОЙСТВ НА ИНТЕГРАЛЬНЫХ МИКРОСХЕМАХ

7.1. ЦИФРОВЫЕ РАДИОЭЛЕКТРОННЫЕ УСТРОЙСТВА, ИХ ЭЛЕМЕНТНАЯ БАЗА И ПАРАМЕТРЫ

Интенсивное развитие элементной базы привело к тому, что множество технических устройств производится на основе цифровых схем, приборов на поверхностных акустических волнах (ПАВ), приборов с зарядовой связью (ПЗС), оптических элементов, реализующих обработку сложных радиолокационных сигналов в реальном и близком к реальному масштабе времени. В современных РЛС, автоматизированных системах управления воздушным движением и воздушно-космической обороны, противосамолетных комплексах для решения задач обнаружения и сопровождения разнообразных целей, движущихся со скоростями от нулевой до М-5, картографирования земной поверхности, а также распознавания целей, могут быть использованы разные сигналы, как простые монохроматические синусоидальные и импульсные различной длительности, так и сложные пачечные широкополосные сигналы с линейной и нелинейной внутриимпульсной частотной модуляцией и переменным периодом повторения или фазоманипулированные импульсные, шумовые и шумоподобные сигналы с использованием различных кодовых последовательностей.

Обработка сложных сигналов в радиоэлектронных системах сводится обычно к согласованной фильтрации отраженного сигнала для каждой ячейки дальность — скорость в каждом угловом направлении, анализу спектра сигнала и пороговому обнаружению для устранения помех. Сигнал на выходе согласованного фильтра представляет собой функцию неопределенности, которая на плоскости частота — дальность характеризует достижимую величину разрешения по дальности и скорости при использовании соответствующих видов сигналов. Вид функции неопределенности обусловлен главным образом произведением длительности сигнала T на полосу занимаемых им частот ΔF. Для современных и перспективных радиолокационных средств характерна величина произведения $T\Delta F$ порядка $10^4 \dots 10^5$. Устройства обработки сигналов с таким значением $T\Delta F$ в первую очередь должны обладать гибкостью и адаптивностью, которые позволили бы использовать эти устройства в РЭС различных классов, обеспечить работу в реальном масштабе времени, могли бы повысить вероятность обнаружения целей в сложных условиях. Для этого с успехом используются устройства обработки сигналов, в которых применяются цифровые и аналоговые методы. Цифровые устройства обработки сигналов, основаны на дискретизации (квантовании) аналоговых сигналов. Основными операциями обработки этих сигналов являются операции дискретного преобразования Фурье (ДПФ), операции дискретной и круговой свертки, высокоскоростной свертки и корреляции. Для уменьшения времени вычисления ДПФ используется специальный алгоритм быстрого преобразования Фурье (БПФ), который может рассматриваться как основной метод вычисления в цифровых схемах обработки сигналов.

Цифровые оптимальные фильтры в современных РЭС реализуются (синтезируются) с помощью мини-ЭВМ или специализированных вычислительных устройств. Обычно в цифровом фильтре число отсчетов дискретизованного сигнала равно произведению полосы сигнала на его длительность (ТБ), так как полная длительность сигнала $T=NT_{\text{диск}}$, где N — число отсчетов сигнала; $T_{\text{диск}}$ — период дискретизации (обычно принимается равным $1/F$).

Импульсная характеристика фильтра, согласованного с сигналом, содержит столько же отсчетов, сколько и сигнал, поэтому N в общем случае определяется требованиями ко всей станции. Разделение сигналов по частоте и параллельная обработка во всех частотных каналах обеспечивается путем уплотнения по времени — мультиплексирования.

При создании цифровых фильтров необходимо учитывать соотношение между быстродействием вычислительных средств для реализации алгоритма БПФ и объемом запоминающего устройства. Ряд примеров находящихся в эксплуатации устройств цифровой обработки сигналов показывает, что часто специализированные программируемые цифровые процессоры радиолокационных сигналов позволяют быстрее выполнить алгоритм БПФ по сравнению с алгоритмами, запрограммированными на универсальной мини-ЭВМ.

В настоящее время созданы образцы программируемых цифровых процессоров радиолокационных сигналов высокой производительности. Так, процессор фирмы Raytheon, который используется в наземных импульсно-доплеровских РЛС, имеет быстродействие 10 млн комплексных операций в секунду. Кроме цифровых фильтров, синтезированных на основе алгоритма БПФ, процессор обеспечивает работу схем поддержания постоянства уровня ложных тревог и порогового обнаружения. Вычислительные средства этого процессора имеют два блока, работающих параллельно. Универсальный цифровой процессор той же фирмы для наземных РЛС имеет быстродействие 5 млн комплексных операций в секунду. При организации многопроцессорной структуры возможно увеличение быстродействия до 20 млн операций в секунду.

Широкое распространение РЭУ с применением цифровой обработки обусловливает повышенный интерес к вопросам диагностирования их технического состояния и качества работы. Естественно, что диагностирование должно охватывать те элементы цифровых РЭУ, в которых постепенно накапливаются предпосылки возникновения отказов [65].

Основной элементной базой цифровых РЭУ являются интегральные микросхемы (ИМС), которые объединяются при производстве в микросборки, узлы и блоки, описываемые ниже под общим наименованием «цифровые узлы» (ЦУ). К ним относят триггеры различных типов, регистры сдвига, счетчики, устройства синхронизации, устройства сравнения, сумматоры и преобразователи кодов и др. Типовые функциональные схемы ЦУ регламентируются ОСТ4 Г0.303.201.

Интегральные микросхемы (ИМС), составляющие основу ЦУ, имеют различные схемотехнические разновидности и степень интеграции (рис. 7.1). Базой ИМС является транзисторная электроника. В элементах этих схем нормальное функционирование не связано с износовыми процессами и усталостными явлениями. Причиной их ограниченных ресурсов безотказности в процессе эксплуатации являются дефекты, обусловленные несовершенством технологических процессов, качеством материалов и их естественной деградацией, которые развиваются под воздействием различных дестабилизирующих факторов (температуры, механических нагрузок, влажности и др.).

Как объекты диагностирования ИМС, отличаются высокой интеграцией компонентов на кристалл, повышенной скрытностью процессов деградации, возникновения и развития дефектов. С применением ИМС резко сокращается количество используемых корпусов и доступность к внутренним точкам схем, а следовательно, количество контролируемых ДП. Именно это обстоятельство приводит к необходимости широкого применения косвенных методов диагностирования ЦУ, принципиально отличающихся от схемотехнических: электрофизических, тепловых, рентгеновских и др.

Еще одной особенностью диагностирования ИМС является относительная условность понятий «дефект» и «отказ». Учитывая многофункциональность ИМС, отдельные дефекты, определяющие потенциальный отказ РЭУ, могут быть глубоко скрыты и не обнаруживаться даже при проведении высококачественного диагностирования с большой глубиной. Их появление и перерастание в отказ РЭС оказывается маловероятным.

Особенности диагностики ИМС являются новым, но чрезвычайно важным развивающимся направлением науки и техники. Эксплуатация ИМС в реальных условиях дает для этого направления ценный статистический материал.

Задачей инженерно-технических работников эксплуатации РЭО является изучение и применение на практике методов и средств диагностики ИМС и ЦУ.

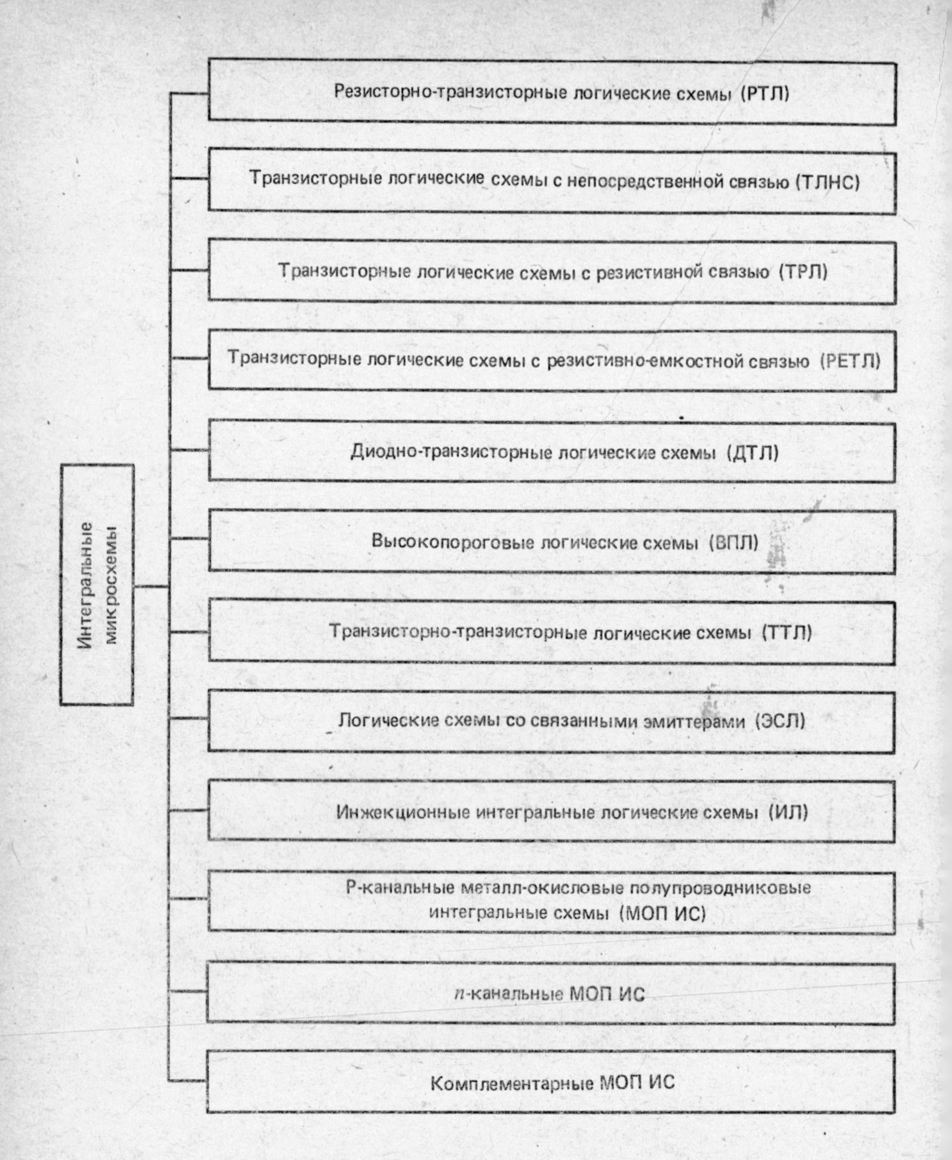

Рис. 7.1. Классификация интегральных микросхем

Техническими параметрами ЦУ на этапе функционального проектирования являются: тактность, быстродействие, функциональная надежность, удельная информационная емкость, коэффициент объединения по входу, коэффициент разветвления на выходе.

Тактность ЦУ определяется числом синхронизирующих сигналов, необходимых для функционирования устройства по заданному алгоритму.

Быстродействие ЦУ определяется:

минимальным временем задержки распространения сигналов $t_{\text{и min}}$, в течение которого завершается переходный процесс;

минимальным временем паузы между информационными или счетными сигналами $t_{\text{п min}}$;

полным тактом $T_{\text{п}}$, равным периоду следования информационных или счетных импульсов, или максимальной частотой следования этих импульсов $f_{max}=1/T_{\text{п min}}$;

частотным коэффициентом φ, показывающим уменьшение f_{max} относительно максимальной частоты переключения логического элемента $f_{\text{л.э max}}$:

$$\varphi=f_{max}/f_{\text{л.э max}}.$$

Для логических элементов $f_{\text{л.э max}}=1/t_{\text{зд.р.ср}}$, где $t_{\text{зд.р.ср}}$ — среднее время задержки распространения сигнала в логическом элементе.

По логической цепи, формируемой из $(2n+1)$ последовательно соединенных однотипных логических элементов, минимальное время распространения сигналов

$$t_{\text{р min}}=2l\,t_{\text{сд.р.ср}}+\max\left(t_{\text{зд}}^{0,1},\ t_{\text{зд}}^{1,0}\right),$$

где $l=0, 1, 2, 3, \ldots$ При четном $2n$ числе последовательностей элементов

$$t_{\text{р min}}=2lt_{\text{зд.р.ср}}.$$

Функциональная надежность характеризует способность ЦУ реализовывать рабочий алгоритм при наличии разбросов задержек сигналов в логических элементах. Схема ЦУ функционально надежна, если в ней отсутствуют опасные состязания между сигналами, т. е. такие ситуации, при которых имеется возможность возникновения переходов, не заданных алгоритмом работы. Условием функциональной надежности $t_{\text{ра}}<t_{\text{рв}}$, где $t_{\text{ра}}$ и $t_{\text{рв}}$ — время распространения сигналов в состязающихся логических цепях А и В.

При оценке функциональной надежности схем на логических элементах «И — ИЛИ — НЕ» следует учитывать, что задержка сигнала в схеме «И» намного меньше задержки в схемах «И — ИЛИ — НЕ».

Функциональная надежность ЦУ определяется также при выполнении условия $t_{\text{зд.р.ср}}\gg t_{\text{р.с.в}}$ — времени распространения сигналов по шинам связи между элементами ЦУ.

Функциональная надежность ЦУ, построенного по схеме, содержащей опасные состязания, характеризуется величиной параметра функциональной надежности

$$\Phi=t_{\text{зд.р min}}\,\Delta/t_{\text{зд.р max}},$$

где отношение минимального к максимальному времени восстановления характеризует относительный разброс задержки, а $\Delta=K_{\text{а}}/K_{\text{в}}$ — отношение количества состязающихся логических элементов.

Удельная информационная емкость $I_{уд}$ характеризует коэффициент использования логических элементов при обработке определенного объема информации $I_{уд}=I/K$, где $I=\log_2 M$; M — количество устойчивых состояний ЦУ (для счетчиков — коэффициент пересчета).

Коэффициенты объединения и разветвления определяются максимальным количеством входов и логических выходов одного элемента ЦУ.

Электрические и химические процессы, происходящие в полупроводниках ИМС во время и после их изготовления, приводят к изменению состояния последних, а следовательно, к возникновению отказов. Возникновению любого отказа предшествует постепенное изменение состояния ЦУ и так называемое предотказовое состояние. Однако в одних случаях мы его можем зафиксировать до момента наступления неработоспособного состояния, которое характеризуется постепенным отказом, а в других случаях отказ проявляется во времени неожиданно и классифицируется, как внезапный отказ.

Задачей диагностирования ЦУ является определение их технического состояния и выявление отказавших элементов, предотказовых состояний и других повреждений.

В основе диагностирования ЦУ лежат две группы методов: неразрушающие физические методы и средства технического диагностирования, т. е. измерения физических величин, и методы, базирующиеся на контрольных логических тестах, обеспечивающих контроль исправности ЦУ, диагностирование отказов и локализацию мест их возникновения.

7.2. НЕРАЗРУШАЮЩИЕ МЕТОДЫ ДИАГНОСТИРОВАНИЯ ЦУ

Любая характеристика полупроводникового элемента ЦУ зависит от физических и химических свойств R исходных параметров

$$U_i = U_1 (R_1 \dots R_j),$$

в свою очередь, $R_j=R(Y_k, t)$, где Y_k — дестабилизирующие факторы, влияющие на ЦУ.

Изменение выходного параметра на величину, превышающую допустимое значение с учетом дестабилизирующих факторов,

$$\Delta U = \int_0^{\tau_i} \left(\sum_j \frac{\partial U_i}{\partial R_j} \frac{\partial R_j}{\partial t} \right) dt,$$

где τ_i — момент наступления отказа.

Подынтегральное выражение отображает чувствительность параметров (U_i) к определенным свойствам (R_j), зависящим от времени t и условий (Y_k). Эта величина получила название кинетической чувствительности

$$\Phi_j = (\partial U_i / \partial R_j)(\partial R_j / \partial t)$$

и соответственно

$$\Delta U = \sum_{j} \int_{0}^{\tau_i} \Phi_j \, dt.$$

Задача диагностирования ЦУ сводится к выбору рациональных методов определения кинетической чувствительности, выявлению схемотехнических элементов, имеющих дефекты, выявлению предотказовых состояний ЦУ и прогнозированию поведения элементов во времени.

Основными методами диагностирования физического состояния контролируемого вещества ИМС в настоящее время являются:

электрофизические методы, основанные на исследовании электрических свойств и параметров элементов схем и вещества ИМС;

инфракрасные методы, основанные на контроле параметров излучения ИК диапазона волн;

рентгеновские методы, основанные на исследовании взаимодействия вещества ИМС с рентгеновским излучением;

оптические методы, использующие видимый спектр излучения;

радиационные методы, в которых используются потоки ускоренных частиц;

методы растровой электронной микроскопии и др.

Первые три группы методов могут использоваться как на эксплуатации, так и в производстве ИМС. Они как бы составляют основу эксплуатационной диагностики. Остальные методы из-за сложности реализации диагностических установок применяются только при производстве ИМС и рассматриваться не будут.

Электрофизические методы основаны на исследовании и измерении параметров электрофизических явлений, которые происходят в веществе ИМС с течением времени, при воздействии внешних условий, и тест-сигналов. К этим параметрам следует отнести шумовые сдвиги, изменение магнитных свойств вещества, возникновение термо- и фото-ЭДС и др.

Источником информации о появлении дефектов в полупроводниковых приборах ИМС может выступать избыточный шум, величина которого определяется плотностью тока через полупроводник. Различные неоднородности в электрических соединениях также приводят к появлению избыточного шума. Этот метод позволяет обнаруживать дефекты диодов, транзисторов, конденсаторов, резисторов, контактных схем и в целом ИМС.

Методы диагностирования в ИК-диапазоне (тепловые) базируются на том, что с помощью чувствительных индикаторов ИК-диапазона снимается картина теплового поля излучения ИМС в процессе работы или при подаче теплового (токового) импульса.

Подавляющее большинство процессов в ИМС (и ЦУ) связано с выделением определенных порций теплового излучения, поэтому любые отступления от заданных температурных режимов могут служить признаком наличия скрытых дефектов. Универсальность и информативность тепловых методов привели к их широкому применению в диагностике РЭУ.

Диагностирование состояния герметически закрытых конструкций РЭС может осуществляться на основе просвечивания рентгеновскими лучами, гамма-лучами, ультразвуковой локацией. С помощью этих методов хорошо обнаруживаются дефекты схем, которые образовались при обработке давлением. В настоящее время используются во многих областях «рентгеновское просвечивание» и компактные и универсальные диагностические установки на его основе.

Оптические методы диагностирования могут быть эффективно использованы для определения состояния поверхностей вещества ИМС, а именно выявления поверхностных повреждений, изменения конфигурации и взаимного расположения элементов ИМС, обнаружения посторонних включений. Основой дальнейшего совершенствования оптических методов является применение для этих целей голографии. Голография позволяет реализовать безлинзовое увеличение в несколько миллионов крат при восстановлении волнового фронта с голограмм в электронном или рентгеновском диапазонах, что приводит к развитию принципиально новых методов микроскопии с очень большой степенью разрешения. Голографические методы обеспечивают возможность измерения деформаций в любых точках поверхности ИМС, определять характер их распределения с малой погрешностью (до 2 мкм). Объектами диагностирования при этом могут быть даже кристаллические решетки.

Голографические методы дают возможность осуществлять контроль тепловых полей и деформацию таковых в процессе эксплуатации. В настоящее время доказана также возможность создания Фурье-преобразующих оптических устройств для обнаружения внешних дефектов (царапин, трещин, нарушений герметичности и др.).

Помимо рентгеновских видеометодов облучения для диагностики РЭУ могут применяться радиоволны см- и мм-диапазонов. С их помощью обнаруживаются внутренние и поверхностные дефекты, а также измеряется толщина диэлектрических покрытий на металлических подложках ИМС. Средства радиоволновой диагностики включают в свой состав генератор СВЧ-диапазона, рупорную антенну небольшого сечения, усилительное устройство и индикатор-анализатор.

7.3. ЭЛЕКТРОФИЗИЧЕСКИЕ МЕТОДЫ ДИАГНОСТИРОВАНИЯ ЦУ

Радиоэлектронные ЦУ требуют для своего диагностирования применения электронных методов и средств, работающих в одном диапазоне с объектами. Целевая функция СДК ЦУ не отличается от таковой для непрерывных объектов. Основной особенностью диагностирования ЦУ является более скрытый характер процессов, связанных с функциональным использованием РЭУ и с деградацией элементов. Ввиду скрытости дефектов для определения технического состояния приходится использовать косвенные методы диагностики и контроля, находить совокупность косвенных па раметров, дополняющих основные, по общей методике, изложенной в § 5.4 и [62].

Одним из наиболее тщательно разработанных методов диагностирования ИМС, транзисторов и диодов является метод измерения наклона вольт-амперных характеристик *p-n* переходов. В основе этого метода лежит физическое явление, заключающееся в том, что прохождение носителей заряда в реальном *p-n* переходе определяется объемными свойствами и состоянием поверхности полупроводника. Остальные факторы играют второстепенную роль. Центрами рекомбинации и регенерации электронов и дырок в полупроводниках являются дислокации решетки, примесные атомы, локализованные внутри кристаллической решетки, либо дефекты на поверхности полупроводника.

В зависимости от того, в каком месте осуществляются рекомбинация и генерация электронов и дырок, полный ток *p-n* перехода можно представить как сумму четырех составляющих $i=i_1+i_2+i_3+i_4$, где i_1 — диффузный (объемный рекомбинационно-генерационный) ток; i_2 — ток генерации и рекомбинации на поверхности запорного слоя *p-n* перехода; i_3 — ток генерации и рекомбинации внутри запорного слоя *p-n* перехода; i_4 — ток поверхностных каналов.

Соотношения между величинами этих четырех составляющих определяются следующими факторами: i_1 и i_3 зависят от объемных свойств полупроводника, а i_2 и i_4 — от свойств поверхности. Обусловленный рекомбинацией носителей диффузионный ток

$$i_1 = I_н [\exp (eU/mkT) - 1],$$

где e — заряд электрона; U — напряжение, приложенное к *p-n* переходу; k — постоянная Больцмана ($1{,}38 \cdot 10^{-23} \frac{Вт}{Гц \cdot град}$); T — абсолютная температура в К; m — коэффициент, зависящий от распределения примесей в *p-n* переходе.

Соответственно ток

$$i_2 = I_а 2 \sin h \exp (eU/m_2 kT),$$

где $1 < m_2 < 2$.

Аналогичными выражениями определяются значения токов i_3 и i_4:

$$i_3 = I_п 2 \sin h \exp (eU/m_3 kT), \quad i_4 = I_б 2 \sin h \exp (eU/km_4 T),$$

где $I_п$, $I_б$, m_3 и m_4 — соответствующие коэффициенты, причем $1 < m_3 < 2$, а $2 < m_4 < 4$ (если существуют широкие каналы, то $m > 4$).

Диффузионный ток вдоль поверхности вне переходной области подобен диффузионному току в объеме и обычно значительно меньше его по величине.

При обратном смещении на переходе, когда не существует широких каналов, значение общего тока определяется в основном величинами токов объемной и поверхностной генерации $i=i_2+i_3$.

Наклон прямой ветви вольт-амперной характеристики *p-n* перехода определяется условиями его изготовления, свойствами объема полупроводника (неоднородностью распределения примесей, микротрещинами), условиями работы, окружающей средой. Прямая ветвь вольт-амперной характеристики аппроксимируется экспонентой вида

$$I = I_0 [\exp (eU/m_э kT) - 1],$$

где коэффициент $m_э$ является функцией напряжения, состояния поверхности и степени легирования полупроводника. Таким образом, значение крутизны оказывается через коэффициент m_4 связанным с поверхностными свойствами полупроводника и *p-n* перехода, а также с объемными свойствами полупроводника.

Деградационные процессы в полупроводниках, связанные с кинетикой физико-химических изменений вследствие электрических и тепловых нагрузок, оказывают наибольшее влияние на поверхностный слой полупроводников. Следовательно, параметр $m_э$ содержит информацию о наличии поверхностных дефектов и дает основания для выявления полупроводников, которые начали интенсивно деградировать.

Экспериментально установлено, что при коэффициенте наклона вольт-амперной характеристики, соответствующему значениям $m_э > 2{,}6$, имеет место максимальное количество дефектов в контролируемых партиях полупроводников.

Реализация рассмотренного метода контроля наклона вольт-амперной характеристики может быть выполнена несколькими путями: прямыми измерениями контролируемого параметра, оценкой величины наклона вольт-амперной характеристики в режиме микротоков, контролем вольт-амперных характеристик последовательно или параллельно соединенных ИМС и др.

Переходные процессы, приводящие к возникновению больших плотностей локальных токов, также могут вызывать отказы ИМС. Определяются они свойствами *p-n* переходов и поверхностными явлениями — источниками флуктуаций плотностей носителей тока. Между характером и интенсивностью переходных процессов в *p-n* переходах и уровнем изменения низкочастотных шумов в полупроводниках существует корреляционная связь. Отсюда появляется возможность использования результатов оценки спектральных характеристик шумов для определения состояния ИМС и полупроводниковых приборов.

В задаче (см. § 6.5) управления системами рассматривался вопрос о возможности построения модели флуктуирующего сигнала на базе последовательного соединения фильтра детерминированных параметров и «шумящего» линейного фильтра. Пропускная способность такого устройства определяется выражением

$$C_{ф.ш} = \int_0^F \log_2 \left[1 + \frac{K_0 \beta_x (f)}{D_x \beta_\varphi} \right] df,$$

где $\beta_x(f)$ — спектральная плотность и дисперсия входного сигнала; β_φ — спектральная плотность флуктуаций коэффициента усиления.

В этой интерпретации выходной шум есть усиленный случайным образом полезный сигнал.

В случае диагностирования ИМС по шумовым параметрам мы сталкиваемся с тем же случаем. Полезным сигналом ДП является шум ИМС. Его параметры диагностические и содержат информацию о том или ином состоянии РЭУ. Механизм возникновения диагностического шума связывают с медленными изменениями поверхностных состояний в обедненном носителями слое эмиттерного перехода и с утечками коллекторного перехода.

Эксперименты показывают, что параметры шумов на выходе ИМС оказываются чувствительными к изменению поверхностных условий, и появление и возрастание шумов опережает изменение других параметров. Поскольку нарушения в структуре полупроводникового прибора могут чаще происходить вблизи мест термокомпрессии выводов, то при протекании тока в этих областях, возникает так называемый контактный шум.

ЭДС шума этого типа

$$\overline{E}^{2}_{\text{деф}} = k U^{\alpha} R^{\beta}_{\text{деф}} f^{-\gamma} \Delta f,$$

где U — падение напряжения на области, у которой нарушена структура; $R_{\text{деф}}$ — сопротивление этой области; K — постоянный коэффициент, величина которого зависит от материала полупроводника, рода дефекта; $\alpha=2$, $\beta=1$, $\gamma=1$; Δf — ширина полосы частот.

Из формулы следует, что контактный шум имеет спектр, подобный спектру фликер-шума, хотя эти шумы вызываются различными физическими явлениями. Измерения параметров шумов ИМС производятся в обычных схемах, или путем абсолютной оценки мощности шумов на выходе измерительного тракта, или путем сравнения мощности измеряемых шумов с шумами эталонного генератора.

7.4. ТЕПЛОФИЗИЧЕСКИЕ МЕТОДЫ ДИАГНОСТИРОВАНИЯ ИМС

В большинстве элементов РЭУиС часть всех форм энергии, в них циркулирующей, превращают в тепловую. Интенсивность выработки тепловой энергии зависит от параметров элементов ИМС, в том числе от наличия в них скрытых дефектов. Изменение параметров элементов схемы (ИМС) могут привести к изменению общих характеристик теплового поля, что дает возможность выявить те компоненты, параметры которых находятся вне допуска.

Задача диагностирования ИМС на базе теплофизических методов в общем виде формулируется как задача идентификации теплового поля ИМС, как объекта диагностирования с эталонным полем. Эталонные тепловые поля могут быть получены как экспериментальным путем, так и с помощью математического моделирования. Аналитические методы определения теплового поля разработаны недостаточно, дают значительные погрешности (от 50 до 100%) из-за множества ограничений и допущений, и основными в настоящее время являются экспериментальные методы.

Интенсивность теплового поля для диагностирования ИМС оценивают путем измерения температуры. Необходимо, однако, отметить, что поскольку температура является функционалом как теплофизических характеристик, так и условий обмена, то отождествление температуры с тепловым полем может привести к большим погрешностям.

Измеряют температуру используя контактные и неконтактные методы.

К контактным методам относят:

метод измерения с помощью термопар, достаточно простой, хорошо отработанный, но имеющий недостаток — температура измеряется в локальных точечных участках схемы;

метод температурно-чувствительных красок — также простой и удобный, но его недостаток состоит в необратимости процессов и дискретности индикации значений температуры;

метод с использованием жидкокристаллической индикации, основанный на свойстве жидкокристаллических соединений, приобретать окраску в зависимости от окружающей температуры. Применяя дифракционные и интерференционные методы регистрации измерений красителя, можно получать разрешающую способность до 0,1° С.

При использовании жидких кристаллов для диагностирования ИМС имеет место ряд ограничений, которые постепенно преодолеваются с развитием техники. Эти ограничения сводятся к следующему:

1. Удельная теплоемкость большинства холистерических веществ, составляющих основу жидкого кристалла, составляет 1,5 Дж/см^3, следовательно, теплосмкость ОД не должна превышать эту величину.

2. Размеры пятна, характеризующие разрешающую способность жидкого кристалла, не менее 0,02 мм, что накладывает ограничения на размеры диагностируемого теплового поля и снижает возможности метода при диагностировании ИМС.

3. Постоянная времени жидких кристаллов 0,1 ... 0,2 с, что ограничивает допустимые скорости изменения температуры ОД.

4. Температурный диапазон, исследуемый с помощью жидких кристаллов, составляет 0 ... 100° С.

5. Поверхность ОД должна быть по возможности черной, поскольку жидкие кристаллы не поглощают, а селективно рассеивают свет.

Неконтактные методы измерений характеристик теплового поля основаны на свойствах тел излучать электромагнитную энергию, пропорциональную их температуре. Они подразделяются на методы с одновременной регистрацией теплового излучения ОД и методы с последовательной регистрацией теплового излучения.

В настоящее время созданы многоэлементные приемники со среднеквадратичным отклонением интегральной чувствительности не более 15% для 10 элементов схемы и 30% — для схем из 100 элементов.

Последовательный неконтактный контроль теплового поля ведется следующим образом. В определенной точке ОД приемник фиксирует тепловое поле, превращающееся в электрический сигнал, который усиливается и регистрируется. Развертка луча приемника-преобразователя осуществляется с помощью механической, оптико-механической или фотоэлектронной системы. Приборы-регистраторы тепловых профилей (тепловых полей) называют радиометрами (микрорадиометрами, тепловизорами).

Современные микрорадиометры имеют эффективные параметры. Так, быстродействующий тепловизор БТР-1 с индикацией на экране ЭЛТ имеет поле обзора 4,5×4,5°, пространственное разрешение в 4 угловые минуты, диапазон измеряемых температур от 200 до 300° С, разрешение по температуре 0,4° С, время сканирования 16 кадров в секунду, число строк в кадре — 100. Инфракрасная камера модели Т-7 фирмы Baznes имеет поле обзора 25×12°, диапазон температур — от —20 до 250° С, разрешение по температуре 0,1° С, время сканирования 0,25 с с числом строк в кадре 120, числом элементов в строке 250 и индикацией на ЭЛТ.

Основными техническими параметрами ИК приемников являются: порог чувствительности — минимальная величина обнаруживаемого теплового потока; величина выходного сигнала на единицу потока подающего излучения; инерционность приемника, определяемая его постоянной времени.

Порог чувствительности

$$P_{\text{прм min}} = ES_{\text{п}}/[(U_{\text{с}}/U_{\text{ш}})(\Delta f)],$$

где E — плотность подающего на приемник излучения, Вт/см^2; $S_{\text{п}}$ — площадь приемника, см^2; $U_{\text{с}}/U_{\text{ш}}$ — отношение выходного сигнала к шуму. Обычно порог чувствительности измеряется при воздействии на приемник излучения черного тела с температурой 300° С для неохлаждаемых и 100° С — для охлаждаемых приемников.

Для сравнения приемников ИК излучения с различными размерами приемных площадок вычисляется величина приведенного порога чувствительности

$$Д^*(100,\ 400,\ 1) = S_{\text{п}}/P_{\text{прм min}}(100,\ 400,\ 1),$$

где (100, 400, 1) — температура 100° С, частота модуляции электрического сигнала — 400 Гц, полоса пропускания приемника — 1 Гц.

При одинаковом напряжении, приложенном к слоям с различными светочувствительными площадями, величина порогового потока пропорциональна площади светочувствительного слоя:

$$(P_{\text{пор 1}}/P_{\text{пор 2}}) = (S_{\text{п}}/S_{\text{п2}})^{1/2}.$$

Порог чувствительности приемника

$$P_{\text{прм min}} = P_{\text{прм min } T^\circ} T^\circ S_{T^\circ}/T S_T,$$

где $P_{\text{прм min } T^\circ}$ — порог чувствительности приемника при абсолютной температуре источника T°; S_T — поверхность источника при температуре T, где

$$S_{T^\circ} = \int_0^\infty E_0 T^\circ (\lambda, T^\circ) \varphi_0 (\lambda) d(\lambda), \quad S_T = \int_0^\infty E_0 T (\lambda, T) \varphi (\lambda) d(\lambda),$$

$E_0 T^\circ$ и $E_0 T$ — спектральная плотность излучения источника в относительных единицах при температурах источников T° и T; $\varphi(\lambda)$ — относительная спектральная чувствительность приемника.

Теплофизические методы с успехом могут быть использованы для диагностирования качества электрических контактов в различных элементах РЭС.

Долговечность электрического контакта определяется его сопротивлением (сопротивлением контакта), т. е. электрическим сопротивлением на границе двух проводящих элементов соединения.

Полное сопротивление электрического соединения $Z_\Sigma = Z_{\text{м}} + Z_{\text{к}}$, где $Z_{\text{м}}$ — объемное сопротивление металлических частей; $Z_{\text{к}}$ — сопротивление контакта. Отношение Z_Σ / Σ_k для различных видов электрических соединений характеризуется значениями: разъем «штепсель-гнездо» —3 ... 5; разъем печатной платы —10 ... ... 20; контакты реле и переключателей 5 ... 20, в специальных реле — до 100.

Экспериментальным путем установлено, что между начальными значениями $Z_{\text{к}}$ и долговечностью существует жесткая корреляционная связь.

Участки контакта очень малы и реагируют на прохождение тока за 1 мкс, в то время как объем металла реагирует на тот же импульс тока за 1 с. Следовательно, импульс тока длительностью в 1000 мкс будет влиять на участки контакта, а на другие его элементы оказывать влияния практически не будет. Для достижения этого эффекта требуется величина тока, определяемая из соотношения $I = K/Z_{\text{к}}$, где K — постоянная для данного материала величина. Возрастание $Z_{\text{к}}$ вследствие деградации уменьшает температуру, что является признаком наличия дефекта.

7.5. ТЕСТОВОЕ ДИАГНОСТИРОВАНИЕ ЦИФРОВЫХ УСТРОЙСТВ

Современные цифровые РЭУ сложны, включают в свой состав тысячи и десятки тысяч элементов и отказ любого из них может прекратить функционирование РЭС в самый ответственный момент. Физические методы контроля состояния цифровых РЭС, описанные в предыдущих параграфах, имеют недостаточную достоверность, несмотря на все их многообразие и глубину.

По достоверности определения работоспособного состояния цифровых РЭУ (ЦУ) помимо физических могут использоваться эффективные тестовые методы диагностики и контроля. Существо тестового контроля составляет тестовый сигнал, подаваемый на ЦУ и вызывающий такую реакцию на входной сигнал, которая свидетельствует о том, что ЦУ находится в работоспособном состоянии.

Контрольный тест ЦУ формально определяется как последовательность входных наборов и соответствующих им выходных наборов, обеспечивающих контроль исправности цифрового узла. Контрольные тесты составляются таким образом, что позволяют обнаружить одиночные константные неисправности $S=0(1)$ в статистическом режиме.

Работоспособность контролируется следующим образом. На вход ЦУ подаются наборы контрольного теста. Снимаемые с ЦУ выходные наборы сравниваются с эталонными. При совпадении каждого из выходных наборов теста с эталонными наборами ЦУ считается работоспособным. Контрольные тесты составляются на базе анализа принципиальных схем ЦУ.

В случае несовпадения сигналов контрольного и эталонного наборов дальнейшая подача теста прекращается и на этом наборе диагностируется отказ (неисправность).

Диагностирование отказа начинается от того выхода ЦУ, на котором зафиксировано несовпадение контрольного и эталонного наборов. На том логическом элементе схемы, который связан с этим выходом, измеряются выходной сигнал U и входные сигналы $x_1 \ldots x_k$, где k — число входов элементов ЦУ. По измеренным значениям входных сигналов в соответствии с алгоритмом функционирования определяют U_0 — то значение выходного сигнала, которое должно быть: $U_0=f(x_1, x_2, \ldots, x_k)$. В случае неравенства $U \neq U_0$ — отказавшим считается сам элемент или гальваническая связь от его выхода. При $U=U_0$ определяются существенные входы логического элемента, а затем те логические элементы, которые связаны с этими входами. Под существенным понимается такой вход элемента, на котором изменение логического сигнала приводит к изменению сигнала на выходе. Описанные измерения выполняются для всех элементов, связанных с существенными входами. Измерения выполняются до определения неисправности или до соответствующих входов цифрового узла.

В случае если в качестве элемента схемы ЦУ выступает триггер, то для него

$$U_0=f(x_1, x_2, \ldots, x_k, U'),$$

где U' — предыдущее состояние триггера. Поэтому U_0 определяется не на каждом наборе. Для RS-триггера со входами R, S на наборе [01] $U_0=1$, на наборе [10] $U=0$, на наборе [00] U_0 может быть 0 или 1 в зависимости от U'. Если сигнал U_0 можно установить по результатам измерения, то отказ диагностируется путем определения U, измерения его параметров, сопоставления и сравнения их с параметрами U_0.

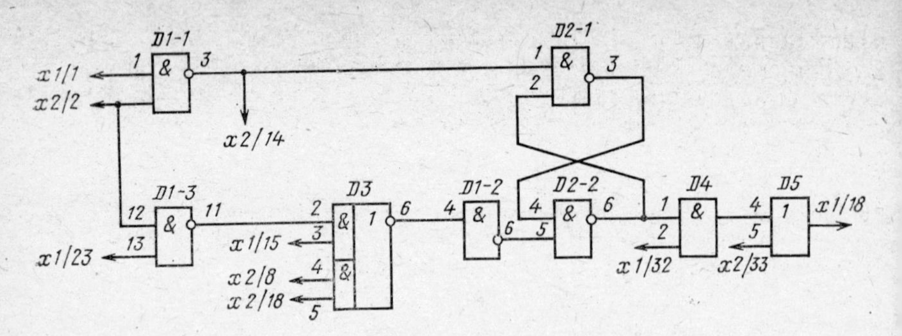

Рис. 7.2. Схема цифрового устройства

Для примера рассмотрим диагностирование отказа в ЦУ (рис. 7.2). Отказ проявляется в виде логического нуля на входе $D1/13$. Контрольный тест (первый набор) имеет последовательность:

Входы:	1/1	1/15	1/23	1/32	2/2	2/8	2/18	2/33
	0	1	1	1	1	0	0	0

Выходы:	1/18	2/14
	1	1

Отказ проявляется в первом наборе контрольного теста.

Последовательность диагностирования по принципиальной схеме представлена в табл. 7.1.

Помимо диагностирования ЦУ по принципиальной схеме существует методика диагностирования по таблицам. По этой методике для каждого набора контрольного теста составляются диагностические таблицы, полная и сокращенная. Полная диагностическая таблица рассчитана на кратные неисправности; сокращенная на одиночные. Сокращенная диагностическая таблица включает только те элементы ИМС, которые не проверены ни на одном из предыдущих наборов контрольного теста. Таблицы составляются по определенным правилам, которые удобнее рассмотреть на примере (см. табл. 7.2). В строке таблицы печатают: № вых. ЦУ; номер канала установки тест-контроля; № контакта и № разъема; № выходного контакта микросхемы, соединенного с контактом разъема, и № самой микросхемы; №№ вых. и вх. контактов микросхемы, поверяемых в данном наборе.

Если в сокращенной таблице часть элементов в середине строки внесена в одну из предыдущих сокращенных таблиц, то в рассматриваемой строке эти элементы не отличаются, вместо них ставится многоточие.

Диагностирование отказов по таблице производится следующим образом. Сокращенная таблица выбирается по номеру набора, на котором обнаружено несовпадение. Начинают диагностирование с того выхода ЦУ, на котором зафиксирован неверный результат и производят его последовательно по каждой строке диагностической таблицы. Для каждого из элементов строки табли-

Таблица 7.1

Координаты контролируемых контактов	Значения сигналов, измеренные на ЦУ	Значения выходных сигналов	Значение сигналов в тесте	Вывод
x1/18—6/D5	0		1	Диагностирование следует начинать с элемента D5
D5/4, D5/5	00	0		$U=U_0$, входы D4/5 и D5/5 — существенные, перейти к диагностированию D4 и контакта x2/33
x2/33	0		0	Значение сигнала на контакте x2/33 соответствует сигналу на входе D5/5. Перейти к диагностированию элемента D4
3/D4	0			Значения сигналов на входе D5/4 и выходе 3D/4 совпали
D4/1, D4/2	0,1	0		Вход D4/1 — существенный, перейти к диагностированию элемента D2
6/D2	0			Значения сигналов на входе D4/1 и выходе 6/D2 совпали. Элементы микросхемы D2 образуют триггер типа RS
D2/4, D2/5, D2/3, D2/1, D2/2	1, 1, 1, 1, 0			Для того чтобы проверить исправность триггера, на вход D2/5 подать переключающий сигнал 0
3/D2, 6/D2	0, 1			Триггер переключился. Перейти к определению неисправности на входе D2/5 (элемент D1—2)
D2/5 } 6/D1 }	1 1			Значения сигналов на входе D2/5 и выходе 6/D1 совпали
D1/4	0	1		$U=U_0$. Перейти к диагностированию D3
6/D3	0			Значения сигналов на входе D1/4 и выходе 6/D3 совпали
D2/3, D3/3, D3/4, D3/5	1, 1, 0, 0	0		$U=U_0$, входы D3/2 и D3/3 — существенные, перейти к диагностированию элемента D1—3 и контакта x1/15
x1/15	1		1	Значение сигнала на контакте x1/15 соответствует значению сигнала на входе D3/3 и в тесте. Перейти к диагностированию элемента D1—3
11/D1	1			Значения сигналов на входе D3/2 и выходе 11/D1 совпали
D1/12, D1/13	1,0	1		$U=U_0$, вход D1/13 — существен. Перейти к диагностированию контакта x1/23
x1/23	1	1		Значения сигнала на контакте x1—23 и тесте не совпали со значением на выходе D1/13. Следовательно, константная неисправность, эквивалентная 0, находится в гальванической связи x1/23—x1/13

Таблица 7.2. **Диагностическая таблица**

Номер выхода	Номер канала	Проверяемые пути
		Набор № 1 (сокращенная)
1	8	$x1/18+6D/4+3/D4/1+6/D2/5—6/D1/4—6/D3/2—11/D1/12+x2/2$ $D4/2+x1/32$ $D1/13+x1/23$
2	50	$x2/14+3/D1/1—x1/1$

Таблица 7.3. **Последовательность диагностирования**

Координаты контролируемых контактов	Значения сигналов на ЦУ	Значения сигналов по таблице	Вывод
$x1/18—6/D5$	0	1	Отказ в элементах, связан- ных со входом $D5/4$
$D5/4—3/D4$	0	1	Отказ в элементах, связан- ных со входами $D4/1$, $D4/2$
$D4/2—x1/32$	1	1	Отказ в элементах, связан- ных со входом $D2/5$
$D4/1—6/D2$	0	1	
$D2/5—6/D1$	1	0	Отказ в элементах, связан ных со входом $D1/4$
$D1/4—6/D3$	0	1	Отказ в элементах, связан ных со входом $D3/2$
$D3/2—11/D1$	1	0	Отказ на входах $D1/12$ и $D1/13$
$D1/12—x2/2$	1	1	Константный отказ, эквива лентный 0, находится на гальванической связи $D1/1—x1/23$
$D1/13—x1/23$	0	1	
$x1/23$	1	1	

цы сравнивают значения логических сигналов на входах и выхо дах с соответствующими контрольными значениями таблицы. На элементе, у которого информация на выходе не совпадает с конт рольной, необходимо остановиться. Отказавшим будет либо это элемент, либо один из элементов, входы которого соединены с вы ходом этого элемента, либо печатный проводник, соединяющи выход элемента со входами других элементов, источником пита ния, корпусом и другими узлами.

Пример диагностирования ЦУ по таблицам приведен в табл 7.2, 7.3.

Для обеспечения возможности построения контрольных тесто для ИМС необходимо, чтобы последние обладали соответствую щим уровнем контролепригодности и отвечали в этом плане опре деленным требованиям. Выполнение требований по контролепри годности сокращает трудоемкость тестов и улучшает их характе ристики.

Общие методы повышения контролепригодности ЦУ сводятс к следующим рекомендациям:

необходимо уменьшать по возможности количество обратных связей в схеме ЦУ; в первую очередь это относится к внешним обратным связям. Ликвидация обратных связей может быть реализована путем конструктивного разрыва с выводом на контакты разъема;

следует уменьшать тактность схемы ЦУ, т. е. количество элементов памяти в цепи распространения сигнала от входа к выходу, а также ступенчатость, количество элементов схемы в цепи распространения сигналов;

следует уменьшать количество микросхем, действующих на один выход ЦУ;

необходимо реализовать при проектировании ЦУ установочную последовательность входных наборов, которая переводит все элементы схемы в какое-либо устойчивое состояние;

следует выводить выход каждого элемента памяти на внешние контакты;

следует разрывать структуры типа «сходящееся разветвление».

Описанные технические решения по обеспечению диагностирования ЦУ принимаются в основном при проектировании РЭУиС и самих ИМС. Задача при постановке на эксплуатацию аппаратуры на ИМС проследить за уровнем принятых решений и выполнением тех рекомендаций, которые обеспечивают возможность и эффективность диагностирования при техническом обслуживании РЭУ.

7.6. ДИАГНОСТИРОВАНИЕ МИКРОПРОЦЕССОРОВ

Микропроцессорами в настоящее время называют микроЭВМ, характеризуемые узкоспециализированным назначением, малым потреблением энергии и объемом конструктивного исполнения, а также сравнительно низкой стоимостью. Основное применение микропроцессоров — встроенные вычислительные и управляющие РЭУ. В широком использовании микропроцессоров заинтересованы все отрасли народного хозяйства, и их поступление на эксплуатацию растет очень быстро.

Эффективное применение микропроцессоров связано с необходимостью их настройки и регулировки в условиях эксплуатации, что вызывает потребность получения информации о состоянии. Кроме того, в связи с широким применением микропроцессоров (МП) возникает задача сокращения трудоемкости работ по их эксплуатации, что достигается рациональным выбором систем и методов их диагностики и контроля [58].

По своей структуре МП — сложные цифровые узлы, особенности которых как объектов контроля состоят в следующем:

1. Высокая сложность БИС, примером которой является однокристальный 8-разрядный МП, имеющий около 200 внутренних запоминающих элементов (информационных и управляющих регистров и триггеров) и соответственно 2^{200} возможных состояний.

2. Малое число контрольных точек схемы, доступных для непосредственного контроля и воздействия, по отношению к системам на цифровых ИМС средней интеграции; диагностирование таких схем приобретает косвенный характер.

3. Сложность и неразделимость аппаратуры МП, которую невозможно разбить на функциональные узлы; это вызвано тем, что МП обычно выполняются в виде одной схемной печатной платы, разделить которую на части не представляется возможным. Кроме того, в схеме МП часто совмещаются различные функции: управление и арифметическая обработка информации, программная память и функции ввода-вывода и др.

4. Высокое быстродействие МП, тактовая частота которых может достигать нескольких десятков мегагерц, если в их основе лежат биполярные процессорные секции.

5. Шинная организация МП, при которой к информационным магистралям подключается несколько функциональных узлов, что приводит к трудностям при выявлении узлов или трактов, искажающих информацию.

6. Возможности организации самоконтроля, которые состоят в том, что, будучи микроЭВМ и функционируя на основе микропрограммного управления, МП допускает использование в режиме сбора и обработки информации о состоянии элементов, входящих в соответственную систему. Для этой цели могут быть использованы различные тестовые программы, такие как цикличные пересылки унитарных кодов, подсчет контрольных сумм содержимого ПЗУ, запись-считывание информации в порты ввода-вывода и др. Основной объем работ при самоконтроле переносится на составление диагностических программ.

7. Стандартная форма электрических сигналов позволяет упростить контроль и свести его к определению данного состояния к зоне сигнала 1 или 0. Только в случае возникновения подозрений о выходе из строя одного или нескольких компонентов электронной схемы приходится прибегать к измерению аналоговых величин — длительности фронта, амплитуды и др.

Основным видом контроля МП является функциональный контроль, при котором в качестве исходной информации для построения тестовой программы используется алгоритм функционирования. При разработке тестовой программы в зависимости от детализации МП, как ОДК, различают системный и модульный методы диагностики и контроля. При системном диагностировании МП рассматривается как единая система, для которой разрабатывается тестовая программа.

При реализации модульного метода МП рассматривается как совокупность функциональных устройств (модулей), для каждого из которых разрабатывается своя тестовая программа. Отдельные программы объединяются, и образуется единая программа ТДК, составление которой оказывается проще, чем системной.

Формализация методов построения тестовых программ требует разработки математических моделей МП и возникающих в ни

Рис. 7.3. Схема тестового диагностирования

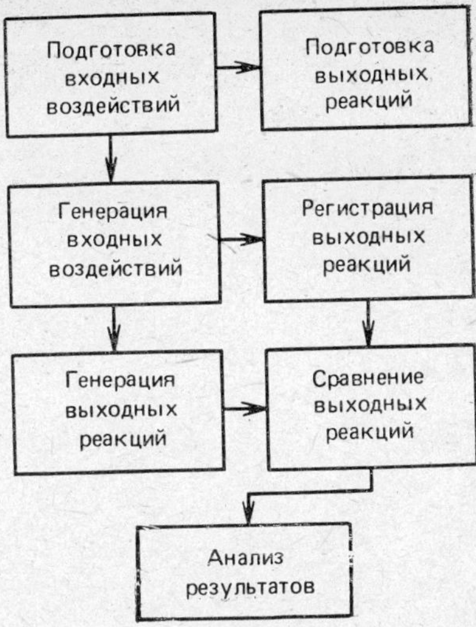

неисправностей и отказов. Однако в силу большого разнообразия микропроцессорных БИС и других особенностей, которые приведены выше, процессы построения адекватных моделей МП вызывают значительные трудности. Поэтому для разработки тестовых программ применяются в основном эмпирические и эвристические методы.

Создание тестовых программ производится, как правило, на стадии исследования и разработки МП. Процедура контроля (рис. 7.3) определяется в зависимости от функциональных задач. Тестовые воздействия носят программный характер, но построение тестовых программ и анализ результатов разработчик производит вручную на основании представлений и структуры МП.

Контроль работоспособного состояния МП на стадии эксплуатации представляется более простым, чем на стадии разработки по причине того, что, во-первых, вероятность одновременного появления более чем одной неисправности очень мала, а во-вторых, контроль правильности работы МП требуется при решении конкретных задач. На стадии эксплуатации должны предъявляться определенные требования к инструментальным средствам контроля. Эти средства должны быть достаточно универсальными и автоматизированными, но при этом компактными и портативными.

Основными инструментальными средствами диагностики и контроля ЦУ и МП являются логические и сигнатурные анализаторы. Инструментальные средства технической эксплуатации МП должны обладать следующими возможностями:

регистрировать последовательности логических состояний в различных точках системы и на протяжении значительного временного интервала;

регистрировать эти последовательности в связи с редкими (однократными) появлениями заданных комбинаций логических состояний;

регистрировать состояния контрольных выходов в интервале времени, предшествующем выбранному событию;

оперативно представлять результаты измерений в различных форматах, удобных для потребителя информации.

Эти возможности реализуются в логических анализаторах (ЛА), создаваемых на базе стандартных серий ИМС с большим быстродействием и памятью большой емкости. ЛА являются

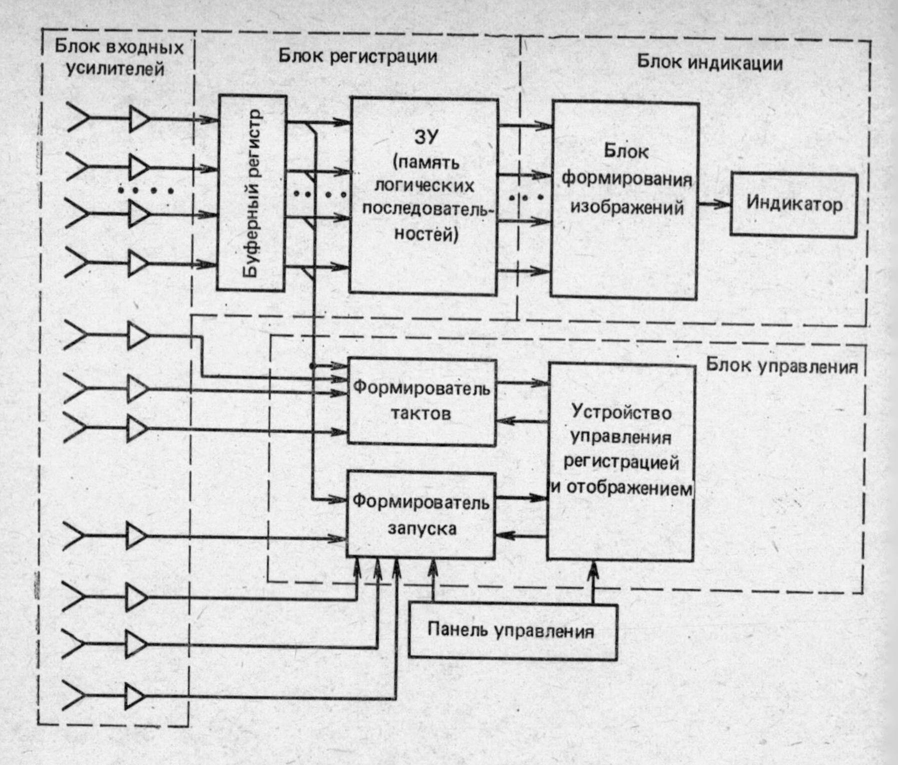

Рис. 7.4. Схема логического анализатора

приборами, предназначенными для измерений потоков двоичных данных (подобно тому, как осциллограф предназначается для измерения периодических электрических сигналов).

Логический анализатор состоит из четырех основных блоков (рис. 7.4) — входных усилителей-компараторов, управления, регистрации и индикации — и имеет три режима работы — настройки, индикации и регистрации.

В режиме настройки оператор согласно плану измерений подключает щупы прибора к контрольным точкам и устанавливает режим регистрации.

В режиме регистрации сигналы с контрольных точек поступают на входные усилители-компараторы, пороговый уровень которых определяется элементной базой МП. Основные характеристики ЛА определяют разрядность, объем и быстродействие ЗУ блока регистрации. В настоящее время число каналов ЛА достигает 50, длина логической последовательности составляет 2048 бит, максимальная тактовая частота регистрации — 500 МГц.

В режиме регистрации ЛА работает до момента появления события, вызывающего переход в режим индикации. Такими событиями могут являться, например, определенная комбинация логических состояний на входах или заданная последовательность таких комбинаций.

В качестве устройства воспроизведения в ЛА используется индикатор на ЭЛТ. Объем информации, одновременно выводимой на экран, составляет 200 ... 250 бит на канал. Для представления с его содержимого ЗУ используется последовательный просмотр. Анализ результатов в ЛА автоматизируется. При этом применяются режимы сравнения, поиска заданного слова, вычисление контрольных сумм массивов данных и др.

На экран индикатора ЛА выводится таблица, где в позициях совпадения исследуемой последовательности с эталонной воспроизводится 0, а при несовпадениях — 1. На экран ЭЛТ можно выводить обе таблицы — эталонную и исследуемую, выделяя места несовпадений каким-либо знаком или повышенной яркостью.

Режим индикации в поиске характеризуется выводом электронного указателя на заданное слово, если таковое имеется в регистрируемой последовательности.

Наиболее информативным способом выведения данных является графическое отображение, по которому можно анализировать все содержание ЗУ ЛА. При изображении графа переходов все пространство экрана представляется в виде координатной плоскости. Каждой точке плоскости соответствует пара двоичных чисел, которые представляют старший и младший байты двоичных кодов, а яркость свечения точки пропорциональна числу кодов в отображаемой последовательности.

Управление режимами работы ЛА осуществляется с помощью МП. Микропроцессорное управление при условии применения в ЛА интерфейсов для подключения внешних устройств позволяет автоматизировать процесс диагностирования МП.

Одной из основных операций при диагностировании МП является поиск возникшей неисправности. Для решения этой задачи разработан специальный метод, получивший название сигнатурный анализ [58]. Сущность метода состоит в том, что длинная последовательность двоичных сигналов преобразуется в двоичное число, называемое сигнатурой. Под действием специальной тестовой программы в контрольных точках МП возбуждаются измеряемые двоичные последовательности. Сигнатуры контрольных точек заранее измеряются на работоспособной системе и указываются на принципиальной схеме МП. При поиске неисправности достаточно установить режим исполнения тестовой программы, проследить сигнатуры в контрольных точках от выхода к входу. Элемент схемы, у которого входные сигнатуры верны, а выходная неверна, является неисправным. Для поиска неисправностей методом сигнатур используется специальный алгоритм (рис. 7.5).

Для использования сигнатурного анализа в процессе эксплуатации в МП изделия вводят определенные средства, позволяющие реализовать процесс анализа простыми приборами. Такими средствами являются устройства размыкания цепи обратной связи в режимах контроля, так как с помощью сигнатурного анализа распознавать неисправные элементы схемы в контуре обратной связи не удается. Разрыв обратной связи для монокристального МП осуществляется путем отключения шины данных от входа.

Одним из условий возможности применения сигнатурного анализатора является наличие схем, вырабатывающих сигналы «пуск» и «стоп», которые необходимы в анализаторе для выработки интервала времени накопления сигнатуры (измерительного «окна»). Для реализации сигнатурного анализа в составе МП должно быть ПЗУ, в котором содержится тестовая программа.

Сигнатурный анализатор (рис. 7.6) позволяет обнаруживать неисправности цифровых устройств. Сигналы от контролируемого устройства поступают в анализатор через зонды. Это сигналы «пуск», «стоп», «синхронизация». Сигнатура формируется путем

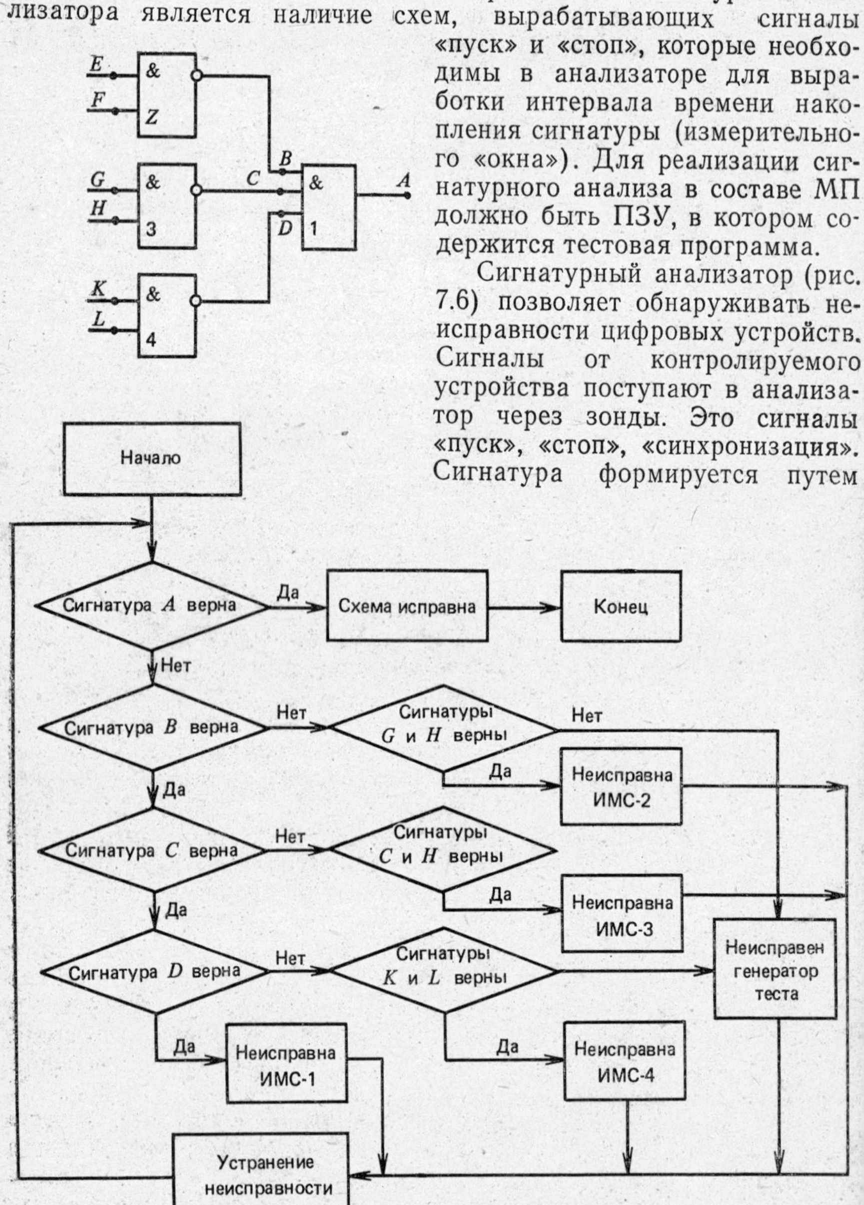

Рис. 7.5. Алгоритм сигнатурного анализа

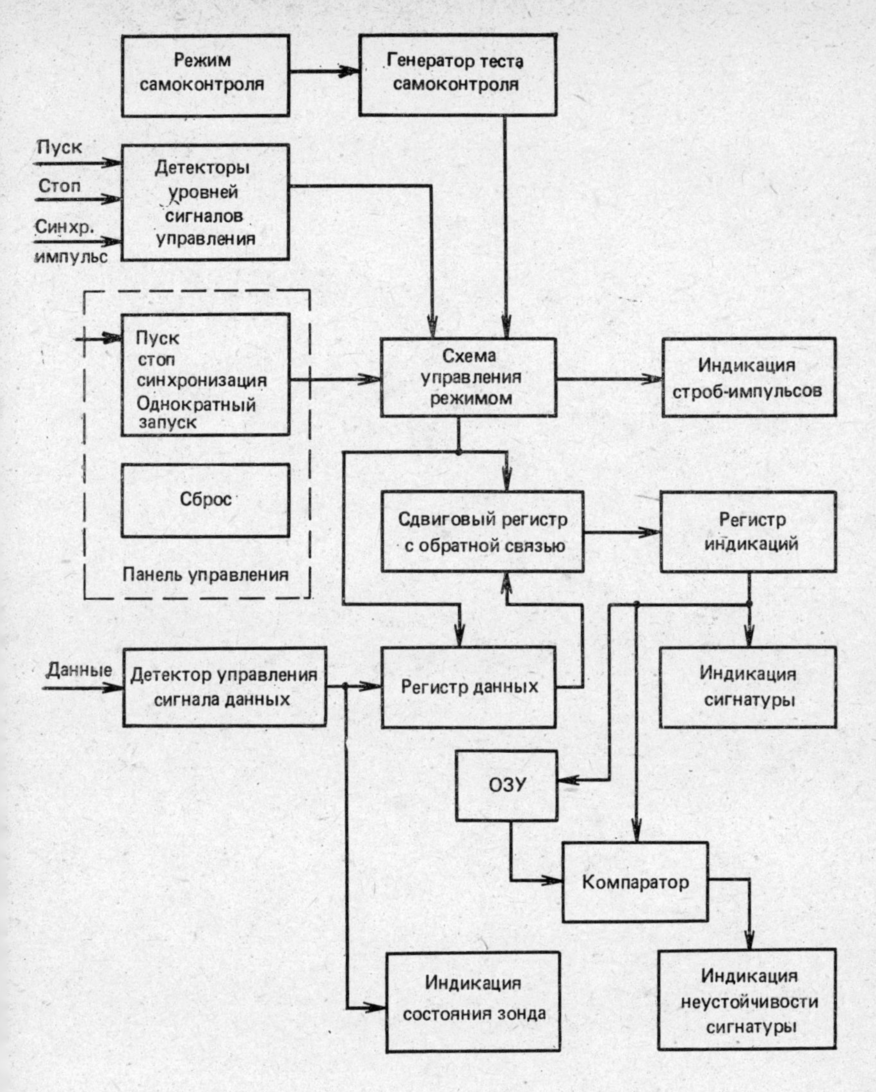

Рис. 7.6. Структурная схема сигнатурного анализатора

синхронного ввода данных в сдвигающий регистр по выбранному активному фронту синхроимпульса. Сформированные сигнатуры выводятся на переднюю панель прибора с помощью светодиодных индикаторов.

Для использования сигнатурного анализа при диагностировании МП разных типов разработаны анализаторы, которые сами генерируют тестовое воздействие на ОДК.

Логические и сигнатурные анализаторы являются эффективными, но сложными устройствами диагностирования МП. Для поиска простых неисправностей, локализации места их возникновения используются малогабаритные СрДК, такие как тестеры логического состояния, стимулирующие генераторы логических сигналов и бесконтактные генераторы импульсных токов.

Тестеры логического состояния — малогабаритные приборы, позволяющие контролировать уровень сигнала с целью определения принадлежности к зоне нулевого, единичного или промежуточного состояний. Тестер выпускается в корпусе, позволяющем держать его в руке и посредством контактного наконечника касаться контролируемой точки. Индикатор и органы управления расположены на корпусе. При нулевом сигнале световой индикатор погашен, при единичном — ярко светится, при промежуточном — светится в полсилы.

Стимулирующие генераторы формируют импульсные сигналы, амплитуда и длительность которых заставляют срабатывать диагностируемые микросхемы, и применяются в комплекте с тестерами логического состояния; схемы их достаточно просты.

Для контроля токов в проводниках печатных плат, защищенных изоляционным покрытием, применяются бесконтактные индикаторы импульсных токов, осуществляющие индикацию без разрыва токопроводящих проводников и разрушения изоляции. Эти индикаторы могут применяться для поиска замыканий, разрывов цепи, неисправностей в схемах монтажной логики и в шинах с тремя состояниями. Чувствительность таких приборов от 10^{-3} А до 1 А.

ГЛАВА 8. ТЕХНИЧЕСКОЕ ДИАГНОСТИРОВАНИЕ РАДИОЭЛЕКТРОННЫХ КОМПЛЕКСОВ (РЭК)

8.1. ОСОБЕННОСТИ РАДИОЭЛЕКТРОННЫХ КОМПЛЕКСОВ

Одна из основных тенденций совершенствования и развития современных РЭУиС состоит, как известно, в их комплексировании; они все чаще становятся составной частью систем более высокого иерархического уровня. Так, например, в начале 70-х годов для автоматизированного управления заходом на посадку самолета использовались радиоприемные устройства типа КРП (курсовой радиоприемник) и ГРП (глиссадный радиоприемник). Впоследствии оба радиоприемника были объединены в бортовую радионавигационную систему посадки (РСП) типа КУРС-МП, имеющую ряд модификаций, обладающую всеми необходимыми свойствами неавтономной РЭС. Эта система, спустя еще несколько лет, становится составной частью пилотажно-навигационного комплекса (ПНК) (рис. 8.1) и основным датчиком информации для

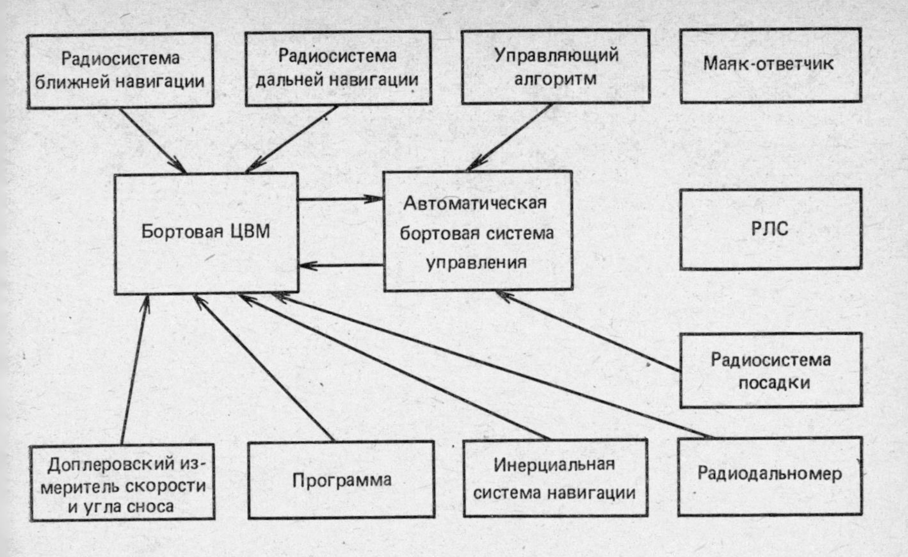

Рис. 8.1. Структура РЭК

автоматизированной бортовой системы управления посадкой БСУ-3П.

Дальнейшее совершенствование этой системы радиопосадки — внедрение полноавтоматического режима БСУ. В свою очередь, БСУ является частью автоматизированного комплекса на базе БЦВМ и автоматизированной системы УВД (АС УВД), включающей в свой состав наземные РЭС посадки и навигации, РЛС АС УВД, осуществляющие контроль всего воздушного пространства, ЦВМ, обрабатывающие всю текущую информацию о воздушной обстановке, линии связи, по которым циркулирует эта информация, источники питания, обеспечивающие все системы (что далеко не просто) и другие средства. Таким образом, налицо тенденции комплексирования и автоматизации РЭС в системах высшей иерархии. Подобные примеры можно привести по другим типам РЭК (судовым, а также связным, космическим). Необходимо отметить, что провести четкую грань между РЭС и РЭК бывает трудно. Критериями здесь могут служить сложность, автономность, наличие иерархической структуры, а также совокупность этих факторов.

К характерным особенностям РЭК относятся:

комплексирование информации от нескольких РЭС различных типов, например обзорных РЛС, посадочных РЛС, РЛС с активным ответом (ВР), радиосистем дальней и ближней навигации и др.;

объединенные средства обработки и отображения информации (ЦВМ АС УВД, бортовые ЦВМ, многоцелевые экраны, полиэкраны, электронно-лучевые трубки со знаковой индикацией и т. д.);

выработка управляющих команд на основе информации, полученной от РЭК;

повышенные требования к достоверности информации, безотказности и готовности РЭС и РЭК в силу специфики применения, связанной с безопасностью управляемых аппаратов, их экипажей и пассажиров (в воздухе, на земле, на море и в космосе);

высокие требования к эксплуатационным характеристикам и системам технического диагностирования.

Сам РЭК и входящие в него РЭС обладают четко выраженной направленностью функционального использования. В РЭК можно выделить два подсистемных контура, в которых циркулирует информация. Первый из них относится непосредственно к задаче функционального использования, являясь как бы внешним по отношению к системам, входящим в РЭК.

Второй информационный контур обеспечивает нормальное функционирование входящих подсистем, их координацию, взаимодействие, определение технической эффективности РЭК, взаимозаменяемость.

Частью этого второго информационного контура, наряду с отдельными (но взаимосвязанными) РЭС, являются системы технического диагностирования (СТД). Естественно, что СТД могут рассматриваться как часть РЭК, с другой стороны, они являются частью системы управления РЭК, т. е. частью системы, в которой РЭК функционирует. По своему составу, средствам, объему решаемых задач, принципам построения, а также методам функционального использования эти СТД должны отличаться от рассмотренных в предыдущих разделах. Отличия СТД вытекают в первую очередь из особенностей РЭК как объектов технического диагностирования, основными из которых являются:

1. Конструктивная сложность и разнохарактерность процессов, намного превышающая такие же характеристики РЭУиС (см. рис. 8.1 и табл. 8.1). Эта сложность объективна, имеет тенденцию к дальнейшему возрастанию в силу потребности информационного обеспечения постоянно растущей материально-технической базы развитого социализма.

2. Последствия отказов отдельных РЭУиС, входящих в состав РЭК, как правило, не выводят его из строя, более того, не нарушают работоспособного состояния по основным параметрам, а только снижают показатели его эффективности по сложному критерию, в качестве которого может выступать, например, $K_{т.и}$.

Понятие «отказ», т. е. прекращение работоспособного состояния для РЭУ, должно быть сформулировано очень четко, в этом, в первую очередь, заинтересована эксплуатация, т. е. предстоящий ее инженерно-технический состав.

Характерной особенностью РЭК является возможность появления большого числа скрытых отказов РЭС и скрытых повреждений. При обнаружении отказов РЭУиС РЭК практически не восстанавливают, восстановление входящих в РЭК отказавших РЭУиС производится путем их замены. Таким образом, СТД должна ох-

Таблица 8.1

Функциональная сложность РЭС	Форма конструктивного исполнения при числе элементов в интегральной микросхеме			
	менее 100	100 ... 1000	1000 ... ... 10 000	Более 10 000
Устройство	Многоблочная конструкция из моноблоков	Моноблок или функциональная ячейка	Микросборка	БИС
Блок	Моноблок из функциональных ячеек	БИС или микросборка	БИС	—
Субблок	Функциональная ячейка	БИС	—	—
Субблок	Многослойная печатная плата	—	—	—
Функциональный узел	БИС, ИС, функциональный комплект	—	—	—

ватывать не только функционирующий РЭК, но все резервные и сохраняемые комплекты его составных частей.

3. Сложность эксплуатации РЭК и составляющих этой стадии ЖЦ, обусловленная в первую очередь многообразием и сложностью эксплуатируемых систем. Очевидно, что сложность эксплуатации растет быстрее сложности системы, ибо с добавлением каждого такого нового блока комбинаторика их состояний и взаимодействий увеличивается.

Техническое обслуживание сложных РЭК еще не обходится без участия человека, поэтому возрастает потребность в эргономических стыковках и высококвалифицированных специалистах, обеспеченных информационным полем о состоянии РЭС, входящих в РЭК и рассредоточенных на больших (иногда на очень больших) площадях.

4. Высокая трудоемкость ТО РЭК, связанная с объемом выполняемых работ, использованием системы массового обслуживания для оптимизации алгоритма распределения сил и средств по обеспечению рациональной структуры. Отметим, что стоимость эксплуатации некоторых типов РЭК может в три раза превышать стоимость производства.

5. Высокая стоимость РЭК, как ОД, вытекающая из нее высокая стоимость простоев и требования по их сокращению.

6. Влияние эффективности функционального использования РЭК на безопасность судовождения, самолетовождения, использования систем управления сложными технологическими процессами и др. Необходимость использования РЭК, как основных датчиков информации, стоимость и трудоемкость ее получения (с учетом эксплуатации и эксплуатирующего комплекса) накладывает соответствующую специфику на стоимость и трудоемкость этой системы.

7. Обеспечение высокой эффективности РЭК, работы в наиболее рациональных режимах всех его составляющих, своевременное

обнаружение повреждений, могущих вызвать отказ РЭС (отказа РЭК, как правило, возникать не должно).

Сопоставляя эти особенности и необходимость их учета при ТЭ РЭК, отметим, что технически они выливаются в требования обеспечения высокой надежности РЭК и входящих в него РЭУиС (безотказности, долговечности и ремонтопригодности). Не менее важным представляется возможность оценить влияние комплекса СрДК, его структуры параметров на показатели надежности РЭК.

Главная задача СТД комплекса может быть сформулирована как необходимость слежения за состоянием РЭК и обеспечения РЭК диагностической информацией, ибо РЭК — частично самоуправляющаяся система. Получение этой информации осуществляется при диагностировании отдельных РЭС комплекса. Задачи оптимизации совокупности ДП и составление рациональных алгоритмов поиска дефектов остаются, но и они изменяются. Процесс становится двух- или трехступенчатым: локализация неработоспособной РЭС, локализация неработоспособного устройства, выявление характера отказа (повреждения) с целью определения метода его устранения: замена РЭС, замена РЭУ, замена блока с его последующим восстановлением. Возможен и другой алгоритм: замена РЭУ с последующим восстановлением отказавшего в РЭС блока.

Второй задачей СТД является рациональное распределение сил и средств между РЭС, входящих в РЭК. Эта задача является как бы качественным развитием оптимизации алгоритма поиска места отказа, рассматриваемого ранее.

Распределение сил и средств ОТД осуществляется с целью минимизации времени и оптимизации периода контроля, сокращения трудоемкости и стоимости, поддержания на заданном уровне готовности РЭК.

Задача рационального распределения сил и средств может носить и более простой смысл. Многие РЭК, требующие диагностического обеспечения, состоят из РЭС, устанавливаемых на бортовых носителях и на наземных базах. Качество работы этих РЭК зависит от обеих частей, но диагностические возможности наземных устройств значительно выше, хотя к процессу диагностирования они могут подключаться значительно реже.

С рациональным распределением сил и средств СТД тесно связана их структура СТД, которая, в свою очередь, превращается в комплекс. Очевидно, что к такому комплексу должны быть сформулированы требования, определить содержание и структуру которых, значит, решить важную технико-экономическую задачу.

Для возможности проведения и сопоставительного анализа различных структур СТД и диагностического обеспечения РЭК должны быть выработаны комплексные оценки на основе одного из доступных критериев. В качестве такового в дальнейшем предлагается использовать функцию готовности и на ее базе сформировать рациональный алгоритм получения показателя диагностирования РЭК.

Отдельно стоящей задачей диагностического обеспечения является диагностирование непреднамеренных электромагнитных помех (НЭМП). Отметим, что с ростом сложности РЭС и расширения их функций проблема НЭМП начала стремительно возрастать и в настоящее время является одной из актуальных, привлекающих внимание специалистов для ее эффективного решения. С точки зрения диагностики РЭС в условиях деградации и воздействия НЭМП — нет особой разницы. Отказ возникает в обоих случаях (во втором случае это перемежающийся отказ), и потребителю информации в первом приближении все равно, отчего он произошел [24]. Диагностика НЭМП приобретает в РЭК особый смысл, ибо из СТД поступает информация, на основе которой внутри РЭК принимается решение об управлении РЭС комплекса.

Приведенные задачи диагностического обеспечения РЭК не охватывают, естественно, всех возможных вариантов, как их не будут охватывать и рассматриваемые решения. Однако они достаточно актуальны и отражают те основные проблемы, с которыми сталкиваются при эксплуатации РЭС.

8.2. ВЛИЯНИЕ СТД НА ГОТОВНОСТЬ РЭК К ФУНКЦИОНАЛЬНОМУ ПРИМЕНЕНИЮ

Диагностирование РЭС оказывает в первую очередь влияние на их надежность путем выявления повреждений, отказов (при функционировании), формирования информации о техническом состоянии РЭС и ее рационального использования.

Как уже говорилось, РЭК отличается не только объединением нескольких РЭС. Системы в комплексе многофункциональны, у РЭК, таким образом, оказывается повышенная надежность, которая обеспечивается не только и не столько резервированием, сколько многофункциональностью РЭС. Для демонстрации данного утверждения рассмотрим сложную систему, состоящую из двух одинаковых подсистем U и V, каждая из которых может выполнять две функции I и II, следовательно, находится в состояниях U^{I}, U^{II} (или V^{I}, V^{II}). Показатель качества такой системы $W=S$; причем, если выполняются обе функции, $W=S_2$, если только одна из них — $W=S_1$, и если выполнение функций невозможно ввиду отказов подсистем U и V, то $W=0$. Состояние всей системы можно описать вектором $\{U^{\text{I}}{}_i, U^{\text{II}}{}_i, V^{\text{I}}{}_i, V^{\text{II}}{}_i\}$, каждая компонента которого принимает два значения: 1 — работоспособное, 2 — неработоспособное ($i=1$, 2). Показатель качества $W=0$, когда $\{U^{\text{I}}{}_2, U^{\text{II}}{}_2, V^{\text{I}}{}_2, V^{\text{II}}{}_2\}$; соответственно $W_1=S_1$, когда либо одна компонента $U^j{}_1$ или $V^j{}_1$, остальные находятся в неработоспособном состоянии либо состояние системы характеризуется одним из векторов $\{U^{\text{II}}{}_2, U^{\text{II}}{}_1, V^{\text{I}}{}_2, V^{\text{II}}{}_1\}$, $\{U^{\text{I}}{}_1, U^{\text{II}}{}_2, V^{\text{I}}{}_1, V^{\text{II}}{}_2\}$. Показатель качества системы $W=S_2$, если не менее трех компонентов вектора характеризуются состоянием работоспособности, а также если $\{U^{\text{I}}{}_2, U^{\text{II}}{}_1, V^{\text{I}}{}_1, V^{\text{II}}{}_2\}$ или $\{U^{\text{II}}{}_1, U^{\text{II}}{}_2, V^{\text{I}}{}_2, V^{\text{II}}{}_1\}$.

Сравнивая последнюю строку состояний вектора W с предыдущей, отметим тот факт, что если в обоих случаях в системе отказали по две функциональные подсистемы, число невыполняемых функций одинаково, а показатели качества различаются. В последнем выражении системе удалось сохранить показатель качества (т. е. «выжить») за счет того, что из двух частично работоспособных подсистем создана одна полностью работоспособная. Реально речь идет о том, что одна из частично отказавших подсистем пошла на доукомплектование второй отказавшей подсистемы и вся система стала полностью выполнять свои функции. Необходимо отметить, что такая перекомпоновка подсистем производится на основе диагностической информации, получаемой от СТД, без которой получение коэффициента качества W_2 — просто вероятностное событие.

На практике коэффициент оперативной готовности сложного объекта РЭК, состоящего из ряда подсистем РЭС, может быть рассчитан по нижеприведенным формулам (и при условии, что РЭК простаивает в интервале $\tau_в$ — время восстановительного ремонта отказавшей РЭС):

$$K_{о.г} = \prod_{k=1}^{n} \frac{1}{T_{оk}} \int_{0}^{\infty} P_k(t+\tau)\,dt \Big/ \left[1 + \sum_{k=1}^{n} \tau_{вk}/T_{оk}\right],$$

где $T_{оk}$ — средняя наработка на отказ k-й системы, $\tau_{вk}$ — среднее время восстановления k-й РЭС (путем замены); n — число РЭС в РЭК.

Если $P(t) = \exp(-t/T_о)$, то формула для $K_{о.г}$ приобретает следующий вид:

$$K_{о.г} = \exp\left(-\sum_{k=1}^{n} \tau/T_{оk}\right) \Big/ \left[1 + \sum_{k=1}^{n} \tau_{вk}/T_{оk}\right].$$

В том случае, если при нарушении работоспособного состояния РЭК замена отказавшей РЭС происходит без прекращения его работы, расчет $K_{о.г}$ выполняется по формуле:

$$K_{о.г} = \prod_{k=1}^{n} K_{о.г\,k}, \quad \text{где} \quad K_{о.г\,k} = T_{оk} - \int_{0}^{\tau} P(t)\,dt/(\tau_в + T_{ок})$$

и для $P(t) = \exp(-t/T_{оk})$, $\quad K_{о.г\,k} = T_{оk}\exp(-\tau/T_{оk})/(T_{оk} + \tau_{в\,k})$

при $\quad r = 0; \quad K_{о.г} = K_г = T_{оk}/(T_{оk} + \tau_в)$.

Влияние на готовность РЭК комплексной СТД может оцениваться на примере следующей стандартной задачи: ОД работает на борту и пребывает в состоянии 1, с вероятностью $P_0(t)$, в нем возникает повреждение с параметром λ_1, которое обнаруживается бортовой СТД и устраняется с интенсивностью μ_1. Работоспособная система продолжает функционировать, после чего с параметром $\lambda_2 = 1/T_в$ переходит в состояние 2 восстановления наземными средствами, восстанавливается и вновь (с интенсивностью перехода $\mu_2 = 1/\tau_в$) возвращается в исправное состояние. Для определения коэффициента готовности такой системы предполагается наличие стационарного режима $K_г = \lim_{t\to\infty} K(t)$, а также возможность описания реального процесса марковским. В этом случае матрица переходов для описанных состояний

$$\begin{vmatrix} & P_0(t) & P_1(t) & P_2(t) & P_3(t) \\ P_0(t) & 1-\lambda_1 & \lambda_1 & 0 & 0 \\ P_1(t) & 0 & 1-\mu_1 & \mu_1 & 0 \\ P_2(t) & 0 & 0 & 1-\lambda_2 & \lambda \\ P_3(t) & \mu_2 & 0 & 0 & 1-\mu_2 \end{vmatrix},$$

соответственно система уравнений Колмогорова — Чепмена будет иметь вид

$$\dot{P}_0(t) = -\lambda_0 P_0(t) + \mu_2 P_2(t),$$

$$\dot{P}_1(t) = -\mu_1 P_1(t) + \lambda_1 P_0(t),$$

$$\dot{P}_2(t) = -\lambda_2 P_2(t) + \mu_1 P_1(t),$$

$$\dot{P}_3(t) = -\mu_2 P_3(t) + \lambda_2 P_2(t),$$

$$\sum P_i(t) = 1.$$

Так как $P_i(t)\to 0$ в силу стационарности процесса, а $P_i(t)\to P_i\to \to \mathrm{const}$, то коэффициент готовности РЭС определяется выражением

$$K_{\text{ТИ}} = P_0 + P_2 = \frac{\lambda_1\mu_1\mu_2 + \lambda_2\mu_1\mu_2}{\lambda_1\lambda_2\mu_1 + \lambda_1\mu_1\mu_2 + \lambda_1\lambda_2\mu_2 + \lambda_2\mu_1\mu_2}.$$

Влияние качества диагностирования с восстановлением прослеживается на основе определения зависимости $K_{т.и} = f(\lambda_1/\lambda_2)$ и $K_{т.и} = = f(\mu_1, \mu_2)$.

Действительно, величины $\mu_1 \sim 1/\tau_в$ характеризуют восстановление на борту, включая качество диагностирования, μ_2 — на земле. Соответственно величины λ_1 и λ_2 — соотношение между частотой возникновения повреждений и периодичностью проведения восстановительных работ на земле.

В более общем виде вопрос о рациональном распределении сил и средств СДК на подвижных объектах и стационарных базах может быть сформулирован в следующем виде: часть СрТД встроена в РЭС, устанавливаемое на подвижном объекте, а другая часть работает в стационарном режиме на земле. ВСК, будучи объединены с ОД, изменяют его безотказность и ремонтопригодность. Если характеризовать СТД показателем C, при перераспределении средств между бортом и землей, значение C должно стать больше исходного C_0 (иначе перераспределение лишено смысла), т. е. $\Delta C = C - C_0 > 0$.

Системы технического диагностирования целесообразно оценивать по среднему доходу, который приносит ОД: $C_д = C_1 d_1 + C_2 d_2$.

В общем виде средний доход в единицу времени в установившемся режиме

$$C_д = \sum_{i=1}^{N} P_i d_i,$$

где P_i — вероятности состояний в установившемся режиме; d_i — доход, который приносит ОД в i-м состоянии.

Если в СДК используются только стационарные наземные средства, то доход ОД — $C_{вн}$, если часть СрТД встроена, то доход от ОД — C. Тогда условие целесообразности встраивания СДК

$$\Delta C_д = C - C_{вн} = \Delta C_1 d_1 - \Delta C_2 d_2 > 0,$$

или

$$\Delta C_1 / \Delta C_2 > d_2/d_1.$$

В свою очередь, можно считать, что $\Delta C_1 = C'_1 - C''_1$, а $\Delta C_2 = C'_2 - C''_2$ — коэффициенты C'_1, C''_1, C'_2, C''_2 зависят от показателей безотказности, ремонтопригодности. И все это должно обеспечивать соблюдение условия $C_д > 0$.

Если принять, что ВСК оказывают влияние только на безотказность ОД и СрДК, то в ОД безотказность будет уменьшаться, т. е.

$$\Delta\lambda = \lambda_1 - \lambda > 0,$$

где λ_1 — характер потока отказов ОД с ВСК; λ — параметр потока отказов в ОД без ВСК (т. е. только при использовании внешних средств).

Если безотказность внешних средств при этом возрастает (поскольку уменьшается их объем), то показатель безотказности

$$\Delta \lambda_{вн} = \lambda'_{вн} - \lambda_{вн} > 0.$$

Процесс перехода ОД из состояния в состояние можно считать марковским. Построив граф переходов и составив соответствующую систему уравнений, получим значения коэффициентов C_1 и C_2, а также соответственно ΔC_1 и ΔC_2 как функции различных параметров ОД, ВСК, внешних СрДК, режима диагностирования. В последующем изложении для частного примера будет решена подобная задача для графоаналитического вычисления готовности системы. Отметим, что трудности использования рассмотренного метода [7] определяются громоздкостью аналитических выводов и возможностями вычислительных ошибок.

Рассматривая особенности СДК с встроенными и внешними СрДК, необходимо всегда иметь в виду, что наиболее полное диагностирование с высокой достоверностью реализуется с помощью внешних средств, так как они обладают большими возможностями. Однако при этом процесс диагностирования отделяется от процесса функционального использования значительным временным интервалом. При этом уменьшается влияние этого вида подготовки на применение ОД. С другой стороны, диагностирование с помощью ВСК может непосредственно предшествовать функциональному применению. В силу недостаточной достоверности его влияние также может оказаться невелико. Эти положения объясняются тем, что полный контроль с высокой достоверностью требует для своей реализации больших материальных затрат, значительного времени и трудоемкости. Не всегда, располагая такими возможностями, на стадии эксплуатации идут на сознательное сокращение объема и уменьшение достоверности контроля, но приближают этот процесс к моменту начала функционального использования РЭС.

Количественно это фиксируется при уточнении выражения для коэффициента оперативной готовности $K_{о.г}=K_{г}P(t)$, а $K_{г}=P_{вкл}(1-K_{и.э})+K_{и.э}T_0/(T_0+\tau_в)$ путем выделения отказов при включении РЭС, где $K_{и.э}$ — коэффициент интенсивности эксплуатации, характеризующий среднюю продолжительность пребывания РЭС во включенном состоянии; $P_{вкл}=(N_{вкл}-n_{вкл})/N_{вкл}$ — вероятность того, что система в момент включения окажется работоспособной, т. е. вероятность безотказного включения; $N_{вкл}$ — общее число включений из «холодного» резерва (т. е. таких включений, когда после предыдущего включения прошло время, достаточное для окончания переходного теплового процесса); $n_{вкл}$ — число «неудачных» включений.

Для решения задачи приближения СрДК к ОД применяют подвижные, внешние СрДК, либо ОД транспортируют к этим средствам.

8.3. ТРЕБОВАНИЯ К ДИАГНОСТИЧЕСКИМ КОМПЛЕКСАМ СЛОЖНЫХ РЭС

Техническое диагностирование РЭК связано не только с усложнением объектов ТДК, но и с качественным ростом сложности СрДК. Речь теперь идет не об отдельных средствах, измерительных приборах, имитаторах, но и о сложных объектах с целенаправленными функциями, большим количеством параметров, системой управления и потребностями оптимизации структуры и характеристик. Это качественное изменение состава диагностических комплексов обусловлено следующими принципами их структуры.

1. Радиоэлектронные комплексы и сложные РЭС требуют создания для технического диагностирования не менее сложных комплексов СТД, диагностических комплексов.

2. Многообразие диагностических комплексов требует разработки критериев качества, решения оптимизационных задач по структуре, составу, параметрам, качеству.

3. Диагностические комплексы — кибернетические информационные системы — должны иметь высокую безотказность и другие характеристики надежности высокого уровня.

4. Диагностические комплексы являются объектами в СТД.

5. Сложность и высокая стоимость ДК предопределяет необходимость их рационального использования: необходимо исключать простой из-за недогрузок отказов и других факторов.

6. Структура диагностических комплексов должна быть гибкой и приспособленной к структуре РЭК с учетом наличия двух частей — стационарной и на подвижных ОД.

Применительно к конкретным ДК перечисленные принципы могут трансформироваться в следующий перечень требований.

1. Для проверки РЭК должны проектироваться СрДК как единый комплекс, обеспечивающий в процессе эксплуатации выполнение работ по определению работоспособного состояния РЭС, обнаружения, поиска и локализации места отказа в РЭС комплекса по рациональным алгоритмам; регулировку и настройку РЭС и РЭУ, входящих в состав РЭК; краткосрочное и долгосрочное прогнозирование состояния РЭС; накопление и анализ статистической информации об изменении характеристик РЭС и их надежности.

2. По месту функционального использования СрДК целесообразно разделить на средства при ТО в процессе использования, при периодическом техническом обслуживании, при ремонте.

3. Предназначенные для оперативного ТО СрДК должны в основном базироваться на ВСК и автоматические устройства регистрации параметров и режимов.

4. Для периодического ТО и ремонтов СрДК должны состоять из внешних средств, позволяющих производить диагностические работы РЭС бортовых объектов — носителей, стационарных СрДК, предназначенных для контроля, настройки и регулировки демонтированного оборудования, контрольно-измерительной аппаратуры общего применения.

5. Техническое состояние РЭС, установленных на подвижных носителях, должно контролироваться (в процессе функционального использования ВСК, при подготовке к функциональному использованию) внешними вспомогательными устройствами — типа имитаторов, при выполнении работ по периодическому ТО — с помощью внешних СрДК, при выполнении ремонтных работ в РЭС — стационарными СрДК для восстановления демонтированного радиоэлектронного оборудования.

Основным требованием к СрДК является необходимость обеспечения конструктивной совместимости РЭС и СрДК в рамках всего комплекса на базе стандартизации, а также электромагнитной совместимости путем унификации сигналов и методов их обработки.

Кроме того, комплекс СрДК должен, как и все РЭС характеризоваться высокой безотказностью, защитой от возможных перегрузок, НЭМП и другими параметрами. К входящим в состав РЭК СрДК, устанавливаемым на подвижных носителях, дополнительно предъявляют следующие требования:

обеспечение глубины поиска места дефекта до сменного паспортизованного РЭУ;

регистрация данных о работоспособности подконтрольных бортовых изделий;

обеспечение автоматической сигнализации об отказе и переключение РЭС на резерв;

надежная индикация предотказового состояния и краткосрочное прогнозирование;

самоконтроль работоспособного состояния;

высокая безотказность (на порядок выше, чем безотказность изделий бортового комплекса).

Важным условием применения ВСК является обеспечение их работы в режиме функционального диагностирования, т. е. контроль РЭС ВСК не должен нарушать нормальной работы объекта. Время подготовки ВСК к функциональному использованию не должно превышать тот же параметр для ОД.

Внешние СрДК, входящие в состав РЭК, являются групповыми устройствами, предназначенными для ТО различных объектов (наземных РЭС, вынесенных на позиции), бортовых РЭС и других устройств. Они должны быть объединены в рациональные комплекты, снабженные соответствующими источниками питания.

В процессе работы эти СрДК должны обеспечивать: контроль технического состояния; настройку и регулировку РЭК, прогнозирование ТС, поиск места отказа на борту; контроль технического состояния, регулировку и настройку демонтированных устройств и блоков.

Специализированные внешние СрДК РЭС могут выполняться в виде эксплуатационно-ремонтных пультов и объединяться в комплекты на базе подвижных лабораторий.

Задача определения рационального состава диагностического комплекса и его использования в сложных РЭК приобретает особое значение, ибо простои как ОД, так и СрДК могут обойтись очень дорого. Принципиально возможно два принципа построения диагностического комплекса: с индивидуальными и групповыми системами. В групповых централизованных системах весь диагностический комплекс обслуживает все РЭС последовательно. При этом для формирования количественных оценок — весь поток требований на техническое диагностирование и обслуживание принимается простейшим, с постоянным значением параметра потока отказов ($\lambda=\text{const}$) [52].

Организацию СДК достаточно сопоставить по двум показателям: $K_{\text{п.о}}$ и $K_{\text{п.ср}}$, где $K_{\text{п.о}}$ — коэффициент простоя диагностируемых РЭС, входящих в РЭК, другие РЭС не простаивают и РЭК функционирует с пониженным качеством; $K_{\text{п.ср}}$ — коэффициент простоя СрДК, который характеризует относительное среднее время простоя каналов СрДК, входящих в СДК, ввиду отсутствия заявок.

Количественно $K_{\text{п.о}}=N_{\text{пр}}/n$, где $N_{\text{пр}}=\sum\limits_{k=r+1}^{n}(k-r)P_k$ — среднее число РЭС в очереди на ТДК; n — общее число РЭС; r — число каналов ТДК; P_k — вероятность k-го состояния системы.

Соответственно $K_{\text{п.ср}}=R/r$, где $R=\sum\limits_{k=0}^{r=1}(r-k)P_k$ (при $0\leqslant k\leqslant \leqslant r$) — среднее число простаивающих каналов СДК.

Значения вероятностей различных состояний системы P_k определяют исходя из следующих соображений: S_0 — состояние, в котором на ТО нет ни одной РЭС; S_1 — обслуживается одна РЭС;

S_r — обслуживаются r РЭС; S_{r+1} — обслуживаются r РЭС, а одна РЭС находится в очереди; S_n — обслуживаются r РЭС, а на очереди СТД стоят $(n-r)$ РЭС. Вероятности пребывания СДК в соответствующих состояниях — P_0, $P_1, \ldots, P_k$, P_r, P_{r+1}, P_n. Поскольку поток требований простейший с $\lambda_k = \mathrm{const}$, то процессы перехода из состояния в состояние — марковские, и для перечисленных состояний может быть составлена система дифференциальных уравнений, которая в связи со стационарностью процесса трансформируется в систему алгебраических уравнений следующего вида:

$$n\lambda_{\mathrm{p}} + \mu P_1 = 0;$$

. . . .

$$\lambda[n-(k-1)]P_{k-1} - [(n-k)\lambda + k\mu]P_{\mathrm{c}} + \mu(k+1)P_{k+1} = 0;$$
$$(\text{пока } 1 \leqslant k \leqslant r),$$

. . . .

$$\lambda[n-(k-1)]P_{k-1} - [(n-k)\lambda - r\mu]P_k + r\mu P_{k+1} = 0;$$
$$(\text{при } r < k < n),$$

где μ — интенсивность диагностирования и восстановления РЭС в СТД. Решение этой системы уравнений:

$$P_1 = A_1 P_0, \quad P_2 = A_2 P_1 \ldots P_n = A_n P_0 \quad \text{и}$$

$$\sum_{k=0}^{n} P_k = P_0(1 + A_1 + A_2 + \ldots A_n) = 1.$$

$$P_0 = 1/(1 + A_1 + A_2 + \ldots + A_n).$$

Выражение для $A_k = \dfrac{n!}{(n-k)!\,k!}\left(\dfrac{\lambda}{\mu}\right)^k \quad 1 \leqslant k \leqslant r,$

или

$$A_k = \frac{n!}{r^{k-r}\,r!\,(n-k!)}\left(\frac{\lambda}{\mu}\right)^k, \quad r < k \leqslant n.$$

По приведенным формулам рассчитывают оба коэффициента для различных организаций СТД, после чего можно произвести необходимые сопоставления.

Считая $\tau_{\text{т.о}}$ — случайной величиной, распределенной по показательному закону, можно определить рациональное количество каналов СДК и времени $\tau_{\text{т.о}}$.

Вероятность $P_k = \varphi(\tau_{\text{т.о}})$, $P_k = \varphi(k)$ и $P_k/P_0 = \varphi_k$ при различных значениях r-каналов ТО СДК.

Значения P_k вычисляют по формулам:

$$\frac{P_k}{P_0} = \frac{n!}{k!\,(n-k)!}\left(\frac{\lambda}{\mu}\right)^k, \quad 1 \leqslant k \leqslant r;$$

$$\frac{P_k}{P_0} = \frac{n!}{r^{(n-r)}\,r!\,(n-k)!}\left(\frac{\lambda}{\mu}\right)^k, \quad r < k \leqslant n; \qquad P_0 = 1\Bigg/\sum_{k=0}^{n}\frac{P_k}{P_0},$$

$$\sum_{k=0}^{n}\left(\frac{P_k}{P_0}\right) = \frac{1}{P_0}\sum_{k=0}^{n}P_k = 1/P_0.$$

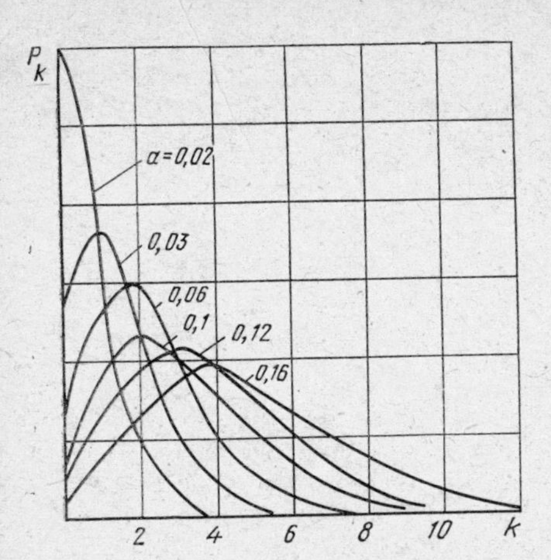

Рис. 8.2. Зависимость вероятности P_k от количества обслуживаемых систем и отношения $\tau_{обсл}/T_0$

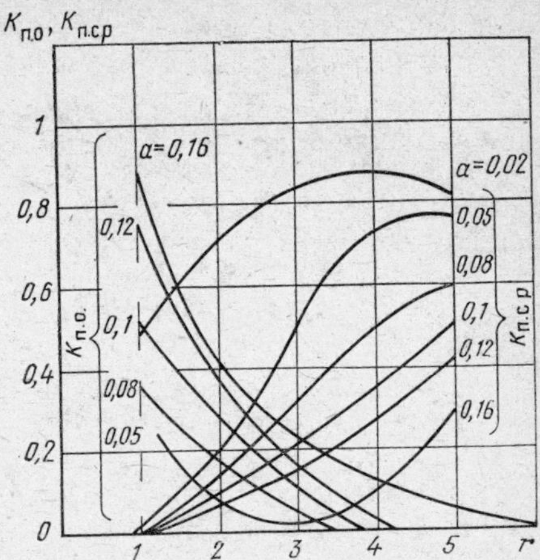

Рис. 8.3. Зависимости $K_{п.о}$ и $K_{п.ср}$ от параметров ТО

Последовательность решения выглядит следующим образом: находят отношение (P_k/P_0), затем значение P_0, и затем путем их перемножения вычисляется P_k.

Для представления решения поставленной задачи в наглядном виде построим зависимость $P_k/P_0 = f(a)$, для различных значений $a = \lambda/\mu$; при этом примем $\lambda = \text{const}$, а $\mu = 1/\tau_{обсл}$ будем менять.

Зависимости $P_k = f(\tau_{обсл})$ при различных значениях a, k, $\tau_{обсл}$ приведены на рис. 8.2, а на рис. 8.3 зависимости коэффициентов простоя от количества каналов СДК и времени $\tau_{обсл} = \tau_Д + \tau_В$, где $\tau_Д$ — среднее оперативное время диагностирования; $\tau_В$ — время проведения восстановительных работ по возвращению РЭС в работоспособное состояние.

8.4. СТРУКТУРНАЯ СХЕМА СИСТЕМЫ ДИАГНОСТИРОВАНИЯ РЭК

Основным направлением дальнейшего совершенствования РЭК является реализация диагностических комплексов на базе ЭВМ и микропроцессоров.

Большинство действующих и описанных в гл. 2 и 6 СТД работают в режиме программного управления, с небольшим числом исполнений, ручным программированием и цифровой индикацией выходной информации и специальными стимулирующими сигналами.

Диагностирование РЭК требует принципиального (качественно другого) подхода в первую очередь с применением современной базы вычислительной техники. Современные ЭВМ имеют такой объем памяти, который позволяет отказаться от стартстопного ввода программ и перейти к хранению их в памяти машины. Программное обеспечение на языке ассемблера со встроенным транслятором заменяется на проблемно-ориентированные языки высокого уровня ориентирования на задачи контроля на основе резидентного программного обеспечения (ATLAS, ОКА).

Для рабочего места оператора создаются дисплеи на электронно-лучевой трубке или матричном экране. В составе автоматизированных диагностических комплексов находят применение универсальные коммутаторы, преобразователи аналог — код и код — аналог, универсальные управляемые генераторы, устройства выборки мгновенных значений сигналов сложной формы, а также магистральные линии связи обмена цифровой информации.

Таким образом, современную систему диагностирования РЭК характеризуют следующие признаки.

1. Использование централизованного программного управления и обработки информации на базе мини-, микро-ЭВМ с объемом оперативной памяти в несколько сотен тысяч слов, быстродействием в несколько сотен тысяч простых операций в секунду.

2. Программирование на проблемно-ориентированном языке типа ОКА.

3. Наличие второго режима (помимо программного управления) — диалогового с применением диалога с «эффективной системой подсказки», диалоговых устройств отображения.

4. Применение стандартной магистральной линии связи.

5. Большой объем универсальной части комплекса (60—90%), с широкой номенклатурой универсальных преобразователей различного типа и включением в их состав периферийных микропроцессорных устройств управления.

6. Реализация принципа агрегатирования [73] для построения аппаратурной части и модульности при создании программного обеспечения.

7. Синтез СДК как единого универсального комплекса аппаратурного и программного обеспечения сложных РЭС различного назначения.

Структурную схему СДК для РЭК (рис. 8.4) можно функционально разделить на шесть функциональных подсистем.

Первая подсистема включает устройства, в которых осуществляется формирование, передача, согласование и распределение сигналов-носителей диагностических параметров. Каждое такое устройство имеет 4 канала.

Во вторую подсистему входят устройства первичного преобразования специальных аналоговых и дискретных сигналов первичного преобразования и формирования нестандартных цифровых сигналов.

В третьей подсистеме унифицированные сигналы преобразуются в цифровой код или обратно (цифровой код в аналоговые стимулирующие сигналы).

Четвертая подсистема является главной в комплексе, и представляет собой ЭВМ, куда входит центральный процессор, внутренняя память, устройство ввода программ и контроллер. В этой подсистеме осуществляются обработка и управление комплексом.

Пятая подсистема включает программную часть системы и уст-

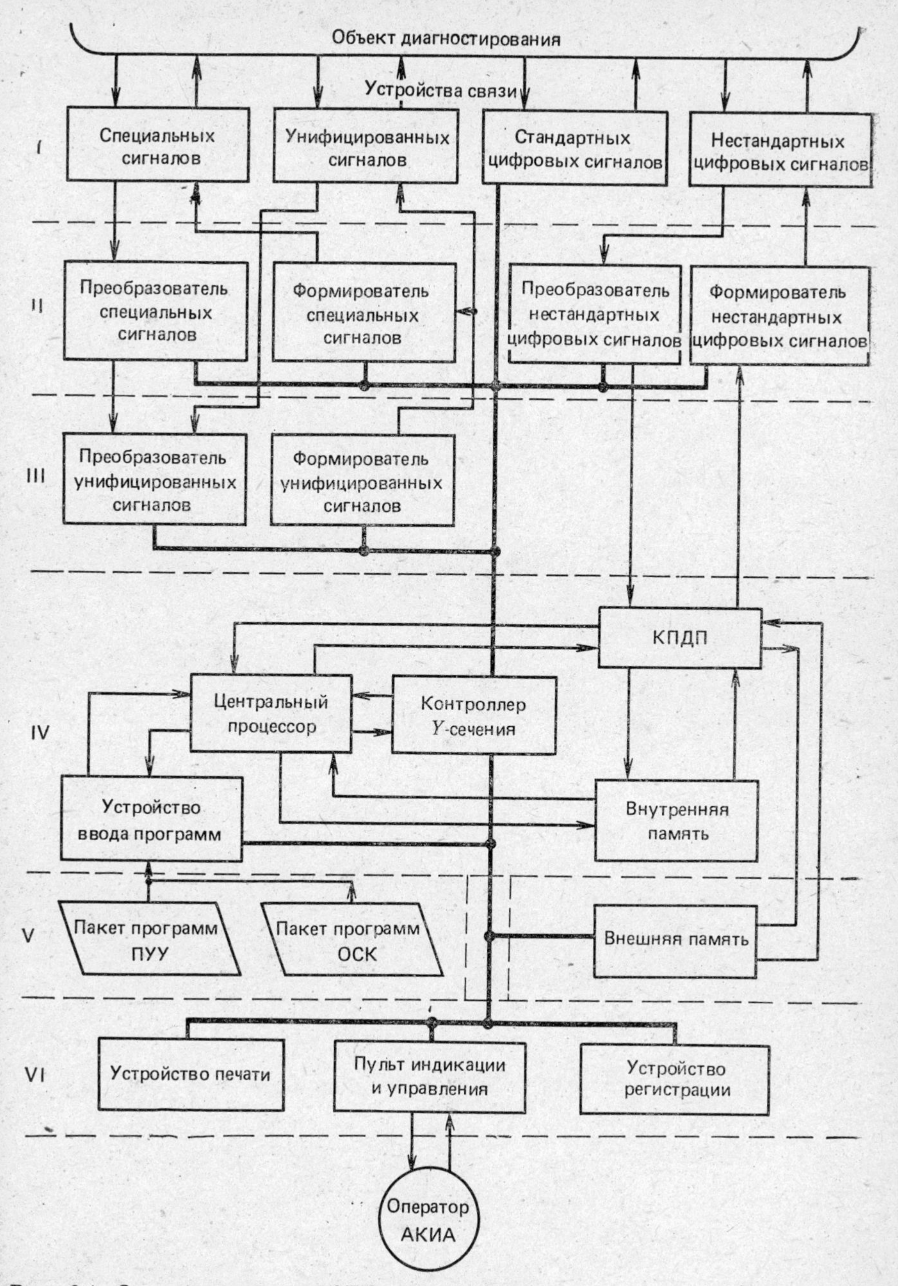

Рис.. 8.4. Структурная схема СДК на базе ЭВМ (для диагностирования РЭК)

ройство внешней памяти (в котором осуществляется хранение программного обеспечения СДК для случая, когда объем внутренней памяти исполнительного устройства оказывается недостаточным). Программная часть подсистемы помимо программного обеспечения ЭВМ включает пакет программ управления программно-управляемыми устройствами (ППУ) и пакет программ операционной системы контроля (ОСК), обеспечивающих реализацию всех исполнений и модификаций программного управления. Программная часть определяет реализацию на аппаратной части функционального устройства, обладающего новыми свойствами.

Шестая подсистема является составной частью рабочего места оператора СДК и состоит из пульта индикации и управления, устройства печати результатов контроля и устройства регистрации для последующей машинной обработки.

Перспективным усовершенствованием СТД является добавление к исполнительной системе программных и аппаратурных средств диалога.

К аппаратурным средствам диалоговой системы причисляют: диалоговое устройство управления и отображения информации; устройство внешней памяти; устройство изготовления программной документации; устройство изготовления программных изделий.

Диалоговый режим работы СТД достигается на базе развернутого программного обеспечения, в которое входят ряд комплексных программ. Для их хранения и использования предусматривается комплекс программ управления памятью. В состав диалоговой подсистемы включен комплект программ, обеспечивающий реализацию всех режимов и операций диалога.

Использование исходного языка программирования типа *ОКА* представляется важной особенностью СТД, поэтому неотъемлемой частью программного обеспечения системы являются трансляторы с исходного языка в объективный.

Работа в режиме диалога требует высокой квалификации операторов. В этом аспекте важное значение приобретает автоматизация конструирования текстов программ, сборки отдельных модулей в комплекты, отладки и редактирования. Для этой цели в структуру диалоговой подсистемы вводят комплекты программ оператора-программиста и оператора-испытателя, которые обеспечивают конструирование операторских текстов на исходном языке и с использованием эффективной подсказки.

8.5. СИСТЕМА ДИАГНОСТИРОВАНИЯ РЭК АВТОМАТИЧЕСКОГО САМОЛЕТОВОЖДЕНИЯ

СТД в составе РЭК, являясь информационными датчиками управляющих систем, в силу действия кибернетического закона необходимого разнообразия отличаются высокой степенью сложности, возрастающей пропорционально сложности ОТД — РЭК. Несмотря на наличие общих принципов построения таких диагностических комплексов (см. § 8.3 и 8.4), их параметры и структура обладают большим количеством индивидуальных особенностей, что обусловливается отличиями объектов. Пути построения, параметры и структуру такой системы удобнее всего рассмотреть на примере. В качестве одного из примеров может служить диагностический комплекс системы автоматического самолетовождения для испытаний в динамическом режиме в лабораторных условиях.

Послеремонтные комплексные испытания бортовых систем автоматического управления летательным аппаратом весьма ответственный, но трудоемкий этап их создания. Имитацию всего многообразия возможных условий и экстремальных ситуаций даже в реальных условиях не всегда возможно реализовать полностью, а в невозвращаемых аппаратах это сделать невозможно. В этих обстоятельствах и возникает необходимость создания ДК на основе полунатурного и цифрового моделирования [30].

Основными задачами ДК являются: контроль качества бортовых РЭС в контуре автоматического самолетовождения (систем БСАУ) в динамическом режиме в наземных условиях с учетом аэродинамических характеристик летательного аппарата, нестабильности параметров бортовых и наземных навигационных РЭС, турбулентности атмосферы и других случайных факторов;

повышение объективности и достоверности контроля качества БСАУ по сравнению со статическими методами контроля; сокращение времени испытаний БСАУ и снижение стоимости диагностирования этих систем.

Целями функционирования ДК в параметрическом виде являются: максимизация точности работы при ограничениях на параметры надежности, пропускной способности, а также заданных уровней сложности имитируемых режимов функционирования средств самолетовождения, минимизация требуемого значения показателя активных средств и при заданных показателях точности и других значениях.

Под запасами активных средств в данном случае понимается множество разнообразных ресурсов (денежных, людских, инженерных, конструкционных, временных и т. д.).

Главным критерием ДК выбирается показатель точности работы

$$\sigma = \int\limits_{A(\Phi_1)} d\Phi_1 \int\limits_{A(\Phi_0)} R(\Phi_0, \Phi_1)\,\omega(\Phi_0, \Phi_1)\,d\Phi_1,$$

где $\omega(\Phi_0, \Phi_1)$ — совместная плотность вероятности случайных величин Φ_0 и Φ_1; $A(\Phi_0)$ и $A(\Phi_1)$ — области их возможных значений; $R(\Phi_0, \Phi_1)$ — функция потерь, которая принимает различные значения в зависимости от конкретизации задачи, что позволяет учитывать опасность отдельных ошибок.

При квадратичной функции потерь $R(\Phi_0, \Phi_1) = (\Phi_0 - \Phi_1)^2$

$$\sigma = \int\limits_{A(\Phi_1)} d\Phi_1 \int\limits_{A(\Phi_0)} (\Phi_0 - \Phi_1)^2\,\omega(\Phi_0, \Phi_1)\,d\Phi_0 = \overline{(\Phi_0 - \Phi_1)^2}$$

и критерий минимальной средней потери σ совпадает с критерием минимума среднеквадратической погрешности.

Процесс функционального применения ДК происходит в условиях многочисленных неопределенностей, которые априорно неизвестны. Для их преодоления предлагается использовать метод минимаксного критерия, обеспечивающего наилучшее качество при наихудшем распределении случайных факторов. В этом случае функциональные качества ДК:

$$R_1 = \min_{\overline{\alpha}} \max_{\overline{\gamma}} \int_{A(\Phi_1)} d\Phi_1 \int_{A(\Phi_0)} R(\Phi_0, \Phi_1)\, \omega(\Phi_0, \Phi_1)\, d\Phi_0;$$

$$R_2 = \min_{\overline{\alpha}} \max_{\overline{\gamma}} \Pi \text{ если } r_i < r_{0i}, \quad i \in [1, \overline{n-1}],$$

где $\overline{\alpha}$ и $\overline{\gamma}$ — векторы случайных и неопределенных факторов: r_i — скалярный, частный i-й критерий качества; r_{0i} — его заданное значение; n — количество частных критериев качества ДК.

Структурная схема комплекса для бортовой системы управления типа БСУ-3П приведена на рис. 8.5.

Диагностический комплекс базируется на ЦВМ, основная задача которой состоит в решении дифференциальных уравнений динамики полета самолета, атмосферных возмущений, а также выполнении логических операций по определению качества ОД. Ввод и вывод информации ЦВМ осуществляются посредством устройства аналого-цифро-аналогового преобразования УП-6, которое совместно с ЦВМ синхронизирует работу ДК и передает аналоговую информацию в АВМ.

Аналоговая вычислительная машина осуществляет управление автоматической подвижной платформой (АПП), на которой устанавливаются гироскопические датчики и датчики угловых скоростей канала обратной связи ОД — БСУ — 3П, согласует инерционные характеристики АПП и самолета, осуществляет построение

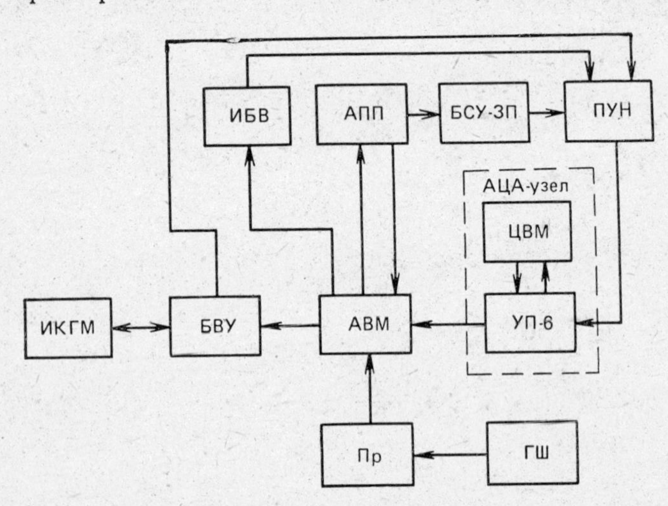

Рис. 8.5. Структурная схема комплекса для диагностирования бортовой системы управления полетом

вычислителей имитаторов курсо-глиссадных маяков (ИКГМ), корректоры высоты, радиопомех и управление этими имитаторами. Диагностическими параметрами объекта являются: углы отклонения рулей высоты $\delta_в$, направления $\delta_н$ элеронов ($\delta_э$).

Углы $\delta_в$, $\delta_э$ и $\delta_н$ преобразуются потенциометрическими датчиками угловых перемещений ПУН в постоянные напряжения, которые усиливаются усилителем постоянного тока УПТ и поступают на вход АЦП устройства УП-6. После аналого-цифрового преобразования информация о $\delta_в$, $\delta_э$ и $\delta_н$ в дискретной форме вводится в ЦВМ, решающей дифференциальные уравнения движения самолета в одном из заданных режимов полета.

В результате решения дифференциальных уравнений на каждом шаге отсчета вычисляют текущие значения углов курса ψ, крена γ и тангажа ϑ и их производные $\dot{\psi}$, $\dot{\gamma}$ и $\dot{\vartheta}$, а также значения текущей скорости полета $V(t)$, высоты $h(t)$, дальности до взлетно-посадочной полосы $D(t)$, отклонения от линии заданного пути $\Delta Z(t)$ и др. Все эти параметры через ЦАП вводятся в АВМ, которая управляет работой электромашинных усилителей (ЭМУ) — и имитаторами-датчиками сигналов. Управляющие сигналы с выхода вычислителей ИКГМ поступают на модулирующие входы блока внешнего управления (БВУ), через который по кабелю связи высокочастотные сигналы подаются от серийных ИКГМ на входы курсового и глиссадного приемников аппаратуры посадки «Курс МП», являющейся датчиком информации для БСУ-3П. Сигнал с вычислителя корректора высоты через линию связи и имитатор барометрической высоты (ИБВ) воздействуют на анероидную коробку корректора высоты, имитируя соответствующее разряжение атмосферы. Для имитации радиопомех служит источник шумов ГШ, плотность вероятностей которых может изменяться в блоке преобразования ПР.

Таким образом, с помощью двух ЭВМ в ДК осуществляются диагностирование, настройка, регулировка БСУ-3П, стыковка ее отдельных блоков и отработка всей системы в целом на основании данных с ДП. Этим на первый взгляд трудоемким процессом, требующим современного технического обеспечения, заменяется еще более трудоемкий и дорогостоящий процесс по настройке, регулировке и стыковке блоков БСУ в полете. Такие ДК по диагностированию РЭК сложны, трудоемки с точки зрения функционального использования и диагностирования собственной системы, но их применение всегда оправдывается экономически.

8.6. ТЕХНИЧЕСКОЕ ДИАГНОСТИРОВАНИЕ НЕПРЕДНАМЕРЕННЫХ ЭЛЕКТРОМАГНИТНЫХ ПОМЕХ (НЭМП)

Одним из наиболее характерных условий работы современных РЭС является воздействие на них непреднамеренных электромагнитных помех (НЭМП), или, как ее принято называть, проблема электромагнитной совместимости (ЭМС). В общем виде с этой проблемой сталкивается каждый инженер по эксплуатации РЭС, а объективной тенденцией следует считать то, что эта проблема приобретает все более широкий и глобальный характер.

Причинами и источниками НЭМП являются большая загруженность диапазона радиочастот РЭС и их работа на совпадающих или близких частотах излучения и приема; высокая территориальная и пространственная плотность размещения РЭС; техническое несовершенство РЭС, проявляющееся в том, что они излучают радиосигналы не только в основной полосе частот, но и за ее пределами, индустриальные и контактные помехи.

Объект воздействия НЭМП соответственно: входные цепи РЭС, линейные побочные каналы приема, образующиеся за счет взаимодействия в смесителе первой гармоники входного сигнала с гармониками гетеродина; нелинейные побочные каналы приема; тракт УПЧ, с проникающей в него интермодуляционной помехой; тракт приема с перекрестными искажениями и другие цепи.

Результатом воздействия НЭМП на РЭС может быть:

1) продолжение работоспособного состояния РЭС ($S_р$) — помехозащищенность оказалась достаточной;

2) нарушение (полное прекращение) функционирования РЭС ($\bar{S}_ф$);

3) нарушение работоспособного остояния при сохранении функционирования, являющееся одной из наиболее широко распространенных и типичных ситуаций.

В этих условиях, как часть проблемы обеспечения ЭМС РЭС различного типа и назначения, сформировалась и проблема диагностики НЭМП, сущность которой состоит в том, что необходимо каждый раз определять степень и характер воздействия НЭМП на РЭС, вид технического состояния РЭС при воздействии НЭМП и осуществлять парирование НЭМП с учетом результатов диагностирования [24].

Например, засорение экрана РЛС УВД хаотической импульсной помехой от близко расположенных станций ведет к прекращению функционирования, но момент наступления этого события зафиксировать очень трудно, так как допустимые (или недопустимые) уровни ложных тревог (ЛТ) в эксплуатационных характеристиках РЛС специально не оговариваются.

Применение диагностирования НЭМП потребует четких количественных показателей на результат воздействия. Таким измеряемым показателем для РЛС должна стать вероятность ЛТ или погрешность измерения координаты или линии положения для РЭС РСП, РСБН и другой аппаратуры.

Однако нарушение функционирования — не самый страшный результат воздействия НЭМП.

Наиболее неприятным с точки зрения обеспечения безопасности является третий результат. Аппаратура потребителю информации представляется работоспособной. Недиагностируемые НЭМП проявляются нормально, но их уровень превышает допустимый. Совокупный параметр качества ниже нормы. Аппаратура — в состоянии отказа, мы этого не знаем, что в конечном счете может привести к возникновению предпосылки к летному происшествию, аварии, катастрофе. Третий результат — в терминах диагностики — ошибка второго рода, хорошо анализируется методами технической диагностики.

Таким образом, задача диагностирования НЭМП формулируется как процесс определения технического состояния РЭС в условиях воздействия с определенной точностью.

Может быть сформулирована и несколько иная задача диагностирования: процесс определения состояния НЭМП с заданной точностью. Несмотря на кажущуюся общность, эти задачи принципиально различны. С их формулировкой связаны различные направления решения проблем. В первой задаче решение сводится к анализу конкретных изделий РЭС, во втором случае — объектом диагностирования являются сами помехи.

Определенные преимущества аппарата технического диагностирования — диагностического анализа — заключаются в следующем:

результаты диагностики и контроля (контроль — определение вида технического состояния) должны быть представлены в альтернативном виде;

терминология, определения, показатели и методика их расчета закреплены рядом ГОСТов;

выпуск ряда ГОСТов в области технического диагностирования свидетельствует об актуальности проблемы, методов и средств ее решения;

задачи выявления отказов при воздействии НЭМП и отказов, связанных с надежностью работы РЭС, очень близки по форме и по содержанию.

Техническая диагностика, хотя сама является молодой наукой, в особенности применительно к РЭС, использует и в достаточной степени апробировала аппарат теории графов и теории информации. Использование диагностического анализа РЭС в условиях воздействия НЭМП дает возможность упорядочить и несколько обогатить терминологию, сформулировать четкие определения ситуаций, возникающих в рассматриваемых случаях. Введение дополнительных терминов потребует исследования и назначения количественных оценок, разработки и корректировки соответствующей документации. Например: отказ из-за НЭМП — нарушение работоспособности при воздействии НЭМП. Только введение этого определения может повлечь доработку технической документации РЭС и введение в ее состав требований по оценке результатов воздействия НЭМП. По новому могут быть сформулированы такие понятия, как качество и эффективность в условиях воздействия НЭМП. Ошибка принятия решения о сохранении или нарушении работоспособности РЭС при воздействии НЭМП является важным, а не единственным показателем ЭВМ. И чаще всего этого показателя не хватает для формирования оценочного критерия.

Критерий качества, оценивающий НЭМП и ЭМС, чаще всего составной. В качестве такового следует использовать отношение $\rho=\frac{Э_0}{Э_г}$ показателя качества при отсутствии НЭМП и показателя качества при их наличии. Так, например, для ЭМС группы РЛС может быть использован критерий среднего риска:

$$P=\sum_{i=0}^{m}\sum_{k=0}^{n}P_i N_{j,k} P[S_k/S_j],$$

где P_i — априорная вероятность состояния S_j; $P[S_k/S_j]$ — условная вероятность принятия решения о наличии k-го состояния, если в действительности имеет место состояние S_j; $N_{j,k}$ — функция потерь, которая связана с принятием неправильного решения.

Критерий среднего риска отличается ясным физическим содержанием, связан с эксплуатационно-техническими характеристиками РЭС, может выступать в качестве частного показателя отдельного средства и объединенного критерия.

Выбор параметров для диагностики НЭМП формулируется как задача выбора минимальной достаточной совокупности параметров, определяющих работоспособность изделия РЭС в условиях НЭМП. Эта совокупность должна реагировать как на технические характеристики РЭС, так и на характеристики функционального назначения. Аналогами таких ситуаций могут являться мультипликативные и аддитивные помехи. В последнем случае параметры изделия РЭС никаких изменений не претерпевают, просто на выходе появляется сигнал помехи. Диагностика этого случая — распознавание действующей помехи, т. е. диагностики НЭМП, воздействующих на РЭС.

Первая ситуация — воздействие помехи на технические параметры РЭС — может также быть описана диагностическим аппаратом. Отклонения параметров на выходе РЭС, т. е. параметров выходных сигналов при воздействии на эти параметры помехи, могут быть описаны выражением

$$\Delta U_{вых}(\Delta U_{вх},\ \Delta U,\ \Delta U_{п}\ldots)=\sum_{j=1}^{k}\frac{\partial U_{вых\,i}}{\partial\beta}\Delta\beta_i,$$

представляющим функцию чувствительности i-го выходного параметра $\Delta U_{вых}$ к изменениям совокупного параметра β_i — изменяющегося под воздействием измерений внутренних изменений параметров и внешних НЭМП.

Формулировка задачи в виде нахождения функции чувствительности не решает проблему, так как функцию чувствительности надо получить. Для этого могут использоваться несколько методов: построение матрицы взаимовлияний блоков и параметров, математическое моделирование непрерывных объектов. Функция чувствительности может быть определена и для дискретных объектов, описываемых дифференциальными уравнениями с разрывной правой частью. Показано [50, 51], что для этого класса систем функция чувствительности имеет вид

$$\frac{dU_{\text{вых}\,i}}{dt} = -\sum_k S_k \frac{d}{dt}\left|\frac{1}{\frac{dU_{\text{вых}\,i}}{dt}}\right|_{t=t_k},$$

что применительно к конкретным воздействиям приводит к изменению сдвигов выходных сигналов по отношению к входным.

Таким образом, диагностический анализ позволяет устанавливать зависимости между выходными и внутренними параметрами изделий РЭС всех классов и использовать его при решении обеих задач диагностики НЭМП.

Поскольку при воздействии НЭМП на изделия наиболее неприятной является ситуация, при которой аппаратура оказывается неработоспособной, тогда, как мы считаем ее работоспособной, вероятность этого состояния — вероятность ошибки 2-го рода (β) в диагностической терминологии является частным случаем ошибки типа (i, j). Вероятность $P_{i,j}$ — вероятность совместного наступления двух событий: объект диагностирования при воздействии НЭМП находится в техническом состоянии i, а в результате диагностирования считается находящимся в состоянии j. Обозначив 1 — работоспособное, а 2 — неработоспособное, для вероятности ошибки 2-го рода — $P_{2,1}$.

Примечание. Возможна ошибка 1-го рода — объект в работоспособном состоянии, а считается в неработоспособном. Но эта ситуация применительно к НЭМП маловероятна, поэтому принимаем $P_{1,2}=0$.

В общем случае вероятность ошибки диагностирования

$$P_{i,j} = P_i^{\text{o}} \sum_{l=1}^{k} P_l^{\text{c}} P_{j,i,l}^{\text{у}},$$

где P^{o}_i — априорная вероятность того, что изделие РЭС при воздействии помех будет находиться в состоянии i; k — число состояний средств диагностирования, посредством которых дается количественная оценка состоянию РЭС; P^{c}_l — априорная вероятность нахождения средств диагностирования в состоянии l; $P^{\text{у}}_{j,i,l}$ — условная вероятность того, что в результате диагностирования изделие РЭС признается находящимся в состоянии j при условии, что оно находится в состоянии i и средство диагностирования находится в состоянии l.

Если состояние изделия РЭС представить совокупностью n независимых диагностических параметров, то вероятность ошибки 2-го рода может быть представлена зависимостью

$$P_{2,1} = \sum_{l=1}^{k} P_l^{\text{c}} \left[\prod_{\nu=1}^{n}(1-q_\nu-\alpha_{\nu,l}+\beta_{\nu,l}) - \prod_{\nu=1}^{n}(1-q_\nu-\alpha_{\nu,l})\right],$$

где q_ν — априорная вероятность того, что под воздействием НЭМП ν-й параметр изделия РЭС вышел из поля допуска, $\alpha_{\nu,l}$ — вероятность совместного наступления событий: диагностический параметр под воздействием НЭМП не вышел из поля допуска, а считается вышедшим из него; $\beta_{\nu\ 1}$ — вероятность совместимого наступления двух событий: диагностический параметр под воздействием НЭМП вышел из поля допуска, а его считаем находящимся в поле допуска.

Приведенные зависимости учитывают такие показатели изделия РЭС, как его вероятность выхода из строя при воздействии НЭМП и ошибки средств диагностирования.

Если считать, что средство диагностирования всегда в работоспособном состоянии, т. е. $P^{c}{}_{1}=1$, то

$$P_{2,1}=\prod_{\nu=1}^{n}(1-q_{\nu}-\alpha_{\nu,1}+\beta_{\nu,1})-\prod_{\nu=1}^{n}(1-q_{\nu}-\alpha_{\nu,1}).$$

Соответственно достоверность диагноза $D=1-P_{2,1}$ или

$$D=\prod_{\nu=1}^{n}(1-\alpha_{\nu,1}-\beta_{\nu,1}).$$

Вероятности α и β могут быть рассчитаны по аналитическим и графическим зависимостям гл. 5 (рис. 5.3 ... 5.5).

ГЛАВА 9. ЭФФЕКТИВНОСТЬ ДИАГНОСТИРОВАНИЯ РЭС

9.1. ПОКАЗАТЕЛИ ЭФФЕКТИВНОСТИ

Оценка эффективности диагностирования РЭС позволяет количественно судить о том, насколько полезным оказалось применение или внедрение СТД. По своему качеству, отображаемому в совокупности показателей функционального использования, СТД может быть реализована на очень высоком уровне и в этом аспекте значительно улучшать систему-аналог. Однако в силу каких-либо объективных причин, например высокой стоимости аппаратуры документирования информации, эффективность применения данной системы диагностирования может оказаться низкой или даже нецелесообразной. Поэтому вопросам оценки эффективности СТД РЭС следует уделять внимание на протяжении всего жизненного цикла объекта.

Понятие эффективности связано с использованием изделия по назначению, т. е. с получением эффекта в результате работы системы (эффект может быть положительным или отрицательным, но он есть всегда).

Эффективность — комплексное свойство процесса использования данной системы по назначению, в нужный (определенный) момент времени с определенным результатом. Поэтому, когда определяют эффективность системы, целесообразно добавить слово «использование» (как это рекомендуется в справочном приложении к ГОСТ 15467—79 «Управление качеством продукции. Основ ные понятия. Термины и определения»). Эффективность использования РЭС — комплексное понятие, объединяющее понятия: качество системы, качество эксплуатации системы, эксплуатационная ситуация.

Качество системы — это совокупность свойств системы, обусловливающих ее пригодность удовлетворять определенным потребностям в соответствии с ее назначением.

Качество эксплуатации — совокупность свойств процесса эксплуатации системы, от которых зависит соответствие этого процесса и его результатов установленным требованиям. Эксплуатационная ситуация включает в себя обстоятельства, обусловливающие влияние внешней среды, цели и режимы функционального использования системы, а также спрос на систему и результаты ее функционирования.

Эффективность и качество систем оцениваются совокупностью соответствующих показателей. *Показателем эффективности* использования РЭС называют количественную характеристику степени достижения полезных результатов при использовании системы в конкретной эксплуатационной ситуации с учетом эксплуатационных затрат. *Показатель качества* — это количественная характеристика одного или нескольких свойств системы, составляющих ее качество, рассматриваемая применительно к определенным условиям создания и потребления.

Показатели качества систем подразделяют на интегральные, единичные и комплексные.

Интегральный показатель качества близок по своему смыслу к показателю эффективности использования системы и определяется как отношение суммарного полезного эффекта от эксплуатации системы к суммарным затратам на ее создание и эксплуатацию.

Единичными показателями качества СТД являются параметры функционального использования, технические и эксплуатационные параметры, к числу таковых могут быть отнесены: достоверность информации и вероятность ошибок диагностирования технического состояния вида (i, j) объекта, безотказность СТД (или СрДК), долговечность СТД и другие параметры.

Комплексный показатель качества систем характеризует совместно несколько простых свойств или одно сложное свойство системы. Примерами комплексных показателей СТД может служить коэффициент $K_{т.и}$ — технического использования (в данном случае речь идет о системе диагностирования в связи с возможностями отказов, входящих в ее состав, сложных РЭУ и необходимостью проведения определенных работ по поддержанию качества).

Другим примером комплексного показателя является вероятность правильного диагностирования СТД, определяемая соотношением

$$D = 1 - \sum_{i=1}^{m} \sum_{\substack{j=1 \\ i \neq j}} P_{i,j}.$$

Деление показателей качества на единичные и комплексные является условным из-за условности деления свойств систем на простые и сложные. Например, вероятность ошибки вида (i, j) определяется по формуле

$$P_{2,1} = \prod_{\nu=1}^{n} (P_\nu - \alpha_{\nu,1} + \beta_{\nu,1}) - \prod_{\nu=1}^{n} (P_\nu - \alpha_{\nu,1}),$$

где показатели $\alpha_{\nu,1}$ и $\beta_{\nu,1}$ отдельных параметров могут рассматриваться как простые и вероятность ошибки $P_{2,1}$ приобретает физический смысл комплексного показателя.

В общем виде комплексные показатели технической эффективности могут быть представлены в виде произведения показателей качества K_i, т. е.

$$K_{\text{I}} = K_1 K_2 \dots K_i \dots K_m,$$

или частного, полученного от деления одних показателей на другие:

$$K_{\text{II}} = \frac{K_1 \dots K_m}{K_{1+m} K_{2+m} \dots K_n}.$$

При этом в качестве показателей качества могут быть использованы такие параметры, как, например:

объем сигнала $V_\text{c} = \Delta F Q$, T_c, где F — полоса пропускания приемника, Q — отношение сигнал-шум, T_c — длительность сигнала;

добротность системы связи как произведение помехоустойчивости на коэффициент использования пропускной способности.

Однако наиболее общие выражения для показателей эффективности наряду с техническими должны включать и экономические параметры систем и процессов.

Интегральный показатель качества СДК $И$ может быть вычислен по формуле: $И = Э/(З_\text{с} + З_\text{э})$, где $Э$ — суммарный полезный эффект от функционального использования системы, $З_\text{с}$ — суммарные затраты на ее создание, $З_\text{э}$ — суммарные затраты на ее эксплуатацию (ТО, ремонт и другие составляющие). Аналогичным образом может быть определен и показатель эффективности использования. В дальнейшем к интегральному показателю качества и показателю эффективности использования будем применять один термин — показатель качества и эффективности и обозначать его $K_\text{э}$.

Основным в выражении для $K_\text{э}$ является определение эффективности использования СТД, поэтому для представления $K_\text{э}$ в чистом виде должны быть сформулированы оцениваемые элементы полезного эффекта СТД, предназначенной для диагностирования РЭС. Такими элементами полезного эффекта от применения СТД могут являться: повышение безотказности РЭС (уменьшение параметра потока отказов $\lambda(t)$), сокращение времени восстановления РЭС, увеличение коэффициента технического использования, уменьшение вероятности отказа РЭС в период функционального использования, повышение надежности РЭС в целом (комплексный показатель), улучшение точностных характеристик РЭС за счет своевременных регулировок, повышение объема информации в системе информационного обеспечения средств управления и совокупность этих элементов. Как видно из приведенного перечня, совокупность оцениваемых элементов полезного эффекта почти полностью определяется назначением РЭС и ее ПФИ и ТП.

Однако не всегда эффект от применения СТД оказывает прямое влияние на эффективность ТО РЭС и эффективность ее функционального использования. Это происходит потому, что РЭС как системы, в свою очередь, являются подсистемами высшего иерархического уровня и определяют параметры этих систем. Допустим, что в результате совершенствования СДК удалось уменьшить среднюю оперативную продолжительность диагностирования $\tau_д$ в 2 раза. Затраты на создание СДК соответственно возросли в 1,5 раза. Если при этом удалось сократить $\tau_{ТО\,I}$ — РЭС (допустим тоже в 2 раза), казалось бы, эффект налицо. Однако, если РЭС работает в комплексе средств другой системы, то определяющим является среднее время $\tau_{ТО\,II} > \tau_{ТО\,РЭС\,I}$ и, следовательно, время на ТО большой системы в целом не сокращается, а затраты на совершенствование СТД растут и в конечном счете коэффициент $K_э$ падает.

Необходимо отметить, что в настоящее время отсутствуют четкие рекомендации по определению составляющих $Э=\Sigma Э_i$ формулы для $K_э$. Терминологически вопрос о показателях практически решен и закреплен в ГОСТе 15467—79 «Управление качеством продукции. Основные понятия. Термины и определения». В различных основополагающих работах в области диагностики и контроля [29, 30, 33, 36, 39, 62, 67 и др.] этой проблеме дается различное толкование. Вопрос этот приобретает все большую значимость в связи с необходимостью сопоставлять варианты СТД практически при каждой разработке или модернизации самых разнообразных типов РЭС. Приведем несколько рекомендаций по выбору $K_э$ и его числителя применительно к эффективности СТД, характеризуемых критерием эффективности.

При синтезе критериев эффективности обратим внимание на следующее обстоятельство: затраты на создание и эксплуатацию СТД могут оказать решающее влияние на ее эффективность, как впрочем, и на эффективность РЭС. Несмотря на это, при последующем изложении вопроса, основной упор будет сделан на технические решения, которые должны разрабатываться и приниматься инженерами. Впоследствии стоимость «дорогих» разработок может быть доведена до целесообразных значений путем различных усовершенствований.

9.2. РАСЧЕТ КОЭФФИЦИЕНТА КАЧЕСТВА И ЭФФЕКТИВНОСТИ

Эффективность операций диагностирования и контроля в общем виде можно представить разностью [52]

$$K_э(t) = \Delta Э = Э(t/t_д) - Э(t); \quad t > t_д,$$

где $Э(t/t_д)$ — эффективность ОД при условии, что в момент $t_д$ проведено его диагностирование и техническое обслуживание; $Э(t)$ — эффективность ОД при условии, что ТО не проводилось. Нормированный показатель эффективности использования СТД

$$K_э = [Э(t/t_д) - Э(t)]/Э(t),$$

$$0 < K_э > 1.$$

При этом результат применения СТД можно использовать в двух вариантах:

для изменения безотказности изделия РЭС путем проведения работ ТО по данным диагностирования;

для определения временного интервала τ, в течение которого РЭС сохранит свое работоспособное состояние с заданной вероятностью $P_{рд}$; в этом варианте на базе диагностирования решается задача прогнозирующего контроля (ПК), которая представляется важной для РЭС, функциональное использование которых происходит в системах, где своевременное техническое восстановление невозможно, а отказ чреват серьезными последствиями (РЭС обеспечения захода на посадку летательного аппарата, РЭС стыковки спутников на орбите и другие аналогичные задачи).

Если представить $Э(t) = Э_0(t)P(t)$, где $Э_0(t)$ — эффективность идеальной в смысле безотказности РЭС, а $P(t)$ — вероятность безотказной работы, выступающая как мера снижения эффективности, то коэффициент эффективности использования

$$K_э = [P(t/t_д) - P(t)]/P(t),$$

т. е. определяется через показатели безотказности, а сам эффект от использования СДК выражается в повышении безотказности ОД.

Таблица 9.1

Вид контроля	$P_k(t)$	$f(t)$
Без контроля	$(1-Q)F_0(t)$	$Q\delta(t) + (1-Q)f_0(t)$
Идеальный ($K_{п.о}=0$)	$F_0(t)$	$f_0(t)$
Реальный ($K_{п.о} \neq 0$)	$\frac{(1-Q)F_0(t)}{1-Q(1-K_{по})}$	$\frac{QK_{по}\delta(t) + (1-Q)f_0}{1-Q(1-K_{по})}$
Идеальный ПК $\begin{pmatrix} K_{п.о}=0 \\ K_{п\tau}=0 \end{pmatrix}$	$1,\ t \leqslant \tau$; $\frac{F_0(t)}{F_0(\tau)},\ t > \tau$	$0,\ t \leqslant \tau$; $\frac{f_0(\tau)}{F_0(\tau)}\ t > \tau$

Отметим, что во 2-й главе была показана зависимость параметра безотказности от других параметров функционального использования РЭС. Вышеприведенной формулой устанавливается прямая связь между диагностированием, безотказностью и эффективностью РЭС.

Если по результатам проведения диагностики и контроля необходимо определить время остатка работоспособного состояния системы $\Delta T_р$ (т. е. реализовать прогнозирующий контроль), то следует применять решающее правило: $\Delta T_р > \tau$, где τ — заданное время сохранения $S_р$. Поскольку такая оценка всегда сопровождается погрешностями, то практически $\tau < \Delta T_р^*$, что и является физической основой ошибок прогноза сохраняемости 1-го и 2-го рода:

$$\alpha_п(\tau) = P\{\Delta T_р^* \leqslant \tau / \Delta T_р > \tau\},$$

$$\beta_п(\tau) = P\{\Delta T_р^* > \tau / \Delta T_р \leqslant \tau\}.$$

Условная функция распределения остатка времени работоспособности $P_0(t - t_д) = P\{\Delta T_р < (t - t_д) / T_р > t_д\} = [F(t) - F(t_д)]/[1 - F(t_д)]$, где $F(t) = P\{T_р < 1\}$ — функция распределения времени сохранения работоспособного состояния, $Q = F_д(t)$ — априорная вероятность поступления на диагностирование неработоспособных объектов и $1 - Q = 1 - F(t_д)$ — работоспособных объектов, откуда априорная вероятность $P(t)$ безотказной работы поступившего объекта $P(t) = (1 - Q) F_0(t)$, где $F_0(t)$ — условная функция безотказности этих ОД.

Имея данные об апостериорной безотказности объектов после проведения диагностирования, можно получить обобщенное выражение для коэффициента эффективности и на его основе сравнивать потенциальные возможности различных методов диагностирования. Если считать, что вероятность безотказной работы ОД в

$\lambda(t)$	T	$P_к(\tau)$	$E_к$
$\lambda_0(t)$	$(1-Q)T_0$	$(1-Q)F_0(\tau)$	0
$\lambda_0(t)$	T_0	$F_0(\tau)$	$\dfrac{QF_0(\tau)}{1-(1-Q)F_0(\tau)}$
$\lambda_0(t)$	$\dfrac{(1-Q)T_0}{1-Q(1-K_{по})}$	$\dfrac{(1-Q)F_0(\tau)}{1-Q(1-K_{по})}$	$(1-Q)QF_0(\tau) \times \dfrac{(1-K_{по})}{[1-Q(1-K_{по})]} \times [-Q-(1-K_{по})F_0(\tau)]$
$0,\ t \leqslant \tau$ $\lambda_0(t),\ t > \tau$	$T_{пи} = \tau + T(\tau)$	1	1

течение интервала τ при условии идеального диагностирования равна 1 и $t_д=0$, то

$$K_э(\tau)=[P_д(\tau)-P(\tau)]/1-P(\tau),$$

где $P_д(\tau)$ — апостериорная безотказность за интервал времени τ.

В табл. 9.1 приведены данные для определения эффективности диагностирования с точки зрения достоверности предсказания интервала сохранения работоспособного состояния.

Для расчета эффективности по табл. 9.1 необходимо использовать следующие выражения:

$$K_{п.о}=\beta_{п.о}/(1-\alpha_п),\quad K_{п\,\tau}=\beta_{п\tau}/(1-\alpha_п),$$

где

$$\alpha_п=\frac{1}{(1-Q)\,F_0(\tau)}\int\limits_{\tau}^{\infty}\omega_0(t)\int\limits_{-\infty}^{\tau-t}\omega(y)\,dy\,dt;$$

$$\beta_{п.о}=\frac{1}{Q}\int\limits_{\tau}^{\infty}\omega(y)\,dy;$$

$$\beta_{п\tau}=\frac{1}{(1-Q)\,[1-F_0(\tau)]}\int\limits_{0}^{\tau}\omega_0(t)\int\limits_{\tau-t}^{\infty}\omega(u)\,du\,dt;$$

$$\omega_0(t)=-d\,F_0(t)/dt;$$

$\omega(U)$ — плотности вероятности значений распределения параметра $U(f)$.

Другим характерным показателем оценки эффективности СТД является коэффициент технического использования РЭС при наличии диагностирования и отсутствии такового или повышении коэффициента $K_{т.и}$ при внедрении СТД.

9.3. ОЦЕНКА ЭФФЕКТИВНОСТИ ДИАГНОСТИКИ ПРИ ПРОВЕДЕНИИ ПРОФИЛАКТИЧЕСКИХ РАБОТ ПО ТЕХНИЧЕСКОМУ ОБСЛУЖИВАНИЮ РЭС

Техническое диагностирование и контроль являются основными содержательными операциями при ТОиР, поэтому от качества и эффективности их применения во многом зависит состояние техники на стадии эксплуатации.

Оценки эффективности СТД по данным эксплуатации в этом аспекте представляются особенно важными и представляют, по существу, критерий оценки практикой теоретических положений и конструктивных реализаций. На практике трудно получить обобщенные оценки эффективности, включая коэффициент $K_э$. Обычно используют упрощенные цифровые показатели качества. Однако, компонуя их соответствующим образом, можно получить приближенные оценки, имеющие физический смысл тех оценок, с которыми мы привыкли иметь дело.

Основой оценок на практике служит сбор и обработка статистических данных по допущенным ошибкам в процессе определения состояния РЭС.

Для того чтобы избежать абстрактного подхода, рассмотрим формирование показателей эффективности на основе работы лаборатории по проверке РЭС авиапредприятия системы аэрофлота. Известно [75, 76], что радиоэлектроника на современных летательных аппаратах используется очень широко. Соответственно большое внимание уделяется вопросам его ТОиР. В основных эксплуатационных подразделениях — авиационно-технических базах имеются лаборатории РЭО. На примере статистических данных лабораторий рассмотрим показатели СТД.

Показатели диагностики и контроля РЭС входят в качестве составной части показателя лаборатории.

В качестве основного показателя эффективности выбирается показатель, характеризующий безошибочность принимаемых решений при определении технического состояния РЭС. В качестве того показателя следует использовать коэффициент технической эффективности диагностирования:

$$K_{\text{т.э.д}} = N_{\text{з.п}}/N_{\text{л.н}},$$

где $N_{\text{з.п}}$ — количество отказов, обнаруженных при диагностировании, выполняемом при регламентных работах, и подтвержденных при восстановлении в цехах (лабораториях) АТБ; $N_{\text{л.н}} = N_{\text{з}} + N_{\text{п}}$ — количество всех ТО в цехах АТБ при диагностировании на земле $N_{\text{з}}$ и по отказам в полете $N_{\text{п}}$; $N_{\text{н}}$ — количество неплановых обслуживаний изделий РЭС в лабораториях АТБ, выполняемых по замечаниям экипажа и результатам правильных ($N_{\text{пп}}$) и ошибочных ($N_{\text{н.п}}$) послеполетных диагностирований этих ложных отказов на борту. В свою очередь,

$$N_{\text{п}} = N_{\text{п.п}} + N_{\text{п.н}},$$

где $N_{\text{п.п}}$ — количество неплановых ТО РЭС в лаборатории по отказам, которые произошли в полете и подтвердились на земле; $N_{\text{н.п}}$ — количество неплановых ТО РЭС в лаборатории по ошибочным диагностированиям после полета при наличии замечаний экипажа о якобы имевших место отказах.

Количество отказов, обнаруженных на земле,

$$N_{\text{з}} = N_{\text{з.п}} + N_{\text{з.н}},$$

где $N_{\text{з.н}}$ — количество неподтвердившихся диагностических замечаний о работоспособном состоянии РЭС, которые были сделаны на борту (отказ обнаружен только на земле). Таким образом,

$$N_{\text{л.н}} = N_{\text{з.п}} + N_{\text{з.н}} + N_{\text{п.п}} + N_{\text{п.н}}.$$

Количество неплановых обслуживаний в АТБ, в которых имело место подтверждение ранее обнаруженного отказа

$$N_{\text{л.н.п}} = N_{\text{з.п}} + N_{\text{п.п}},$$

неплановых обслуживаний, в которых отказы не подтвердились:

$$N_{\text{л.н.л}} = N_{\text{з.н}} + N_{\text{п.н}},$$

откуда

$$N_{\text{л.н}} = N_{\text{л.н.п}} + N_{\text{л.н.л}}.$$

С учетом расшифровки промежуточных показателей:

$$K_{\text{т.э.д}} = \frac{N_{\text{з}} - N_{\text{з.н}}}{N_{\text{з.п}} + N_{\text{з.н}} + N_{\text{п.п}} + N_{\text{п.н}}} = \frac{N_{\text{з}} - N_{\text{з.н}}}{N_{\text{л.н.п}} + N_{\text{л.н.л}}}.$$

Подчеркнем, что приведенный показатель находится в соответствии с ГОСТ 564—79 [17] и может успешно применяться при оценке эффективности работ по диагностированию.

Для оценки технической эффективности мероприятий по диагностике и контролю при оперативных формах ТО коэффициент $K_{т.э.д}$ имеет вид: $K^{о.о}_{т.э.д}=N_{з.п}/N_з$ (для оценки технического диагностирования в процессе поиска места отказа) и $K^{о.г}_{т.э.д}=N_{л.н.п}/N_{л.н}$.

При оперативном ТО вероятность обнаружения отказов на земле $P_з=N_{з.п}/N_{о.о}$, где $N_{о.о}$ — количество оперативных обслуживаний за наблюдаемый период.

9.4. МЕТОДИКА ВЫБОРА НОМЕНКЛАТУРЫ И НОРМИРОВАНИЯ ЗНАЧЕНИЙ ПОКАЗАТЕЛЕЙ ДИАГНОСТИРОВАНИЯ

В основу этой методики положены критерии эффективности систем диагностирования и классификация исходных данных о потерях, возникающих при ошибках диагностирования. Критерии эффективности и потери из-за ошибок диагностирования могут быть использованы для оценки эффективности ТО.

В качестве показателей эффективности диагностирования предлагается использовать:

относительное снижение издержек и потерь эксплуатации при введении технического диагностирования — E_1;

относительное снижение вероятности ошибки определения технического состояния — E_2;

вероятность ошибки диагностирования с катастрофическими последствиями — $P_{кп}$.

Показатель эффективности

$$E_1=(\Pi^к-\Pi^д)/\Pi^к,$$

где $\Pi^к$ — потери и издержки классификации, приведенные к расчетному году; $\Pi_д$ — потери и издержки при диагностировании, приведенные к расчетному году.

Соответственно

$$\Pi^к=\sum_{t=1}^{T}\Pi^к_t(1+\varepsilon)^{\Delta-t},$$

где $\Pi^к{}_t$ — потери и издержки классификации в году t; T — срок службы средства диагностирования; $\Delta=\overline{1,\ T}$; $\varepsilon=0{,}1$ — норматив приведения, учитывающий фактор времени путем приведения к единому моменту времени (началу расчетного года) единовременных и текущих затрат на создание техники и результатов ее применения.

В качестве расчетного года принимается Δ-й год эксплуатации средств диагностирования.

Потери и издержки классификации в годы t

$$\Pi^к_t=N_t\sum_{i=1}^{m}C_{i,j}P^о_i,$$

где $C_{i,j}$ — потери из-за ошибок диагностирования вида $(i,\ j)$.

Потери и издержки диагностирования $П^{д}$ вычисляют по аналогичной формуле:

$$П^{д} - \sum_{t=1}^{т} П^{д}_{t}(1+\varepsilon)^{\Delta - t},$$

где $П^{д}{}_{t}$ — потери и издержки при диагностировании в году t, которые соответственно определяются из выражения

$$П^{д}_{t} = N_{t}\left(C_{д} + \sum_{i=1}^{m}\sum_{j=1}^{m} C_{i,j}P_{i,j}\right),$$

в котором N_{t} — количество диагностированной по наблюдаемому парку изделий РЭС в году t.

Показатель эффективности диагностирования

$$E_{2} = \left(P^{к}_{ош} - P^{д}_{ош}\right)/P^{к}_{ош},$$

где $P^{к}{}_{ош}$ и $P^{д}{}_{ош}$ — вероятности ошибок классификации и диагностирования соответственно.

Наименьшая вероятность ошибки классификации обеспечивается, когда принимают, что изделие пребывает в том техническом состоянии i^{*}, априорная вероятность которого $P^{о}{}_{i}$ максимальна, т. е.

$$P^{о}_{i*} = \max_{i=\overline{1,m}} P^{о}_{i}\,.$$

Тогда минимальное значение вероятности ошибки классификации $P^{к}{}_{ош} = 1 - P^{о}{}_{i*}$.

Соответственно вероятность ошибки диагностирования рассчитывают из выражения $P^{д}{}_{ош} = 1 - D$, где D — вероятность правильного диагностирования, т. е. полная вероятность того, что система диагностирования определяет то техническое состояние, в котором действительно находится объект.

Показатель эффективности

$$P_{к.п} = \sum_{\{i,j\}_{к.п}} P_{i,j},$$

де $\{i, j\}_{к.п}$ — множество ошибок диагностирования вида (i, j), которые могут повлечь катастрофические последствия.

9.5. ИССЛЕДОВАНИЕ ЭФФЕКТИВНОСТИ ДИАГНОСТИРОВАНИЯ НА УНИВЕРСАЛЬНЫХ ВЕРОЯТНОСТНЫХ МОДЕЛЯХ

Выше было показано, что основной целью определения эффективности СТД является установление зависимостей влияния их параметров на конечный эффект функционального использования РЭС. Если улучшение показателя СТД (например, повышение достоверности контроля) улучшает одиночный или комплексный показатель качества, например $K_{т.и}$, то это мероприятие целесообразно по крайней мере с технической точки зрения. При этом очевидно, что чем больше параметров задействовано в этих оценках, тем полнее проводимый анализ и точнее вычисляемый показатель эффективности. Однако, как отмечалось в § 5.7, 3.3 и других, вывод аналитических выражений для установления желательных взаимосвязей трудоемок, а при попытках целесообразных ограничений дает упрощенный результат.

Широкие возможности решения этой задачи представляет моделирование системы функционального применения на базе марковских или полумарковских процессов. Пример модели * приведен на рис. 9.1. В модели отражены различные состояния, в которых может пребывать РЭС, эффект, получаемый как результат функционального использования РЭС, периодичность диагностирования, его продолжительность и качество, а также параметры восстановления качества РЭС, период технического обслуживания и восстановления; ниже представлены следующие состояния системы: $S_{и}$ — исправное состояние РЭС; $S_{р}$ — работоспособное состояние; $S_{ф}$ — состояние функционирования (в РЭС имеется необнаруженный отказ); $S_{в.ф}$ — восстанавливается функционирование, $S_{н.ф}$ — РЭС не функционирует и ждет ремонта, $S_{в.р}$ — восстанавливается работоспособность, $S_{в.и}$ — восстанавливается исправное состояние; $S_{д.и}$, $S_{д.р}$, $S_{д.ф}$ — соответственно диагностирование РЭС в исправном, работоспособном и функционирующем состояниях

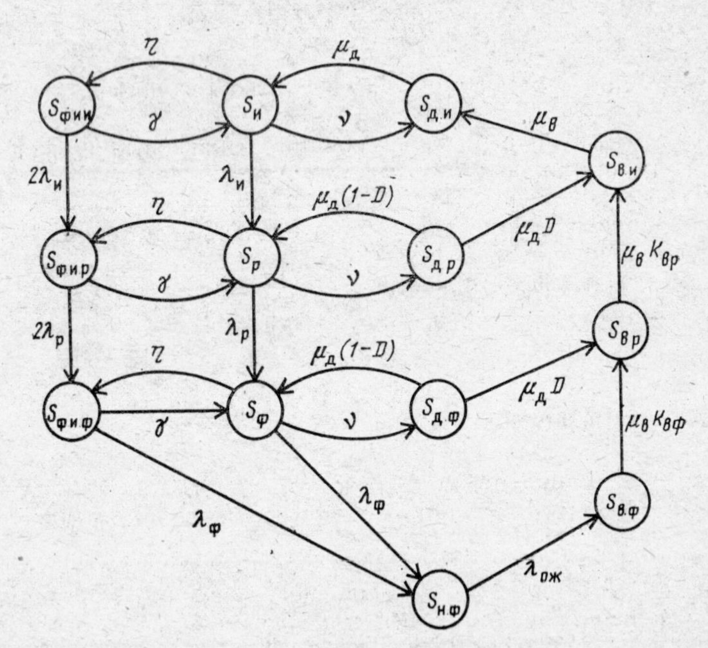

Рис. 9.1. Вероятностная модель исследования эффективности СТД как функц ее параметров

---

* По материалам инженера В. Ю. Сергеева.

$S_{ф.и.и}$, $S_{ф.и.р}$, $S_{ф.и.ф}$ — состояния функционального использования исправного, работоспособного или функционирующего РЭС соответственно. В этих состояниях РЭС должны приносить доход (в состоянии $S_{ф.и.ф}$ этот доход должен быть меньше, чем в других). Отказ в процессе функционального использования следует оценивать как отрицательный доход. В модели также представлены следующие параметры потоков переходов из состояния в состояния: $\lambda_и$ — параметр потока возникновения неисправности; $\lambda_р$ — параметр возникновения отказа, непрекращающего функционирование, $\lambda_ф$ — потока отказа; $\lambda_{ож}$ — ожидание восстановления ($\lambda_{ож}=1/\tau_{ож}$) — среднее время ожидания; $\nu=1/T_д$ — период диагностирования; $\eta=1/T_{ф.и}$ — средний период функционального использования; $\gamma=1/\tau_{ф.и}$ — среднее время функционального применения; $\mu_д=1/\tau_д$ — среднее время диагностирования; $\mu_в=1/\tau_в$ — среднее время восстановления; $D_д=1-P_{1,2}-P_{2,1}$ — вероятность правильного диагностирования ($P_{1,2}$ и $P_{2,1}$ — вероятности ошибок диагностирования, рассмотренные в гл. 5); $P_{к.о}$ — вероятность возникновения конкомитантных отказов, $K_{в.р}$ — коэффициент качества восстановления работоспособного состояния, количественно характеризует качество восстановления работоспособности изделия.

Данная модель позволяет учесть вероятность возникновения конкомитантных отказов, эффект от отказа при функциональном применении, качество диагностирования.

Допущениями в модели является то, что рассматриваются только постепенные отказы, а процессы восстановления исправного состояния рассматриваются как последовательность процессов восстановления состояния функционирования, работоспособного и, наконец, исправного состояния. Заметим, что ничего нереального в этих ограничениях нет. Любой внезапный отказ за редким исключением имеет свою предысторию и является внезапным по проявлению, а не по своей физической природе. Глубокое и высококачественное диагностирование является основой предотвращения таких отказов. Что касается последовательного восстановления, то оно отражает весьма реальный процесс, в котором ремонтник добивается, чтобы система заработала, затем восстанавливает ее основные параметры, после чего «доводит» систему.

Модель, изображенная на рис. 9.1, может при необходимости несколько видоизменяться для адекватного отображения реальных ситуаций. Например, достаточно ввести в модель возможность прямого перехода из состояния $S_и$ в состояние $S_{в.и}$ и из $S_р$ в состояние $S_{в.и}$, как получим модель ТО РЭО без диагностирования, т. е. стратегию ТО по наработке. На основе этой модели могут быть получены различные зависимости, например экономический эффект, как функция достоверности

$$Э_{ф.и}[P(S_{ф.и.и})+P(S_{ф.и.р})]+Э_{ф.и.ф}P(S_{ф.и.ф})-Э_{ф.отк}P(S_{ф.и.о})= \\ =f(\tau_д,\ T_д,\ D_д),$$

или коэффициент технического использования в зависимости достоверности диагностической информации

$$K_{\text{т.и}} = [P(S_{\text{ф.и.и}}) + P(S_{\text{ф.и.р}}) + P(S_{\text{ф.и.ф}}) + P(S_{\text{и}}) + P(S_{\text{р}})] = f[D],$$

где $D = f_1(P_{1,2};\ P_{2,1}) = f_2(n_{\text{д.п}},\ \alpha_{\text{д.п}},\ \beta_{\text{д.п}},\ P_1^{\text{с.д}},\ P_1^{\circ})$; $n_{\text{д.п}}$ — общее количество диагностических параметров (другие обозначения по гл. 5).

Получение приведенных и других зависимостей для оценки эффективности СТД реализуется путем составления системы уравнений Колмогорова — Чепмена, перехода от нее к системе n-алгебраических уравнений в предположении стационарности процесса и решения этой системы относительно интересующих нас составляющих.

В случае многоситуационной задачи решение системы требует одного из формальных методов, который был введен в ЦВМ стандартной программой либо использован при составлении программы для решения системы заданного графа.

В приложении 1 приведен метод Гаусса, рекомендуемый для решения задач указанного типа, как простой и надежный [93].

9.6. ЦЕЛЕСООБРАЗНОСТЬ ДИАГНОСТИРОВАНИЯ

Рост безотказности очередного поколения изделий РЭС на новой элементной базе постоянно заставляет возвращаться к вопросу, а какова целесообразность реализации диагностики и контроля вообще? Не проще ли очередные затраты направить на другие мероприятия. В каждом отдельном случае ответ на такой вопрос требует количественных оценок и учета многих факторов. Рассмотрим один из возможных путей решения поставленной задачи на основе графоаналитического метода.

Коэффициент целесообразности диагностирования может быть представлен в виде отношения $K_{\text{ц.д}} = D_1/D_2$, где D_1 — достоверность информации о техническом состоянии РЭС при первом варианте контроля, а D_2 — достоверность информации о техническом состоянии того же изделия при втором варианте.

В свою очередь, достоверность D_i может быть выражена отношением $D_i = P_{\text{р}}/P_{\text{д}}$, где, $P_{\text{р}}$ — вероятность того, что изделие РЭО после проведения диагностики и контроля окажется действительно работоспособным: $P_{\text{доп}}$ — вероятность того, что изделие после контроля будет допущено к эксплуатации (т. е. будет признано работоспособным).

При расчете достоверности контроля примем во внимание следующие значения вероятностей, определяемые из условий функционального применения и стратегии ТО:

P_1 — вероятность работоспособного состояния ОТД перед контролем;

P_2 — вероятность возникновения неисправности в объекте во время контроля;

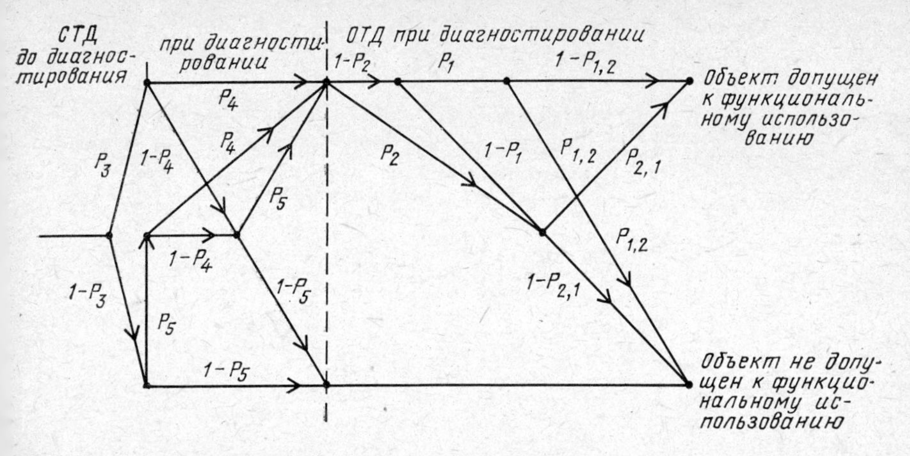

Рис. 9.2. Ориентированный граф показателей качества процесса технического диагностирования

P_3 — вероятность исправного состояния средства контроля до начала контроля;

P_4 — вероятность исправного состояния средства контроля в процессе его применения;

P_5 — вероятность восстановления отказавшего средства контроля за установленное время;

$P_{1,2}$ — вероятность ошибки диагностирования вида (1, 2), принятие работоспособного объекта за отказавший;

$P_{2,1}$ — вероятность ошибки диагностирования вида (2, 1), принятие неработоспособного объекта за работоспособный.

Решение задачи по определению достоверности контроля может быть представлено ориентированным графом (рис. 9.2), у которого вершины соответствуют состояниям, а дуги — вероятностям перехода.

Для упрощения примем, что средства контроля и объект — независимые системы, и тогда вероятность допуска объекта к эксплуатации $P_{доп}=P_{с.к}P_{о.к}$, где $P_{с.к}$ — вероятность исправного состояния системы контроля в течение всего процесса контроля с учетом возможного восстановления средств; $P_{о.к}$ — вероятность работоспособного состояния объекта.

Из ориентированного графа следует, что

$$P_{с.к}=P_3P_4+P_3P_5(1-P_4)+(1-P_3)(1-P_4)P_5^2+(1-P_3)P_4P_5=$$
$$=[P_3+(1-P_3)P_5][P_4+(1-P_4)P_5].$$

Соответственно вероятность

$$P_{о.к}=(1-P_2)P_1(1-P_{1,2})+(1-P_1)P_{2,1}+P_2P_{2,1}=$$
$$=(1-P_2)[P_1(1-P_{1,2})+(1-P_1)P_{2,1}]+P_2P_{2,1}.$$

Вероятность того, что объект после диагностирования будет допущен к работе по назначению,

$$P_{доп}=[P_3+(1-P_3)P_5][P_4+(1-P_4)P_5]\{(1-P_2)[P_1(1-P_{1,2})+$$
$$+(1-P_1)P_{2,1}]+P_2P_{2,1}\}.$$

Вероятность того, что объект после диагностирования окажется действительно работоспособным,

$$P_р=[P_3+(1-P_3)P_5][P_4+(1-P_4)P_5](1-P_2)(1-P_{1,2})P_1.$$

Тогда формула для вычисления достоверности контроля принимает вид

$$D=P_р/P_{доп}=P_1(1-P_2)(1-P_{1,2})/(1-P_2)[P_1(1-P_{1,2})+$$
$$+(1-P_1)P_{2,1}]+P_2P_{2,1}.$$

В выражении для достоверности, вероятности, характеризующие состояния средств контроля, вошли косвенно через составляющие $P_{1,2}$ и $P_{2,1}$.

Полученные выражения дают возможность сравнивать различные системы контроля.

Определим для примера коэффициент целесообразности диагностирования при сопоставлении ТО контролируемой и неконтролируемой систем. Достоверность определения состояния неконтролируемой системы ограничивается нашими знаниями о безотказности — P_1. Тогда

$$K_{ц.д}=D_1/D_2=D_1/P_1=(1-P_2)(1-P_{1,2})/\{(1-P_2)[P_1(1-P_{1,2})+$$
$$+(1-P_1)P_{2,1}]+P_2P_{2,1}\}.$$

Очевидно, что с ростом P_1 — значения $K_{ц.д}$ уменьшаются. При $K_{ц.д}>1$ контроль можно признать целесообразным, а при $K_{ц.д}<1$ — нецелесообразным. Зависимость $K_{ц.д}=f(P_1)$ приведена на рис. 9.3, из которого хорошо видно, что при определенных (больших) значениях P_1 введение контроля становится нецелесообразным. Более общий подход к этим оценкам дает применение стоимостного коэффициента целесообразности контроля

$$K_{ц.к.с}=P_{ущ}C_{ущ}/(C_{к.х}-\Delta C_к),$$

где $P_{ущ}$ — вероятность нанесения ущерба из-за отказа от применения контроля; $C_{ущ}$ — стоимость этого ущерба; $C_{к.х}$ — стоимость контроля изделий в режимах хранения и ожидания; $\Delta C_к$ — увеличение стоимости подготовки при введении системы контроля и контрольных мероприятий.

Приведенное выражение для $K_{ц.к.с}$ является одним из многих возможных. Излагаемая методика оценок на базе ориентирован

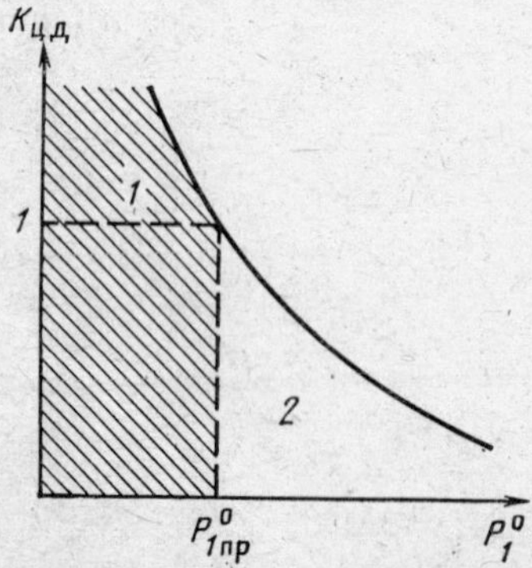

Рис. 9.3. Зависимость целесообразност контроля от априорной безотказности из делия РЭС

ного графа позволяет получить коэффициенты для оценки эффективности РЭО с учетом многих дополнительных факторов и найти их экстремумы как функции различных состояний.

9.7. СТАНДАРТИЗАЦИЯ В ОЦЕНКАХ ЭФФЕКТИВНОСТИ И КАЧЕСТВА СИСТЕМ ДИАГНОСТИКИ И КОНТРОЛЯ

Стандарты всегда являлись законодательным началом в вопросах как организации промышленного производства, так и в вопросах определения характеристик готовой унифицированной продукции. За последние 10—15 лет сфера их приложений значительно расширилась, охватив в первую очередь такие области, как техническая эксплуатация, техническое обслуживание и ремонт, техническая диагностика, технологическое обслуживание и др. Если раньше стандартизация касалась в основном готовой продукции, то сейчас стандартизованы все выходные ТП РЭС, независимо от серии, все стыковочные параметры с ЭВМ, все типы интерфейсов (§ 6.7). Наступление стандартизации на техническую эксплуатацию РЭС продолжается, и это обстоятельство должно очень радовать заказчиков и эксплуатационников новой техники, ибо в соответствии с действующими стандартами вопросы эксплуатации должны решаться на всех стадиях ЖЦ РЭС.

Важным также является то, что основные аспекты стандартизации, как целенаправленной деятельности общества, это: техническая и экономическая эффективность; качество и безопасность. Эти аспекты стандартизации совпадают с направлениями внедрения систем диагностики и контроля в техническую эксплуатацию РЭС.

Представляется целесообразным, чтобы инженерно-технические и научные работники, работающие в области эксплуатации РЭС, были не только знакомы с принципами, знали основные положения стандартизации, но хорошо знали сами стандарты, их содержание и возможности применения.

Изучая стандарты, необходимо иметь в виду, что помимо основной своей указующей части они содержат обязательные, справочные и рекомендуемые приложения. В этих дополнениях и приложениях излагаются очень полезные методики, указания, разъяснения, примеры расчетов, позволяющие продуктивно использовать весь стандарт, при необходимости расширять сферу его приложения, а также выпускать на его основе соответствующие отраслевые или межотраслевые стандартизирующие документы.

Одним из примеров применения стандартов в качестве методики проведения сопоставительного анализа по оценке эффективности любой системы в том числе РЭУиС является ГОСТ 2.116—71 «Карта технического уровня и качества продукции». Стандарт устанавливает правила выполнения одного из основных документов вновь разрабатываемых изделий — карты технического уровня и качества (КУ), которую используют для определения целесообразности дальнейшей разработки изделия техники, постановки его на производство, аттестации качества, модернизации и т. п. Карты уровня выпускают по специальным формам, установленным в ГОСТ: в разд. 1 дается краткая характеристика изделия и сведения о документах и предприятиях, которые выполняют разработку. В разд. 2 КУ устанавливается номенклатура показателей качества, которая в общем случае включает следующие показатели: назначения (функционального использования, надежности и долговечности, технологичности, эргономические, эстетические), стандартизации и унификации, патентно-правовые и экономические. В этом же разделе приводятся значения показателей качества по данным технического задания или технических условий или других конструкторских документов, а также значения базовых показателей качества в соответствии с требованиями ГОСТ 15467—79 и соответствующие ссылки на источники информации, значения показателей качества, предусмотренные действующими стандартами, значения показателей перспективных образцов, отечественных и зарубежных аналогов. При отсутствии аналогов к моменту составления КУ используют данные доступных источников информации, аналоги составных частей изделия. Основная форма КУ 2.116—2 приведена в табл. 9.2.

Непосредственно в вопросах оценки эффективности и качества СДК могут с успехом использоваться стандарты таких систем, как «Система технического обслуживания и ремонта техники», «Управление качеством продукции», «Техническая диагностика».

Основными стандартами «Системы технического обслуживания и ремонта» являются:

ГОСТ 18322—78 «Термины и определения». Приводятся основные термины и определения, а также пояснения к основным терминам. Вводятся три основные группы показателей СТОиР — по продолжительности, по трудоемкости и по стоимости.

ГОСТ 19152—80 «Ремонтопригодность. Общие требования». Этим ГОСТ устанавливается перечень параметров, определяющих технологичность изделия при техническом обслуживании и ремонте. К этим параметрам относятся: контролепригодность, доступность, легкосъемность, взаимозаменяемость, унификация и стандартизация, восстанавливаемость, преемственность технологических процессов, эргономика и техника безопасности.

ГОСТ 21623—76. «Показатели для оценки ремонтопригодности. Термины и определения».

ГОСТ 22952—78 «Методы расчета показателей ремонтопригодности по статистическим данным». В этом ГОСТе приведены расчетные формулы, позволяющие вычислить 46 параметров, характеризующих ремонтопригодность с точки зрения трудоемкости, продолжительности, стоимости и коэффициентов ремонтопригодности. Используя этот ГОСТ и статистические данные о вос-

Таблица 9.2. **Определение качества изделия**

<table>
<tr><th colspan="2">Показатель качества</th><th colspan="4">Базовый показатель качества</th><th colspan="4">Относительный показатель качества</th></tr>
<tr><th rowspan="2">Наименование</th><th rowspan="2">Величина</th><th rowspan="2">По ГОСТ</th><th rowspan="2">Перспективного изделия</th><th colspan="2">Аналога</th><th colspan="2">К перспективному изделию</th><th colspan="2">К аналогу</th></tr>
<tr><th></th><th></th><th>Д</th><th>К(С)</th><th>Д</th><th>К(С)</th></tr>
<tr><td></td><td></td><td></td><td></td><td></td><td></td><td></td><td></td><td></td><td></td></tr>
<tr><td colspan="4"></td><td colspan="6">Основная подпись по ГОСТ 2.104—68</td></tr>
</table>

становлении и ремонте, можно произвести технические сопоставления качества и эффективности ТО.

ГОСТ 23660—79 «Обеспечение ремонтопригодности при разработке изделий. В этом ГОСТе излагаются правила и порядок обеспечения ремонтопригодности изделий техники. Для того чтобы проектируемое изделие было ремонтопригодным, необходимо выполнить требования ГОСТа. В приложении к ГОСТу приведены 12 показателей технологичности изделий при ТОиР и правила их определения.

ГОСТ 24212—80. Система технического обслуживания и ремонта авиационной техники. Термины и определения. Это первый ГОСТ по ТОиР АТ. Он разработан в системе Гражданской авиации и отражает все те особенности, которые присущи эксплуатации авиационной техники. Этим ГОСТом установлены три стратегии ТОиР: стратегия ТО по наработке; стратегия ТО по состоянию с контролем надежности; стратегия ТО по состоянию с контролем параметров, вводятся понятие — упреждающий допуск диагностического параметра, определения видов, методов и режимов ТОиР авиационной техники. ГОСТ устраняет терминологические неточности, имеющие место в документации.

Система стандартов «Техническая диагностика» включает ряд стандартов, применение которых позволяет проводить полный диагностический анализ сложного объекта, сформулировать требования к нему, как к объекту диагностики, определять показатели диагностирования, контролепригодности и категорию диагностики. Использование стандартов этой системы является основой эксплуатационной направленности проектирования.

К этой системе тесно примыкают два других ГОСТа посвященные автоматизированному контролю изделий авиационной техники.

ГОСТ 20911—75 «Техническая диагностика. Термины и определения.»

ГОСТ 20417—75 «Техническая диагностика. Общие требования к объектам диагностирования». В этом ГОСТе представлен требуемый объем работ, которые необходимо выполнить для получения полной характеристики изделия РЭС как объекта диагностирования.

ГОСТ 23564—79 «Техническая диагностика. Показатели диагностирования». Приводится полная методика расчета показателей.

ГОСТ 26656—85 «Техническая диагностика. Контролепригодность. Общие требования» — устанавливает общие требования к обеспечению контролепригодности и приспособленности к диагностированию.

ЗАКЛЮЧЕНИЕ

Современные РЭС — сложные кибернетические объекты — на стадии функционального использования по объективным причинам требуют управления их состоянием для поддержания показателей качества на определенном уровне. Управление состоянием осуществляется на основе диагностической информации, которая формируется в СТД; источником этой информации является РЭС, а в СТД осуществляется ее выделение, обработка и накопление для выработки управляющих команд и воздействий. При диагностировании последовательно решаются задачи оптимизации:

выбора совокупности ДП и их допусков для определения работоспособного состояния РЭС;

алгоритма поиска места отказа;

выбора метода прогнозирования технического состояния.

В основе решения этих задач лежат принципы построения диагностических моделей, позволяющих в наглядной форме представлять множество технических состояний РЭС, процесс их изменения и получать результаты, близкие к реальным ситуациям.

Качество СТД характеризуется совокупностью показателей систем диагностирования, которые вычисляются по приводимым аналитическим выражениям или путем математического моделирования на ЭВМ. Вычисление единичных и комплексных показателей качества СТД позволяет на практике проводить сопоставительный анализ СТД, их составляющих и принимать обоснованные технические решения по диагностическому обеспечению эксплуатации при проектировании РЭС, на стадии эксплуатации и рассчитывать основные параметры СТД.

Сами по себе СТД и входящие в них средства представляют в свою очередь класс сложных электронных систем, которые обладают возможностями получения большого объема информации об объектах диагностирования. Повышение эффективности СТД связано с комплексной автоматизацией процесса получения и обработки измерительной информации.

СТД — неотъемлемая часть систем ТО РЭС, как систем управления состоянием — должны проектироваться совместно с РЭС, ибо их параметры оказывают взаимное влияние друг на друга. На стадии эксплуатации от эффективной работы СТД во многом зависит качество функционального использования сложных РЭС. В силу специфики эксплуатации РЭС и РЭК вопросы диагностического обеспечения необходимо прорабатывать на всех стадиях жизненного цикла. Это обстоятельство в свою очередь требует, чтобы исследователи и радиоспециалисты по ТЭ РЭС были хорошо знакомы с принципами, методами и средствами диагностирования, умели их выбирать, применять и эффективно использовать.

Применение СТД в практике эксплуатации помогает глубже исследовать состояние систем, управлять их состоянием, качеством, а в конечном счете и надежностью. В настоящее время, несмотря на то что диагностирование повсеместно признается одним из важных инструментов повышения эксплуатационной надежности, его внедрение в практику эксплуатации далеко от повсеместного внедрения. В конечном счете это обстоятельство сказывается на качестве сложных РЭС и их эффективном использовании.

Вопросам создания и внедрения СТД необходимо уделять внимание непрерывно, начиная от задания требований в ТЗ на разработку и кончая этапом технического обслуживания. Диагностирование, как один из процессов поддержания и повышения качества РЭС, должно сыграть определенную роль в решении общей задачи интенсификации науки и промышленного производства.

ПРИЛОЖЕНИЕ 1. РЕШЕНИЕ СИСТЕМЫ ЛИНЕЙНЫХ УРАВНЕНИЙ МЕТОДОМ ГАУССА

В гл. 3, 4, 5, 8, 9 было показано, что степень влияния ДП на различные характеристики РЭС может быть установлена путем решения ситуационных задач изменения и управления состояниями на базе ориентированных графов и составленных на их основе систем уравнений Колмогорова — Чепмена. Аналитический путь решения этих уравнений — трудоемкий, поэтому наиболее рациональным представляется метод моделирования на ЦВМ и получение требуемых зависимостей в численном виде.

Однако и в этом случае решение на ЦВМ n алгебраических уравнений с n неизвестными сопряжено с аналитическими преобразованиями определенной сложности, так как ЦВМ нужно задать программу, которую предварительно необходимо составить и отладить. Программу решения системы линейных уравнений лучше всего составлять на основе одного из численных методов решения — метода Гаусса (его иногда называют методом исключения) [93]

Рассматриваем систему уравнений:

$$a_{11}x_1+a_{12}x_2+a_{13}x_3=b_1; \quad (\text{П.1})$$

$$a_{21}x_1+a_{22}x_2+a_{23}x_3=b_2; \quad (\text{П.2})$$

$$a_{31}x_1+a_{32}x_2+a_{33}x_3=b_3. \quad (\text{П.3})$$

Один из коэффициентов a_{11}, a_{21}, a_{31} должен быть отличен от нуля, чтобы не иметь дело в трех уравнениях только с двумя неизвестными. Если $a_{11}=0$, то можно переставить уравнения так, чтобы коэффициент при x_1 в первом уравнении был отличен от нуля. Очевидно, что перестановка уравнений оставляет систему неизменной: ее решение остается прежним.

Введем множитель $m_2=a_{21}/a_{11}$.

Умножим первое уравнение системы (П.1) на m_2 и вычтем его из уравнения (П.2) (уравнения П.1 и П.2 берем уже после перестановки, если она была необходима). Результат вычитания

$$(a_{21}-m_2a_{11})x_1+(a_{22}-m_2a_{12})x_2+(a_{23}-m_2a_{13})x_3=b_2-m_2b_1, \quad (\text{П.4})$$

$$\text{Так как } a_{21}-m_2a_{11}=a_{21}-\frac{a_{21}}{a_{11}}a_{11}=0,$$

то x_1 исключено из уравнения П.2 (именно для достижения такого результата и было выбрано значение m_2). Введем новые коэффициенты:

$$a'_{22}=a_{22}a_{12}-m_2a_{12},$$

$$a'_{23}=a_{23}-m_2a_{13},$$

$$b'_2=b_2-m_2b_1.$$

Тогда уравнение (П.2) приобретает вид

$$a'_{22}x_2+a'_{23}=b'_2. \quad (\text{П.5})$$

Заменим второе из первоначальных уравнений (П.2) уравнением (П.5) и введем множитель для третьего уравнения: $m_3=a_{31}/a_{11}$. Умножим первое уравнение на этот множитель и вычтем его из третьего. Коэффициент при x_1 снова становится нулевым, и третье уравнение приобретает вид

$$a'_{32}x_2+a'_{33}=b'_3, \tag{П.6}$$

где

$$a'_{32}=a_{32}+m_3a_{12},\quad a'_{33}=a_{33}-m_3a_{13},\quad b'_3=b_3-m_4b_1.$$

Если теперь в исходной системе уравнений заменить (П.3) на (П.6), то новой системой будет:

$$a_{11}x_1+a_{12}x_2+a_{13}x_3=b_1; \tag{П.1}$$

$$a'_{22}x_2+a'_{23}x_3=b'_2; \tag{П.5}$$

$$a'_{32}x_2+a'_{33}x_3=b'_3. \tag{П.6}$$

Эти уравнения полностью эквивалентны исходным уравнениям с тем преимуществом, что x_1 входит только в первое уравнение и не входит ни во второе, ни в третье. Таким образом, два последних уравнения представляют собой систему из двух уравнений с двумя неизвестными; если теперь найти решение этой системы, т. е. определить x_2 и x_3, то результат можно подставить в первое уравнение и найти x_1. Иначе говоря, задача сведена к решению системы из двух уравнений с двумя неизвестными.

Попытаемся теперь исключить x_2 из двух последних уравнений. Если $a'_{22}\neq$ $\neq0$, то снова переставим уравнения так, чтобы a_{22} было отлично от нуля. (Если же $a'_{22}=0$ и $a'_{32}=0$, то система вырождена и либо вовсе не имеет решения, либо имеет бесчисленное множество решений.)

Введем новый множитель $m'_3=a'_{32}/a'_{22}$.

Умножим уравнение (П.5) на m'_3 и вычтем его из (П.6). В результате вычитания

$$\left(a'_{32}-m_3a'_{22}\right)x_2+\left(a'_{33}-m_3a_{23}\right)x_3=b'_3-b'_2m'_3.$$

В силу выбора m'_3 $a'_{32}-a'_3a'_{22}=0$. Полагая $a'_{33}=a'_{33}-m'_3a'_{23}$, $b''_3=b'_3-$ $-m_3b'_2$, окончательно получаем

$$a''_{33}x_3=b''_3. \tag{П.7}$$

Уравнение (П.6) можно заменить уравнением (П.7), после чего система уравнений приобретает вид:

$$a_{11}x_1+a_{12}x_2+a_{13}x_3=b_1; \tag{П.1}$$

$$a'_{22}x_2+a'_{23}x_3=b'_2; \tag{П.5}$$

$$a''_{33}x_3=b''_3. \tag{П.7}$$

Такая система уравнений иногда называется треугольной из-за своего внешнего вида.

Теперь необходимо определить x_3 из (П.7), подставить результат в (П.5), определить x_2 из (П.5), подставить x_3 и x_2 в (П.1) и определить x_1. Этот процесс, который обычно называют обратной подстановкой, реализуется в нашем случае формулами:

$$x_3 = b''_3 / a''_{33},$$

$$x_2 = \frac{b'_2 - a'_{23} x_3}{a'_{22}}, \quad x_1 = \frac{b_1 - a_{12} x_2 - a_{13} x_3}{a_{11}}.$$

Вспомним, что ранее уравнения переставлялись таким образом, чтобы a_{11} и a_{22} не были равны нулю. Если же окажется, что $a_{33}=0$, то система вырождена.

Рассмотрим пример

$$\begin{cases} x + y + z = 4, \\ 2x + 3y + z = 9, \\ x - y - z = -2. \end{cases} \tag{П.8}$$

Можно убедиться, что множители для второго и третьего уравнений равны соответственно 2 и 1. После исключения x из второго и третьего уравнений новый множитель, исключающий из третьего уравнения, равен —2. Треугольная система уравнений имеет вид

$$\begin{aligned} x + y + z &= 4, \\ y - z &= 1, \\ -4z &= -4. \end{aligned}$$

Из последнего уравнения $z=1$, из второго $y=2$, из первого $x=1$. Можно подставить эти значения в исходные уравнения и убедиться, что они удовлетворяются. Таким образом, получено точное решение системы с помощью конечного числа арифметических операций. В данном случае ошибки округления отсутствовали.

Теперь можно обобщить этот метод на случай системы из уравнений с n неизвестными. После «алгебраического» описания алгоритма рассмотрим схему программы, которая увеличивает наглядность алгоритма и позволяет непосредственно составить программу для вычислений на ЭВМ.

Обозначим неизвестные через $x_1, x_2, \ldots, x_n$ и запишем систему уравнений в следующем виде:

$$\begin{aligned} a_{11} x_1 + a_{12} x_2 + \ldots + a_{1n} x_n &= b_1, \\ a_{21} x_1 + a_{22} x_2 + \ldots + a_{2n} x_n &= b_2, \\ \ldots\ldots\ldots\ldots\ldots\ldots\ldots \\ a_{n1} x_1 + a_{n2} x_2 + \ldots + a_{nn} x_n &= b_n. \end{aligned} \tag{П.9}$$

Предполагается, что в силу расположения уравнений a_{11} не равно нулю. Введем $(n-1)$ множителей $m_i = a_{i1}/a_{11}$, $i=2, 3, \ldots, n$, и вычтем из каждого i-го уравнения первое, помноженное на m_i. Обозначая

$$\begin{aligned} a'_{i,j} &= a_{i,j} - m_i a_{1j}, \qquad i = 2, 3, \ldots, n, \\ b'_i &= b_i - m_i b_1, \qquad j = 1, 2, \ldots, n, \end{aligned}$$

можно убедиться в том, что для всех уравнений, начиная со второго, справедливо $a'_{i1}=0$, $i=2, 3, \ldots, n$.

Преобразованная система уравнений запишется в следующем виде:

$$
\begin{aligned}
a_{11}x_1 + a_{12}x_2 + \ldots + a_{1n}x_n &= b_1,\\
0 + a'_{22}x_2 + \ldots + a'_{2n}x_n &= b'_2,\\
\ldots\ldots\ldots\ldots\ldots\ldots\\
0 + a'_{n2}x_2 + \ldots + a'_{nn}x_n &= b'_n.
\end{aligned}
$$

Продолжая таким же образом, мы можем исключить x_2 из последних $n-2$ уравнений, затем x_3 из последних $n-3$ уравнений и т. д. На некотором k-м этапе мы исключаем x_k с помощью множителей

$$m_i^{(k-1)} = \frac{a_{ik}^{(k-1)}}{a_{kk}^{(k-1)}}, \quad i = k+1, \ldots, n, \tag{П.10}$$

причем предполагается, что $a^{k-1}{}_{kk}$ не равно нулю. Тогда

$$a_{i,j}^{(k)} = a_{i,j}^{(k-1)} - m_i^{(k-1)}\, a_{k,j}^{(k-1)}, \tag{П.11}$$

$$b_i^{(k)} = b_i^{(k-1)} - m_i^{(k-1)}\, b_k^{(k-1)} \tag{П.12}$$

для $i=k+1, \ldots, n$ и для $j=k, \ldots, n$.

Индекс k принимает последовательные целые значения от 1 до $(n-1)$ включительно. При $k=n-1$ происходит исключение x_{n-1} из последнего уравнения.

Окончательная треугольная система уравнений записывается следующим образом:

$$
\begin{aligned}
a_{11}x_1 + a_{12}x_2 + \ldots + a_{1n}x_n &= b_1,\\
a'_{22}x_2 + \ldots + a'_{2n}x_n &= b'_2,\\
\ldots\ldots\ldots\ldots\ldots\ldots\\
a_{nn}^{(n-1)}x_n &= b_n^{(n-1)}.
\end{aligned} \tag{П.13}
$$

Структурная схема программы для процесса исключения неизвестных приведена на рис. П.1. Эта схема точно соответствует разобранному выше алгебраическому процессу с двумя принципиальными различиями. Прямоугольник, где написано «переставить уравнения так, чтобы $a_{kk} \neq 0$», означает некоторый алгоритм, описанный после разбора ошибок округления. Ошибки округления могут быть существенно уменьшены, если следовать определенным правилам перестановки уравнений.

Второе различие сводится к тому, что в схеме все множители обозначаются одним и тем же символом m. В самом деле, если вычисления в программе правильно организованы, то на каждом определенном этапе вычислений не требуется больше одного множителя. При анализе схемы полезно четко представлять себе смысл индексов i, j и k:

i — означает номер того уравнения, которое вычитается из остальных, а также номер того неизвестного, которое исключается из оставшихся $n-k$ уравнений;

j — номер уравнения, из которого в данный момент исключается неизвестное;

k — номер столбца.

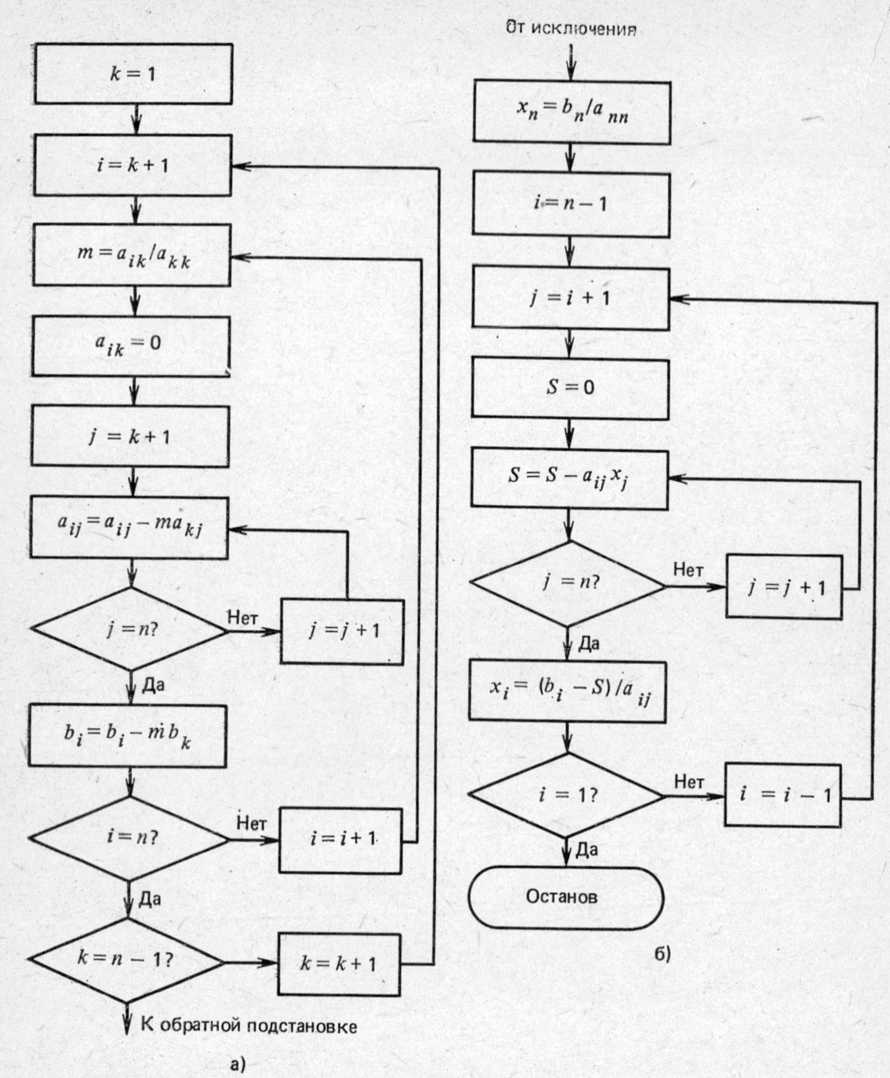

Рис. П.1. Структура программы для процесса исключения неизвестных методом Гаусса

ПРИЛОЖЕНИЕ 2. ДИАГНОСТИЧЕСКИЙ АНАЛИЗ РЭС. МЕТОДИКА ПРОВЕДЕНИЯ. ОБЩИЕ ПОЛОЖЕНИЯ

Диагностический анализ (ДА) РЭС является одной из важных задач, с решением которой сталкиваются современные разработчики — исследователи и радиоинженеры, работающие в области эксплуатации действующих и проектирования эксплуатации новых сложных радиоэлектронных систем.

Основные направления ДА.

1. Диагностический анализ вновь разрабатываемых систем, задачами которого является:

рассмотрение вновь разрабатываемой системы как объекта ТЭ;

выбор стратегий и методов его технического обслуживания;

анализ схемы с точки зрения возможностей реализации этих стратегий и методов;

предварительный выбор средств диагностирования;

расчет показателей диагностирования и оценка эффективности технического обслуживания.

Результатом анализа являются предложения по выбору структуры и состава системы диагностирования.

2. Диагностический анализ систем, поступивших на эксплуатацию впервые. В этом случае задачами направления являются:

оценка технологичности РЭО для ТОиР при выбранной (или заданной) стратегии и системе ТОиР;

оценка состава средств диагностирования и их соответствия применяемой стратегии;

расчет показателей диагностирования;

оценка уровня ТО РЭС предлагаемой системой и его эффективности.

Результат анализа — заключение об уровне эксплуатационной технологичности поступившего изделия и предложения по его возможному совершенствованию.

3. Диагностический анализ эксплуатируемых систем РЭС.

Задачами этого направления являются те же. Однако в результате анализа должны быть предложения по совершенствованию эксплуатационной технологичности и заключение о целесообразности применения действующих стратегий и методов и необходимости их совершенствования.

Диагностический анализ изделия РЭС, как сложной системы, ценен не только сам по себе, но он является первой стадией диагностического синтеза — синтеза оптимальной системы технического диагностирования. Задаваясь требуемыми эксплуатацией значениями показателей диагностирования, оценивая их влияние на функции готовности, можно решать оптимизационные задачи диагностики.

Такими задачами являются:

минимизация погрешностей средств диагностики по стоимостному критерию; минимизация погрешностей средств измерения при заданном значении коэффициента оперативной готовности; оптимизация требований к средствам ТД и ОД по критерию максимума достоверности информации о техническом состоянии или максимума стоимости и др.

Содержание диагностического анализа. Содержание полного анализа в основном определяется следующими факторами: целевым назначением ДА; вадачами объекта диагностирования; структурой объекта диагностирования; условиями функционального использования ОД.

Тем не менее для различных ситуаций можно выделить общие вопросы, которые и составляют содержание ДА, т. е. режимы диагностирования и последовательность операций по диагностированию.

Диагностический анализ следует начинать с определения назначения объекта диагностирования — РЭС, его роли, например, в радиообеспечении воздушного движения.

В условиях эксплуатации поддержанию на заданном уровне подлежат показатели качества; параметры функционального использования; технические параметры; отдельные показатели эксплуатационной технологичности.

Для этих параметров необходимо по техдокументации установить номинальные значения и допустимые пределы изменения (допуски).

Следует также показать, как выход параметра (или группы параметров) за пределы допуска может повлиять на показатели системы высшей иерархии.

Для качественного ДА необходимо определить:

основные параметры диагностируемых устройств, связанных с параметрами всего объекта; как они влияют и в какой мере определяют параметры функционального назначения изделия; в какой мере их изменения влияют на параметры системы; установить по технической документации или расчетным путем пределы их изменения, а также, какие специфические требования к ним предъявляются.

Функциональная схема (СхФ) диагностируемой РЭС должна быть проанализирована в первую очередь с точки зрения ее безотказности на предмет выявления источников возникновения повреждений, «слабых» точек, перегруженных микросхем или каскадов. Важным моментом ДА является установление формы проявления повреждения, а также неявного отказа без прекращения функционирования.

В процессе ДА выявляются особенности элементной базы, характеристики отдельных узлов и блоков, определяется их отказная равнопрочность.

Расчет показателей безотказности диагностируемой РЭС является целесообразным мероприятием. Показатели безотказности (параметр потока отказов λ и вероятность безотказной работы $P(T)$ в течение определенного времени T, выбранного исходя из особенностей устройства и его функционального использования) рассчитываются по справочным данным.

Функциональная диагностическая модель составляется на базе СхФ по определенным правилам (см. § 3.2), главным из которых является то, что элемент ФДМ должен всегда иметь один выход и сколько угодно входов. Если соответствующий блок СхФ имеет два выхода, его следует разделить на два (с обязательными обратными связями).

В качестве элементов ФДМ могут выступать и отдельные элементы принципиальной схемы.

Функциональная диагностическая модель является основой дальнейшей операции по диагностическому анализу. По ней составляется таблица (матрица) состояний. При этом принимается, что в диагностируемом изделии РЭС может одновременно произойти только один отказ. ФДМ может также служить основой для построения другой модели — ориентированного графа диагностируемого объекта.

Выбор совокупности диагностических параметров (ДП) для контроля работоспособного состояния является одним из важных этапов ДА. Взаимосвязь и взаимовлияние параметров позволяет выбрать из всего комплекса выходных параметров достаточную их совокупность, контроль которой дает возможность определить, находится изделие РЭС в работоспособном состоянии или нет.

Выбор совокупности ДП включает: определение группы параметров, характеризующих работоспособное состояние РЭС; определение полноты контроля на основе выбранной минимальной и достаточной совокупности контролируемых параметров; установление номинальных значений ДП и допусков на их изменение.

При диагностическом анализе действующих систем необходимо убедиться, что совокупность параметров для контроля работоспособности, представленная в технической документации, является минимальной и достаточной и обеспечивает максимальную полноту контроля. В случае если документированная совокупность ДП — избыточна, то следует рассмотреть возможность ее оптимизации путем уменьшения числа ДП и сокращения функциональной избыточности.

Допуски на совокупность ДП должны содержать: номинальные значения, предельные значения, значения, характеризующие наличие повреждения или предотказового состояния. При ДА следует по возможности установить закономерность диагностируемых параметров в пределах допусков, а в случае нормального закона — значения дисперсии $\sigma_{дп}$. Минимальную и достаточную совокупность ДП следует свести в таблицу.

В случае появления отказа в диагностируемой системе одной из задач ДА является диагностическое обеспечение восстановления исправного или работоспособного состояния.

Восстановление включает: определение сменной сборочной (невосстанавливаемой) единицы при ТО (или ремонте); определение глубины поиска дефекта по выведенным контрольным точкам; составление оптимального алгоритма поиска места отказа двумя методами «время — безотказность» и информационным методом; установление номинальных значений и допусков ДП в процессе поиска места отказа; определение среднего времени восстановления изделия при отказах различных блоков.

Необходимость использования двух методов при синтезе оптимального алгоритма поиска места отказа вызвано тем, что алгоритмы строятся по различным критериям и на практике могут взаимно дополнять друг друга. При построении алгоритма поиска места отказа информационным методом в обязательном порядке следует использовать данные расчета безотказности.

Проведение ДА должно осуществляться с помощью штатных серийно выпускаемых и метрологически обеспеченных технических средств диагностирования:

измерительных приборов общего назначения; специальных генераторов — имитаторов сигналов; контрольно-проверочной аппаратуры специального назначения; стендового оборудования; систем автоконтроля и документирования; комплексов стендового оборудования и ЦВМ.

Для выполнения операций ДА необходимо выбрать и обосновать состав средств диагностирования с учетом погрешностей измерений, степени охвата изделия, взаимодействия средств и объекта ДА — функционального или тестового диагностирования, стенды автоматизации и т. д.

После выбора средств необходимо составить схему диагностирования и контроля и проработать вопросы сопряжения средств и объекта технического диагностирования. В конструкции ОТД предусмотреть специальные контрольные гнезда, выводы, штепсельные разъемы и т. д.

Расчет показателей диагностирования. Методика расчета показателей диагностирования изложена в гл. 5. Расчет составляет важную часть ДА, ибо позволяет оценивать качественно результаты выполненной работы.

Задача расчета показателей диагностирования может решаться в двух аспектах:

1. Определены ОТД, средства ТД, их показатели известны или рассчитаны, установлены допуски на показатели, параметры измерительных работ и их стоимость.

Задача: рассчитать показатели диагностирования вероятности ошибок вида (1, 2) и вида (2, 1), достоверность диагностирования; среднее время диагностирования; стоимость диагностирования.

2. Объект ТД известен, средства ТД определены, совокупность параметров для контроля работоспособности установлена. Заданы значения ошибок вида (1, 2) и (2, 1). Задача: по заданным значениям ошибок диагностирования установить допуск на изменение ДП и погрешности средств измерения.

В случае, если выбранные значения погрешностей измерительных приборов не удовлетворяют требуемым расчетным значениям и не обеспечивают заданную достоверность диагностирования, выбрать новые средства или сформулировать требования к стабильности параметров.

Расчет показателей контролепригодности и выбор категории контролепригодности завершает ДА. Необходимо подробно обосновать количественные значения составляющих, входящих в расчетные формулы показателей контролепригодности.

СПИСОК ЛИТЕРАТУРЫ

1. **Материалы** XXVII съезда КПСС. — М.: Госполитиздат, 1986. — 352 с.

2. **Алексеенко А. Я., Адерихин Н. В.** Эксплуатация радиотехнических систем. — М.: Воениздат, 1980. — 223 с.

3. **Барлоу Р., Прошан Ф.** Статистическая теория надежности и испытания на безотказность: Пер. с англ. И. А. Ушакова. — М.: Наука, 1983. — 288 с.

4. **Бережной В. П., Дубицкий Л. Г.** Выявление причин отказов РЭА/Под редакцией Л. Г. Дубицкого. — М.: Радио и связь, 1983. — 232 с.

5. **Биргер И. А.** Техническая диагностика. — М.: Машиностроение, 1978. — 240 с.

6. **Васильев Б. В.** Дистанционное управление надежностью и эффективностью радиоэлектронных устройств. — М.: Радио и связь, 1983. — 225 с.

7. **Вентцель Е. С., Овчаров Л. А.** Прикладные задачи теории вероятностей. — М.: Радио и связь, 1983. — 416 с.

8. **Воробьев В. Г., Кадышев И. К.** Авиационные приборы управляющих систем. — М.: Транспорт, 1978. — 157 с.

9. **Воробьев В. Г., Козлов А. И.** Прогнозирование технического состояния изделий авиационной техники. Ч. 1. — М.: МИИГА, 1977. — 108 с.

10. **Гехер К.** Теория чувствительности и допусков электронных цепей. — М.: Советское радио, 1973. — 200 с.

11. **Глазунов Л. П., Смирнов А. Н.** Проектирование технических систем диагностирования. Л.: Энергоатомиздат, 1982. — 168 с.

12. **Городецкий Б. В., Галин А. Б.** Автоматизированные системы контроля. — Вопросы технической диагностики. Межвуз. сб. научн. трудов. — Ростов-на-Дону, 1978. — С. 3—12.

13. **ГОСТ** 27.002—83. Надежность в технике. Термины и определения.

14. **ГОСТ** 18322—78. Система технического обслуживания и ремонта техники. Термины и определения.

15. **Методические** указания. Техническая диагностика. Правила и критерии определения периодичности диагностирования. РД50—565—85. — М.: ВНИИНМАШ, 1985. — 28 с.

16. **ГОСТ** 26656—85. «Техническая диагностика. Контролепригодность. Общие требования».

17. **ГОСТ** 23564—79. Техническая диагностика. Показатели диагностирования.

18. **ГОСТ** 25866—83. Эксплуатация техники. Термины и определения.

19. **Гуляев В. А., Макаров С. М., Новиков В. С.** Диагностика вычислительных машин. — Киев: Техника, 1981. — 167 с.

20. **Гуляев В. А., Иванов В. М.** Диагностическое обеспечение энергетического оборудования. — Киев: ИЭД, 1982. — 66 с.

21. **Давыдов П. С.** Техническое диагностирование авиационного радиоэлектронного оборудования. Ч. 1. — М.: МИИГА, 1979. — 72 с.

22. **Давыдов П. С.** Техническое обслуживание радиоэлектронного оборудования по состоянию. — М.: 1983. — 88 с.

23. **Давыдов П. С.** Выбор универсальной диагностической модели РЭО. — Сборник научных трудов КИИГА. — Контроль и диагностирование А и РЭО воздушных судов гражданской авиации. — Киев: 1984. — С. 37—42.

24. **Давыдов П. С.** Проблема диагностики непреднамеренных помех системам радиообеспечения полетов. — Межвузовский тематический сборник научных трудов: Теория и техника средств УВД, навигации и связи. — М.: 1982. — С. 43—45.

25. **Давыдов П. С., Иванов П. А.** Техническое диагностирование авиационного радиоэлектронного оборудования. Ч. II. — М.: МИИГА, 1985. — 92 с.

26. **Давыдов П. С., Сосновский А. А., Хаймович И. А.** Авиационная радиолокация. Справочник/Под ред. П. С. Давыдова. — М.: Транспорт, 1984. — 223 с.

27. **Денисов А. А.** Информационные основы управления. — Л.: Энергоатомиздат, 1983. — 72 с. (Библиотека по автоматике, вып. 635).

28. **Денисов А. А., Колесников Д. Н.** Теория больших систем управления. — Л.: Энергоиздат, 1982. — 288 с.

29. **Диагностирование** и прогнозирование технического состояния авиационного оборудования/В. Г. Воробьев, В. В. Глухов, Ю. В. Козлов и др./Под ред. И. М. Синдеева. — М.: Транспорт, 1984. — 191 с.

30. **Диагностические** комплексы систем автоматического самолетовождения/В. А. Игнатов, С. М. Паук, Г. Ф. Канахович и др./Под ред. В. А. Игнатова. — М.: Транспорт, 1976. — 272 с.

31. **Диллон Б., Сингх Ч.** Инженерные методы обеспечения надежности систем. — М.: Мир, 1984. — 318 с.

32. **Долгов В. А., Касаткин А. С., Сретенский В. Н.** Радиоэлектронные автоматические системы контроля/Под ред. В. Н. Сретенского. — М.: Сов. радио, 1978. — 384 с.

33. **Дружинин В. В., Конторов Д. С.** Схемотехника. — М.: Радио и связь, 1985. — 200 с.

34. **Дружинин Г. В.** Методы оценки и прогнозирования качества. — М.: Радио и связь, 1982. — 156 с.

35. **Дружинин Г. В.** Анализ эрготехнических систем. — М.: Энергоатомиздат, 1984. — 160 с.

36. **Евланов Л. Г.** Контроль динамических систем. — М.: Наука, 1979. — 432 с.

37. **Заде Л.** Понятие лингвистической переменной и ее применение к принятию приближенных решений. — М.: Мир, 1976. — 166 с.

38. **Зубрилов А. П.** Техническая эксплуатация авиационного и радиоэлектронного оборудования. — Рига: РКИИГА, 1978, — 61 с.

39. **Иванов П. А., Давыдов П. С.** Техническая эксплуатация радиоэлектронного оборудования воздушных судов. — М.: Транспорт, 1985. — 284 с.

40. **Иванов П. А., Давыдов П. С.** По рекомендациям ГОСТов. — Гражданская авиация, 1984. — № 2. — С. 28—29.

41. **Игнатов В. А.** Теория информации и передачи сигналов: Учебник для вузов. — М.: Сов. радио, 1979. — 280 с.

42. **Игнатов В. А., Уланский В. В., Горемыкин В. К.** Эффективность систем диагностирования. — Сборник научных трудов: Оценка характеристик качества сложных систем и системный анализ. — М.: АН СССР, 1978. — С. 134—141.

43. **Игнатов В. А., Уланский В. В., Ковалевский П. А.** Многоуровневая оптимизация диагностического обеспечения технических систем. — Киев: Знание, 1982. — 23 с.

44. **Игнатов В. А., Уланский В. В., Тайджи Тайсир.** Прогнозирование оптимального обслуживания технических систем. — М.: Знание, 1981. — 20 с.

45. **Игнатов В. А., Маньшин Г. Г., Трайнев В. А.** Статистическая оптимизация качества функционирования электронных систем. — М.: Энергия, 1974. — 192 с.

46. **Калявин В. П., Мозгалевский А. В.** Технические средства диагностирования. — Л.: Судостроение, 1984. — 208 с.

47. **Киншт Н. В., Герасимов Г. Н., Кац М. А.** Диагностика электрических цепей. — М.: Энергоатомиздат, 1983. — 192 с.

48. **Коган И. М.** Прикладная теория информации. — М.: Радио и связь, 1980. — 216 с.

49. **Козлов А. И.** Отражательные характеристики радиолокационных целей. — М.: МИИГА, 1983. — 85 с.

50. **Коротченко А. И.** Выбор параметров для контроля работоспособности дискретных устройств. — Изв. вузов радиоэлектроника, 1980. — Т. XXIII. — № 11. — С. 96—97.

51. **Коротченко А. И., Давыдов П. С.** О контроле работоспособности гибридной системы. — Межвуз. сборник научн. трудов. Обслуживание по состоянию и автоматизация контроля радиоэлектронного оборудования. — Рига: РКИИГА, 1980. — С. 31—34.

52. **Кудрицкий В. Д., Синица М. А., Чинаев П. И.** Автоматизация контроля радиоэлектронной аппаратуры/Под ред. П. И. Чинаева. — М.: Сов. радио, 1977. — 256 с.

53. **Кузнецов А. А., Дубровский В. И.** Эксплуатация радиооборудования аэродромов и трасс. — М.: Транспорт, 1981. — 224 с.

54. **Кузнецов А. А., Дубровский В. И., Уланов А. С.** Эксплуатация средств управления воздушным движением. Справочник. — М.: Транспорт, 1983. — 256 с.

55. **Лозовский В. С., Квасницкий А. Ю.** Семиотическая база данных. — Вопросы кибернетики. — М.: 1983. — № 100. — С. 87—96.

56. **Левин Б. Р., Шварц В.** Вероятностные модели и методы в системах связи и управления. — М.: Радио и связь, 1985. — 312 с.

57. **Макурин М. И., Власов О. П., Матвейчук Н. П.** Современные радиолокационные устройства воздушных судов. — Рига: РКИИГА, 1981. — 84 с.

58. **Микропроцессоры:** Системы программирования и отладки/В. А. Мясников, М. Б. Игнатьев, А. А. Кочкин, Ю. Е. Шейнин/Под ред. В. А. Мясникова и М. Б. Игнатьева. —М.: Энергоатомиздат, 1985. — 272 с.

59. **Михайлов А. В., Савин С. К.** Точность радиоэлектронных устройств. — М.: Машиностроение, 1976. — 214 с.

60. **Мозгалевский А. В., Калявин В. П.** Системы диагностирования судового оборудования. — Л.: Судостроение, 1982. — 139 с.

61. **Мозгалевский А. В., Койда А. Н.** Вопросы проектирования систем диагностирования. — Л.: Энергоатомиздат, 1985. — 116 с.

62. **Мозгалевский А. В., Калявин В. П., Костанди Г. Г.** Диагностирование электронных систем/Под ред. А. В. Мозгалевского. — Л.: Судостроение, 1984. — 224 с.

63. **Новиков В. С.** Техническая эксплуатация авиационного радиоэлектронного оборудования: Учебник для вузов гражданской авиации. — М.: Транспорт, 1987. — 324 с.

64. **Новиков В. С., Омельчук И. П.** Контроль и регулирование технического состояния РЭО в процессе эксплуатации. — Киев: Знание, 1984. — 20 с.

65. **Обеспечение** качества РЭА методами диагностики и прогнозирования/ Н. С. Данилин, Л. И. Гусев, Ю. И. Загорский и др.; Под ред. Н. С. Данилина. — М.: Издательство стандартов, 1983. — 224 с.

66. **Основы** технической диагностики. Кн. 1/В. В. Карибский, П. П. Пархоменко, Е. С. Согомонян, В. Ф. Халчев/Под ред. П. П. Пархоменко. — М.: Энергия, 1976.

67. **Основы** эксплуатации средств измерений/В. А. Кузнецов, А. Я. Пашков, О. А. Подальский и др./Под ред. Р. П. Покровского. — М.: Радио и связь, 1984. — 184 с.

68. **Основы** эксплуатации радиоэлектронной аппаратуры/Под ред. В. Ю. Лавренко. —М.: Высшая школа, 1978. — 320 с.

69. **Пархоменко П. П., Сагомонян Е. С.** Основы технической диагностики. Кн. 2/Под ред. П. П. Пархоменко. — М.: Энергия, 1981. — 264 с.

70. **Пашковский Г. С.** Задачи оптимального обнаружения и поиска отказов в РЭА/Под ред. И. А. Ушакова. — М.: Радио и связь, 1981. — 280 с.

71. **Пестряков В. Б.** Микроминиатюризация РЭА и информационные аспекты технического обслуживания. — Микроминиатюризация радиоэлектронных устройств. Межвузовский сборник научных трудов. — Рязань: РРТИ, 1981. — С. 3—17.

72. **Пестряков В. Б., Кузенков В. Д.** Радиотехнические системы: Учебник для вузов. — М.: Радио и связь, 1985. — 376 с.

73. **Проектирование** внешних средств автоматизированного контроля радиоэлектронного оборудования/Н. Н. Пономарев, Н. С. Фрумкин, И. С. Гусинский и др.; Под ред. Н. Н. Пономарева. — М.: Радио и связь, 1984. — 296 с.

74. **Проектирование** радиолокационных приемных устройств/А. П. Голубков, А. Д. Долматов, А. П. Лукошкин и др.; Под ред. М. А. Соколова. — М.: Высшая школа, 1984.—335 с.

75. **Радиолокационные** системы летательных аппаратов: Учебник для вузов гражданской авиации/П. С. Давыдов, В. П. Жаворонков, Г. В. Кащеев и др.; Под ред. П. С. Давыдова. — М.: Транспорт, 1977. — 352 с.

76. **Радионавигационные** системы летательных аппаратов: Учебник для вузов гражданской авиации/П. С. Давыдов, В. В. Криницин, И. Н. Хресин и др.; Под ред. П. С. Давыдова. — М.: Транспорт, 1980. — 448 с.

77. **Розенберг В. Я.** Введение в теорию точности измерительных систем. — М.: Сов. радио, 1975. — 304 с.

78. **Савин С. К., Никитин А. А., Кравченко В. И.** Достоверность контроля сложных электронных систем летательных аппаратов. — М.: Машиностроение, 1984. — 167 с.

79. **Синдеев И. М.** К вопросу о синтезе логических схем для поиска мест отказов. — Изв. АН СССР. Техническая кибернетика, 1963. — № 2, — С. 22—28.

80. **Смирнов Н. Н., Ицкович А. А.** Обслуживание и ремонт авиационной техники по состоянию. — М.: Транспорт, 1980. — 232 с.

81. **Сосновский А. А., Хаймович И. А.** Авиационная радионавигация. Справочник. — М.: Транспорт, 1980. — 244 с.

82. **Справочник.** Надежность технических систем/Ю. К. Беляев, В. А. Богатырев, В. В. Баютин и др. Под ред. И. А. Ушакова. — М.: Радио и связь, 1985. — 608 с.

83. **Страхов А. Ф.** Автоматизированные измерительные комплексы. — М.: Энергоатомиздат, 1982. — 216 с.

84. **Тайджи Тайсир, Уланский В. В.** Определение оптимальных моментов прогнозирующего контроля. Межвузовский сборник научных трудов. Проблемы управления техническим состоянием и надежностью авиационной техники. — Киев: КИИГА, 1982. — С. 54—60.

85. **Теоретические** основы радиолокации/А. А. Коростылев, М. Ф. Клюев, Ю. А. Мельник и др.; Под ред. В. Е. Дулевича. — М.: Сов. радио, 1978. — 608 с.

86. **Ушаков И. А.** Методы расчета эффективности систем на этапе проектирования. — М.: Знание, 1983. — 103 с.

87. **Цапенко М. Т.** Измерительные информационные системы. — М.: Энергоиздат, 1985. — 320 с.

88. **Чернышев А. В.** Проектирование стендов для испытания и контроля бортовых систем летательных аппаратов. — М.: Машиностроение, 1983. — 384 с.

89. **Чернышев Ю. О.** Методы оптимизации комбинационных устройств. — М.: Сов. радио, 1979. — 158 с.

90. **Эксплуатация** авиационного оборудования и безопасность полетов/В. Г. Денисов, В. В. Козарук, А. С. Кураев и др. — М.: Транспорт, 1979. — 240 с.

91. **Юрлов Ф. Ф.** Технико-экономическая эффективность сложных радиоэлектронных систем. — М.: Сов. радио, 1980. — 278 с.

92. **Ярлыков М. С.** Применение марковской теории нелинейной фильтрации в радиотехнике. — М.: Сов. радио, 1980. — 350 с.

93. **Мак-Кракен Д., Дорн У.** Численные методы и программирование на ФОРТРАНЕ. Пер. с англ. Б. Н. Казака. Под ред. и с доп. Б. М. Неймарка. — М.: Мир, 1977. — 548 с.

ОГЛАВЛЕНИЕ